含瓦斯煤 THM 耦合
模型及实验研究

许　江　陶云奇　尹光志　彭守建　李波波　著

国家重大科技专项项目(2011ZX05034-004)
国家重点基础研究发展计划(973 计划)项目(2011CB201203)
国家自然科学基金重点项目(50534080)
国家自然科学基金面上项目(50574108，50974141)

科学出版社

北　京

内 容 简 介

本书系统介绍了含瓦斯煤热流固耦合模型及实验研究成果。全书共 6 章：第 1 章总结和评述含瓦斯煤多场耦合相关领域的研究成果；第 2 章研究含瓦斯煤孔隙率及有效应力方程；第 3 章研究含瓦斯煤渗透率演化规律并建立了理论模型；第 4 章研究含瓦斯煤热流固耦合模型并确定了定解条件；第 5 章详细介绍煤与瓦斯突出模拟试验台的研制及应用；第 6 章利用 COMSOL Multiphysics 软件对含瓦斯煤 THM 耦合模型进行了数值分析。

本书可供从事煤矿瓦斯综合治理的采矿工程、安全技术及工程、防灾减灾工程与防护工程、岩土工程及相关领域的科研人员、工程技术人员参考使用，也可作为高等院校相关专业研究生和高年级本科生的教学参考书。

图书在版编目(CIP)数据

含瓦斯煤 THM 耦合模型及实验研究/许江等著. —北京：科学出版社，2012.6

ISBN 978-7-03-034327-7

Ⅰ.①含…　Ⅱ.①许…　Ⅲ.①瓦斯煤层采煤法-研究　Ⅳ.①TD823.82

中国版本图书馆 CIP 数据核字（2012）第 096419 号

责任编辑：牛宇锋/责任校对：张怡君
责任印制：张　倩/封面设计：陈　敬

科 学 出 版 社 出版
北京东黄城根北街 16 号
邮政编码：100717
http://www.sciencep.com

双 青 印 刷 厂 印刷
科学出版社发行　　各地新华书店经销

*

2012 年 5 月第 一 版　　开本：B5（720×1000）
2012 年 5 月第一次印刷　　印张：11 3/4
字数：224 000
定价：**68.00 元**
（如有印装质量问题，我社负责调换）

前　　言

在煤层中热流固耦合条件下的瓦斯渗流规律是煤矿瓦斯灾害防治领域研究中的基础问题之一,其对瓦斯涌出、煤层气开采、煤与瓦斯突出防治等基础理论的研究均具有重要的指导作用。而在煤与瓦斯突出防治技术研究中,煤与瓦斯突出模拟试验装置的研制又是煤与瓦斯突出理论研究中至关重要的一个环节,其研究成果对煤与瓦斯突出机制的提出与完善、煤与瓦斯突出灾害的防治、扭转我国煤矿安全局面以及保障煤炭工业健康、稳定、可持续发展等均具有重要的科学和现实意义。

国内外学者就瓦斯在煤体介质中的渗流规律、煤的物理力学特性以及煤与瓦斯突出模拟研究等方面均已取得一些有益的研究成果,但由于其所考虑的影响因素相对单一,实验装置功能较为简单,数据采集方式较为落后,并未见同时综合考虑温度、瓦斯压力、应力影响的含瓦斯煤孔隙率、渗透率动态演化规律及其含瓦斯煤温度-渗流-应力三场耦合研究成果;也未见很好再现地应力、瓦斯压力、煤的物理力学性质等因素综合作用下煤与瓦斯突出三维模拟试验研究方面的报道。本书研究内容正是为进一步深入认识在地球物理场环境下的含瓦斯煤孔隙率、渗透率动态演化规律及瓦斯在煤体介质中的渗流规律,并针对随采矿活动向纵深发展而带来的高地应力、高瓦斯压力、低渗透煤体不易抽采瓦斯且易发生煤与瓦斯突出灾害等重大工程实际和理论问题而提出的。

全书共 6 章:第 1 章结合本书主要研究内容,对煤的孔隙、渗透及吸附/解吸特性、多场耦合问题及其求解方法和煤与瓦斯突出模拟试验等方面的研究成果进行了总结和评述。第 2 章根据渗透率试验和煤样扫描电镜及其表面孔隙分形特征研究,发现了煤渗透率与其分形维数和孔隙发育程度呈正相关,与其密度呈负相关;提出了含瓦斯煤在外应力和内应力共同作用下存在结构变形和本体变形两种变形机制,建立了压缩条件下(扩容前)的含瓦斯煤孔隙率动态演化模型和吸附热力学参数表达的有效应力方程,并结合现场和已有实验资料,运用该模型对未采区域含瓦斯煤孔隙发育程度和应力状态进行了预测,误差相对较小。第 3 章基于含瓦斯煤三轴渗透率试验,分析了有效应力、温度和瓦斯压力对其渗透率的作用规律,系统探讨了有效应力、温度和瓦斯压力分别对渗透率的影响机理,建立了压缩条件下(扩容前)煤渗透率动态演化模型,经渗透率试验验证,该模型预测煤渗透率精度较高,对提高瓦斯抽放效果具有理论指导意义。第 4 章基于温度对煤的瓦斯吸附特性实验研究,并在煤岩孔隙率、有效应力及渗透率分析的基础上，提出了建立含瓦斯煤 THM 耦合数学模型所需的物性参数耦合项方程。这些耦合项在含瓦斯煤温度场、渗流场和应力场之间起着关键的"纽带"作用，进而建立了含瓦斯煤 THM 耦合应力场方程、渗流场方程及温度场方程，结合定解条件的设定，最终建立了体现热流固三场完全耦合的含瓦斯煤 THM 耦合模型。第 5 章详细介绍了自主研发的"煤与瓦斯突出模拟试验台"，该试验台弥补了国内现有突出试验装置存在的不足，在结合相似理论探讨该试验台的模拟能力的基础上，进行了不同瓦斯压力、不同突出口径及不同煤粉粒径配比等条件下的煤与瓦斯突出模拟试验，依据所开展的 11 次煤与瓦斯突出模拟试验结果分析了煤与瓦斯突出过程中煤体温度、突出强度、孔洞形态和突出煤样粉碎性以及煤粉粒级分布的变化规律。第 6 章选择多物理场耦合分析软件 COMSOL Multiphysics，并经二次开发对含瓦斯煤 THM 耦合模型进行了数值计算，经已有解析解的一维瓦斯渗流算例和煤与瓦斯突出实验室相似模拟试验印证表明，所建立的含瓦斯煤 THM 耦合模型和数值计算方法具有 定的可靠性，并以重庆能源投资集团松藻煤电公司石壕矿 S1824 综采工作面为工程背景，分析了采煤工作面在一次采全高且刚掘出开切眼时煤层瓦斯渗流过程中各相关指标的变化规律，形成了一套热流固耦合条件下煤层瓦斯渗流规律分析和数值计算的研究方法。

随着采矿活动向纵深发展，随之引发的高温、高地应力、高瓦斯压力、低渗透等问题，不仅限制了当前国家号召的煤层气作为新型能源的发展，也极易引发煤矿瓦斯灾害事故的发生。煤层瓦斯运移规律和煤与瓦斯突出防治不仅遇到了极大挑战，而且势在必行，但因该领域涉及的范围较广，本书研究内容只是在前人研究的基础上对该领域进行了补充和延伸。由于作者的水平有限，书中难免存在不足之处，敬请读者朋友批评指正。

最后，感谢各基金项目对本书研究工作的资助，感谢煤矿灾害动力学与控制国家重点实验室（重庆大学）、复杂煤气层瓦斯抽采国家地方联合工程实验室（重庆大学）、西南资源开发及环境灾害控制工程教育部重点实验室（重庆大学）所提供的大力支持和帮助！

作　者

2012 年 3 月

于重庆大学

目　　录

第1章 绪 论

1.1 引 言

煤是一种孔隙-裂隙双重介质，其开采过程中的煤体变形和瓦斯流动均是在流固耦合作用下的煤体变形和瓦斯流动，而煤与瓦斯突出也是由于流固耦合作用下的煤体失稳破坏而发生的灾害现象[1]。因此，若要使瓦斯在煤层中的运移规律更符合实际，则必须考虑瓦斯在煤层中的流固耦合问题。通常所说的流固耦合是指在流体和固体组成的系统中流体和固体相互影响、相互作用的现象，流、固两场同时存在。为简化研究过程，一般假设流体和固体在相互作用的过程中温度是恒定的（即不考虑温度场变化与固体变形、流体流动间的耦合作用），然而，因温度变化引起的热效应在煤岩体赋存的地球物理环境诸因素中是不应忽视的，自然界中实际存在的流固耦合系统的温度场通常也是不断变化的，所涉及的工程领域也相对较多，如核废料深埋处理、地热资源的开发、石油热采、煤层气开采等。越来越多的现象表明，随着井下煤层开采深度的增加，井下作业环境温度逐渐升高，这种热效应已成为影响井下煤层中瓦斯流动的重要因素。同时，根据实际观测和实验研究表明，煤层瓦斯被大量解吸时，煤壁温度有所下降。瓦斯在煤层中的运移无论是吸附/解吸或渗透、扩散过程都有热效应发生，现有的煤层瓦斯流固耦合理论将瓦斯在煤层中的流动视为等温过程，与实际偏差较大。因此，若要进行更切合实际的煤层瓦斯流动规律研究，就不能仅仅考虑随着采深增加而引起的煤层高地应力和低渗透性影响，必须放弃等温条件假设，连同随着采深增加而引发的高温热效应共同考虑在内，即将地球物理场中的温度场、渗流场、应力场三场同时耦合考虑，进行瓦斯在煤层中运移的热流固（coupled thermal-hydrological-mechanical，THM）三场耦合研究，该项研究是一条必须且有效的途径。

煤与瓦斯突出是井工煤矿生产中遇到的一种极其复杂的矿井瓦斯动力现象。它能在极短的时间内，由煤体向巷道或采场空间抛出大量的煤炭，并喷出大量的瓦斯，不仅会造成人员伤亡，还造成国家财产损失[2]。据史料记载，自1834年在法国鲁阿雷煤田阿克矿井发生第一次煤与瓦斯突出灾害以来，先后在苏联、中国、法国、波兰、日本、英国等19个国家和地区发生过煤与瓦斯突出事故。据不完全统计，迄今为止发生煤与瓦斯突出的总数已多达4万余次，其中最大一次煤与瓦斯突出灾害发生在1969年苏联的顿巴斯煤矿，其突出煤（岩）量达$1.42\times$

10^4 t，瓦斯涌出量达 25×10^4 m³，造成众多人员伤亡，资产损失严重[2~6]。在我国，仅 2004 年 10 月至 2005 年 2 月，短短 5 个月内就发生死亡人数超 100 人的特大型瓦斯爆炸事故 3 起，3 次事故死亡人数为 528 人。其中在 2004 年 10 月 20 日，河南省郑州煤业集团公司大平煤矿发生一起由特大型煤与瓦斯突出而引发的特别重大瓦斯爆炸事故，就造成了 148 人死亡，32 人受伤，社会影响极为恶劣，与"以人为本，建立和谐社会"的国家方针极不协调。党和国家对此给予了高度重视，同时当前集约化煤炭生产技术的进步也对煤与瓦斯突出防治研究提出了更高要求。因此，在相当长一段时间内，煤与瓦斯突出防治将是煤矿安全的重点研究内容。因研究难度较大，以往的研究成果主要侧重于对煤与瓦斯突出机理的探索或防治措施方面，大多数为定性分析，定量研究较少，实验研究更少。现有的突出试验装置存在很大的局限性，迫切需要研制出一种更加先进的、大型的煤与瓦斯突出试验装备，以期在实验研究的基础上，结合瓦斯流动理论，对煤与瓦斯突出防治进行更深层次的探索。

本书拟在对煤的基本物理力学性质进行系统测试分析、瓦斯渗流特性及瓦斯吸附解吸特性进行系列实验研究的基础上，开展含瓦斯煤热流固耦合模型及煤与瓦斯突出模拟试验等研究。

1.2　研究现状及评述

本书以实验研究为主要手段，采用理论和实践相结合的研究方法，研究内容涉及含瓦斯煤孔隙率、渗透率演化规律与热流固耦合模型及煤与瓦斯突出相似模拟等诸多方面。由于煤的力学特性试验是岩石力学常规试验，本书不再赘述。结合本书研究内容，这里将主要介绍煤孔隙性、渗透性及瓦斯吸附/解吸特性、含瓦斯煤 THM 耦合问题及其求解方法、煤与瓦斯突出模拟试验等方面的研究进展。

1.2.1　煤的孔隙、渗透及吸附/解吸特性

1. 煤的孔隙特性

煤是一种孔隙-裂隙双重介质，其孔隙率是决定煤的吸附/解吸、渗透和强度性能的重要因素之一，煤岩性质对瓦斯的运移能力影响也主要体现在煤体的孔隙结构上。目前关于煤孔隙结构的研究方法主要有水孔隙率测定法、氦孔隙率测定法、气体吸附法、压汞法、扫描电镜、投射电镜、X 射线衍射、核磁共振、NMR 旋转-松弛测量法、气相色谱法等[7]，其中的每一种测试方法均有其优越性和局限性。例如，气体吸附法是多孔材料孔隙结构研究的经典方法，77K 下液氮吸附法和 298K 下 CO_2 吸附法是描述煤中孔表面积和孔径分布最流行的方

法，但气体吸附法无法同时揭示中孔和微孔的孔径分布信息，更无法测试闭孔的特征[8]。故而，目前运用较多的主要为压汞法和扫描电镜观察法。

压汞法由于其原理简单、操作方便、对实验技巧要求不高等特点而成为定量研究孔隙结构必不可少的工具，这种方法广泛应用于煤的孔隙研究中，而且对于孔隙的定性表征也较准确和易于分析。吴俊[9]用压汞仪对淮南煤田和南桐煤田的富烃煤及贫烃煤分别做了孔隙体积研究，在可测体积范围内两个煤田的煤样显示了同样的结果，即富烃煤的孔隙体积要高于贫烃煤的孔隙体积；同时还对几个煤矿的破碎煤和硬块煤做了孔隙研究，发现破坏程度大的煤，具有较大的孔隙体积，并含有较多孔径大于 1000Å 的孔隙类型。Taske[10]在实验室使用微孔测定仪对煤样进行测量，测定仪记录了压力、孔径、平均直径、累积体积、体积增加量和微分体积，并进行了孔隙分布的讨论，得知煤中大孔和中孔的分布是非常易变而没有规律性的，且在孔径-汞量增加值曲线上可以很明显地看出几乎所有的煤样在孔径为 $0.3\mu m$ 处峰值均有一个突然的增加。说明此时汞量的突增是因为煤样的压缩性使得煤样产生压缩变形，此时相对应的汞压为 20MPa。因此必须对压汞试验中会引起煤基质的压缩进行校正，粉碎的煤样测得的煤孔隙分布比没有粉碎过的煤样测得的孔隙分布要大 $10\mu m$。而电镜扫描法不仅可以获取其孔隙形貌更直接、定性的感官认识，配合数据处理软件，还可以获得最大和最小孔径、不同孔径范围的孔分布特征等孔隙性参数的定量分析结果。袁静[11]通过观察岩心，鉴定普通和铸体薄片，利用扫描电镜等分析测试手段，研究了松辽盆地东南隆起区上侏罗统储层孔隙发育特征，认为该区深部构造层物性偏差，特别是火石岭组和沙河子组，但各断陷普遍发育 2～4 个次生孔隙发育带，是主要的油气储集空间。张素新等[12]利用扫描电镜通过观察和分析大量的煤样，发现煤储层中的微孔隙有植物细胞残留孔隙、基质孔隙和次生孔隙三种类型，其中基质孔隙又可分为不同组分之间的孔隙、颗粒之间的堆积孔隙和颗粒脱落后所留下的孔隙三种类型，且其孔隙直径大小不一，一般在 $1～10\mu m$，同时还发现煤中普遍发育有微裂隙，微裂隙的长度长短不一，其裂隙缝的宽度一般也在 $1～10\mu m$。

在孔隙率理论研究方面虽然取得了一定的成果，但考虑的因素相对单一，且与煤和瓦斯相关的报道较少。Doremus[13]认为，孔隙率对岩石力学特性有显著影响，一般孔隙率与岩石强度成正比。张先贵和刘建军[14]通过对低渗多孔介质的孔隙率随有效压力的变化做了大量的室内物理模拟试验后，测定了有效压力变化过程中岩心孔隙率的变化，得到随有效压力的增加，岩心孔隙率具有不同程度的下降，当有效压力降低后，岩心的孔隙率有所恢复，但不能恢复到原始数据，并进一步得出两者服从负指数函数关系。李春光等[15]利用两相等效体的概念，根据 Walsh 公式和球形孔隙的弹性公式导出了多孔介质的孔隙率和体积模量之间的近似公式和精确公式，并指出近似关系式不适用于较大的孔隙率，精确公式可较好地适用于较大孔隙率。而李祥春等[16]和卢平等[17]从孔隙率基本定义出发，经过一系列数学推导，分别得到了不同的含瓦斯煤孔隙率数学方程，虽然考虑的影响因素不够完善，但在一定工程条件下也已满足需求，其中李祥春等从孔隙率基本定义出发，在理论上还给出了渗透率和膨胀变形之间的关系式，但并未见其实测数据或实验数据的验证结果。

　　2. 煤的渗透特性

　　煤层瓦斯渗透特性是专门研究煤层内瓦斯压力分布、瓦斯流动变化及影响因素的科学，包括渗透理论与渗透率试验研究两个方面。自该学科提出至今，经国内外学者的不懈努力，已发展起来的理论成果有：线性瓦斯流动理论、线性瓦斯扩散理论、瓦斯扩散-渗透理论、非线性瓦斯流动理论、地球物理场效应的瓦斯流动理论、多煤层系统瓦斯越流理论和煤层瓦斯流固耦合理论[18]。针对本书后续的研究内容，这里主要从渗透率试验方面的研究进展给予介绍。

　　随着煤矿开采深度的加大，由深部地球物理场引发的井下煤层高地应力、高温、低渗透等问题越来越引起采矿界学者的关注。经过多年的努力，国内外学者对地应力作用下煤层瓦斯运移方面的研究报道已较多[19~27]，成果也相对成熟，且观点基本趋于一致，即煤层渗透性敏感地依赖于地应力，在高应力区渗透率低，低应力区渗透率高。例如，国外 Somerton[19]研究了裂纹煤体在三轴应力作用下氮气及甲烷气体的渗透性，得出了煤样渗透性敏感地依赖于作用应力，而且与应力史有关等结论，并指出随着地应力的增加，煤层透气率则按指数关系减小。澳大利亚学者 Enever 和 Henning[23]在通过对煤层渗透率与有效应力的相关研究发现，煤层渗透率变化值与地应力的变化呈指数关系，而且煤层渗透率与有效应力关系式为

$$K/K_0 = \exp(-3c\Delta\sigma) \tag{1.1}$$

式中，K、K_0 分别为渗透率和渗透率初始值，m^2；c 为实验回归系数；σ 为地应力，Pa。

　　随着对煤层瓦斯渗流力学的研究进展，我国学者在地球物理场对煤层瓦斯渗透率的作用和影响领域同样取得了一些新的研究成果，对 Darcy 定律的修正研究起到了很大的推动作用。为研究地应力与煤层瓦斯渗透特性之间的力学联系，林柏泉和周世宁[24]通过模拟地应力环境对煤样瓦斯的渗透率试验研究，得出煤层瓦斯渗透率与地应力之间的函数关系如下：

　　加载时服从指数方程

$$K = a\mathrm{e}^{-b\sigma} \tag{1.2}$$

式中，a、b 均为实验回归系数；σ 为地应力，Pa。

　　卸载时服从幂函数方程

$$K = K_0 \sigma^{-c} \tag{1.3}$$

式中，σ 为地应力，Pa；c 为实验回归系数。

赵阳升等[25]利用自制的煤岩渗透试验台和三轴渗透仪对阳泉矿务局 3# 煤层进行了三维应力情况下的煤样渗透率测试试验，揭示了三维应力和煤体吸附作用对煤层瓦斯渗流规律的影响，指出煤体吸附作用表现为渗透系数随孔隙压力呈负幂函数规律变化，变形作用则表现为渗透系数随有效体积应力呈负指数规律变化。吸附与变形共同作用的结果使渗透系数随孔隙压变化表现为存在一临界值 P_c，当 $P < P_c$ 时，渗透系数衰减；当 $P > P_c$ 时，渗透系数增加，并清晰地导出了渗透系数随孔隙压力和体积应力变化的关系式

$$K = K_0 P^n \exp[b(\Theta - 3\alpha P)] \tag{1.4}$$

式中，b 为体积应力对渗透率的影响系数；Θ 为体积应力，Pa；α 为等效孔隙压系数；P 为孔隙压力，Pa。

唐巨鹏等[27]利用自制的三轴瓦斯解吸渗透仪，通过研究卸载过程模拟煤层瓦斯抽采过程中的煤层瓦斯解吸和运移规律，得出煤层瓦斯渗透率和渗透系数随有效应力减小出现先减小后增大现象。说明在卸载初期，有效应力起主导作用，随有效应力降低，煤层瓦斯渗透率和渗透系数将逐渐减小；但当有效应力降低到一定值时，由于从煤体中解吸的煤层瓦斯增多加大了基质收缩率，此时基质收缩对煤层瓦斯渗透率和渗透系数影响起主导作用，导致煤层瓦斯渗透率和渗透系数开始升高，而随着有效应力的进一步降低，滑脱效应逐渐显现，使得煤层瓦斯渗透率和渗透系数迅速提高，从而滑脱效应起主导作用。

1993 年以来，以鲜学福院士为首的科研团队在煤的渗透性影响因素方面做了大量的研究[28~36]。其中，许江等[28]利用自制的气-固两相三轴仪对含瓦斯煤在三轴应力状态下的变形特性及其强度特征进行了系统的实验研究，结果表明，具有不同气体压力的瓦斯对煤的变形特性及其峰值强度都有不同程度的影响，而这种影响可通过有效应力参数予以描述。孙培德等[32,33]开展了煤层瓦斯渗透率与地应力和孔隙压力的关系研究，其成果表明：①当孔隙压力相对恒定时，煤层瓦斯渗透率随有效体积应力增加而呈负指数规律变小；②煤层瓦斯渗透率随孔隙压力变化呈对数坐标下的抛物线形变化规律，即作用在煤样骨架上的有效体积应力相对恒定时，随着孔隙压力的变化，煤层瓦斯渗透率依指数曲线和抛物线的复合函数规律而变化；③当孔隙压力与体积应力之比值较小时，煤层瓦斯渗透率随孔隙压力增大而变小，且会出现 Klinkenberg 效应；④当孔隙压力与体积应力之比大于某一定值时，煤层瓦斯渗透率随孔隙压力增大而增大，Klinkenberg 效应逐渐消失。此两项研究已不再局限于外围地应力，而是更深层次地考虑了孔隙压力与有效体积应力对煤层瓦斯渗流特性的影响，为地应力场效应的煤层瓦斯渗流特性研究迈出了坚实的一步。程瑞端[34]在围压不变的情况下，利用三轴渗流试

验装置分别在 20℃、30℃、40℃、50℃测定了瓦斯渗流量，经所测数据分析得出煤层瓦斯渗透率 K 与煤体温度 T 呈幂函数关系

$$K = K_0(1+T)^n \tag{1.5}$$

张广洋等[35]、杨胜来等[36]经实验研究发现随着温度的升高，煤样瓦斯的渗透率降低，渗透率的对数与温度呈线性关系

$$\ln K = A + BT \tag{1.6}$$

尽管以上两篇文献在渗透率与温度之间的函数关系表面上不同，但所得的规律现象却是相同的，因为若将式（1.6）取泰勒级数展开并忽略高阶项，则可得到关系式 $K = K_0'(1+nT)$，与式（1.5）的展开式 $K = K_0'(1+nT)$ 相同。由此可见，式（1.5）和式（1.6）在低阶项都可用来描述煤层瓦斯渗透率与温度的关系，说明两项研究所得的结果吻合，而该现象的发生一方面是因为随着温度升高，煤体骨架发生膨胀变形，煤层瓦斯渗流通道缩小；另一方面煤层瓦斯的黏度降低，致使煤层瓦斯渗透率降低。

3. 煤的吸附/解吸特性

煤是一种多孔介质，具有发达的孔隙系统，属于天然吸附剂，煤层中的瓦斯 90% 以上为吸附瓦斯。吸附于煤微孔隙内的瓦斯气体分子会因温度和瓦斯压力的变化导致热运动能力增加而克服引力，从煤的内表面脱离并进入游离相。煤的吸附能力也与煤体温度有关，普遍认为，温度升高煤的吸附能力下降。Killingey 等测定表明，在压力 5MPa 时，温度每升高 1℃，甲烷吸附量下降 $0.12\text{cm}^3/\text{g}$。煤炭科学研究总院重庆研究院的实验表明，温度每升高 1℃，煤吸附甲烷的能力下降 8%[37]。虽然在此方面取得了一致观点，但在探讨 Langmuir 方程吸附常数 a、b 随温度变化的关系时，却出现了严重的分歧。如苏联学者 Ходот[38] 的实验资料显示，a 值基本上不随温度而变化，b 值则随温度的增高而减小。国内学者陈昌国[39]、周胜国和郭淑敏[40]、崔永军等[41]、张庆玲等[42]采用静态容量法，基于 Langumir 方程对不同煤级的煤样进行了不同温度条件下的等温吸附试验，实验结果表明，随温度升高饱和吸附量 a 值的变化趋势不太明显，总体略有下降，说明温度对 a 值的影响不大；而 b 值则随温度升高而明显减小，说明温度升高解吸过程增强。这些成果均与苏联学者 Ходот 的结论一致。然而，赵志根等[43]对 3 个煤样在 30℃、50℃、70℃条件下进行的等温吸附试验结果却表明，随着温度升高，a 值降低，但最终都趋于一个稳定值；钟玲文等[44]的研究结论却是吸附常数与温度无明显的变化关系；刘建军[45]研究发现，a 值随温度升高而降低，b 值则随温度升高而呈波浪形变化（图 1.1），拟合其数学表达式为

$$\begin{cases} a = c_0 + c_1 T + c_2 T^2 \\ b = d_0 + c_1 d_1 T + d_2 T^2 + d_3 T^3 \end{cases} \tag{1.7}$$

式中，c_0、c_1、c_2、d_0、d_1、d_2 和 d_3 为实验系数。基于以上已有的学术争论，在温度与等温吸附常数之间的变化规律尚需做更细致的研究，尤其是在将其结论作为含瓦斯煤热流固耦合数学模型建立的基础时，更不能想当然地借鉴前人的研究成果。

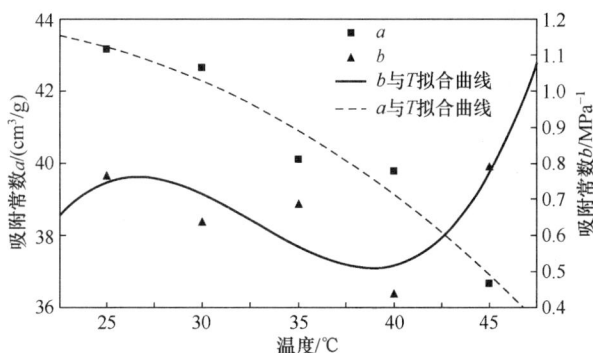

图 1.1 吸附常数 a、b 与温度 T 的关系

1.2.2 耦合问题及其求解方法

1. 含瓦斯煤流固耦合问题研究

煤也是一种复杂的可变形介质，但直到 20 世纪 90 年代，在有关煤层瓦斯流动规律研究的公开报道中，虽将煤层瓦斯看作可压缩流体，但普遍都将煤体视为不可变形的介质，与实际不符。在煤层开采过程中，煤层骨架所承受的应力无疑将发生变化，导致煤层骨架的体积和孔隙的变化，从而使煤层孔隙内瓦斯压力随之发生变化。瓦斯压力的变化引起煤体吸附瓦斯发生变化，并使煤层骨架所受的有效应力发生变化，由此导致煤岩特性变化；另外，这些变化又反过来影响煤层瓦斯的流动和压力的分布。因此，若使煤层瓦斯流动理论的研究更符合实际，就必须研究煤体瓦斯的流固耦合作用。

流固耦合理论是一门较新的力学边缘分支，是流体力学与固体力学二者相互交叉而形成的。对该问题的研究，最早来源于土固结理论的需要。1925 年，Terzaghi 首先将流体的流动与多孔介质的变形之间的耦合问题作为研究对象，提出了著名的有效应力公式，并建立了一维固结模型，在土力学中得到了广泛应用，该公式迄今仍是研究岩石和流体相互作用的基础公式之一。1943 年，Terzaghi[46] 将他的一维固结理论推广到了三维。随后，Biot[47,48] 进一步研究了三向变形材料与孔隙压力的相互作用，并在一些假设如材料为各向同性、线弹性小变形、孔隙流体是不可压缩的且充满固体骨架的孔隙空间，而流体通过孔隙骨架的流动满足达西定律的基础上，建立了比较完善的三维固结理论。尔后，Biot[49,50]又将此理论推广到各向异性孔隙固体的弹性固结，奠定了流固耦合理论研究的基础。20 世纪 80 年代后，在油藏工程领域，流固耦合理论得到了长足发展，如 Detournay 和 Roegiers[51]利用流固耦合理论讨论了水力压裂的起裂、扩展和闭合全过程中的耦合现象，指出了流固耦合在水力压裂中应用的重要性。Chen 等[52,53]基于 Biot 理论，导出了三维单相流体渗流和用位移表示岩石运动的控制方程，应用各种压缩系数和有效应力将一般渗流方程扩展为包含应力-应变的耦合方程，可以近似地处理存在天然裂缝等复杂情况的油藏。Osorio 等[54~56]用类似方法导出了单相气和油在三维弹性油藏中渗流的流固耦合数学模型，用有限差分和迭代求解的方法处理流体渗流和固体平衡控制方程，并用于油气藏生产分析。

在煤与瓦斯耦合方面，Litwiniszyn[57]、Paterson[58]、Zhao 等[59]、Valliappan 等[60]从不同的角度研究了煤与瓦斯的耦合作用及煤层瓦斯的运移规律。Zhao 等[61]、赵阳升[62]根据固体变形和煤层瓦斯渗流的相关理论提出了煤体-瓦斯固气耦合数学模型，并结合实际分析了巷道瓦斯涌出规律，提出了模型的数值解法。梁冰等[63]在考虑瓦斯吸附变化对煤体本构关系影响的基础上建立了煤层瓦斯吸附变化对煤体变形耦合作用的数学模型，对采动影响情况下考虑煤体变形影响时煤层瓦斯在采空区的流动规律进行了数值模拟分析，为采空区煤层瓦斯抽放提供了科学依据。汪有刚等[64]将渗流力学与弹塑性力学相结合，考虑煤层瓦斯和煤体骨架之间的相互作用，建立了煤层瓦斯运移的数学模型，并根据有限元法原理推出了耦合模型求解方法。与此同时，徐剑良等[65]从煤层气藏的储存特性入手，建立了煤层气渗流流固耦合的数学模型。孙培德[66]利用煤岩体变形与瓦斯越流相互作用的观点，建立了双层系统煤层气越流与煤岩弹性变形的固气耦合数学模型。赵国景和步道远[67]研究了煤与瓦斯突出的固流两相介质力学理论，建立了突出的两相介质力学模型。杨天鸿等[68]根据煤体变形过程中应力、损伤与透气性演化的耦合作用，建立了含瓦斯煤岩破裂过程固气耦合作用模型。许广明等[69]详细论述了煤层气在微孔中吸附、解吸以及由微孔到裂缝扩散的非平衡吸附模型，并将其与裂缝中的气-水两相渗流模型以源汇项的方式联合起来，建立了煤层气数值模拟的耦合模型。徐涛等[70]利用煤体变形过程中细观单元损伤与透气性演化的耦合作用方程，在岩石破裂过程分析系统（RFPA2D）的基础上，建立了含瓦斯煤岩破裂过程流固耦合作用的 RFPA2D-Flow 耦合模型及其数值求解方法。

2. THM 耦合问题研究

岩土工程领域中的温度-渗流-应力三场耦合俗称热流固耦合。国外学者对 THM 耦合方面的研究已有较多成果报道，但绝大部分都是围绕地热资源的开发和利用、核废料深埋处理、石油热采等课题开展。例如，Bear 和 Corapcioglu[71] 研究了地热资源开采过程中，地热区域内地应力、地温以及岩石的渗透率变化的规律。Vaziri[72] 建立了基于非等温单相渗流和非线性弹性变形的流固耦合模型，并用有限元方法对所建立的模型进行了求解。Lewis 等[73,74] 开展了变温油藏渗流规律和因油气开采引起的地面沉降问题的研究，考虑了温度变化和岩石变形对渗流的影响以及渗流对温度场变化的影响。Gutierrez 和 Makurat[75] 建立了 THM 耦合模型用来模拟裂缝性储层冷水注入的耦合过程，可惜的是没有考虑岩石变形对温度场的影响，即没有考虑固-热耦合效应，没有建立完全意义上的 THM 耦合模型。国内学者在此领域的研究工作虽然起步相对较晚，但也取得明显的成果。如黄涛[76] 基于对深层地下水资源的开采利用和对岩体工程中易发生的地质灾害预测防范研究的目的，提出了开展裂隙岩体 THM 耦合作用研究设想，为环境工程学科中防灾减灾工作及水资源合理利用提供了一个新的研究方法。孔祥言等[77] 基于线性热弹性理论，介绍了饱和多孔材料多场耦合的完整方程组，包括渗流方程、本构方程和能量方程，并讨论了对它的求解内容及其在相关工程技术领域的应用。贺玉龙等[78] 根据质量守恒方程、线动量平衡方程和能量守恒方程以及相应的物性方程推导了非饱和岩体 THM 耦合控制方程，指出非饱和岩体与饱和岩体的三场耦合控制方程在形式上无明显差别，但在进行数值模拟时，却有较大的差别。王自明[79] 建立了两类油藏 THM 耦合模型，并编制程序给出了第一类非完全耦合模型的数值解。在第一类非完全耦合模型中，渗流方程与变形方程完全耦合，但温度场的热应变方程没有与前两者完全耦合，其表达式中没有体现岩体变形、流体渗流的耦合项；第二类完全耦合模型从理论上更深入地研究了 THM 耦合过程，该模型耦合温度场方程中含有体现岩石固相骨架变形场的项，这些项必须联立岩石耦合变形场方程才能求解；流体耦合渗流方程中含有体现岩石固相骨架变形场的项，这些项必须联立岩石耦合变形方程场才能求解；而岩石耦合变形场方程中含有体现孔隙流体压力的项和体现温度场变化的项，这些项必须联立耦合温度场方程和流体耦合渗流方程才能求解。虽然第二类模型与第一类模型相比改进了很多，但仍然存在很大的弊端，如流体耦合渗流场方程中没有体现温度场变化的项；耦合温度场方程中没有体现渗流场变化的项；没有实现双向完全耦合，并且由于第二类模型数值求解困难，没有给出其数值解。

以上为油藏系统的研究成果，已相对成熟，但在煤层瓦斯耦合方面仍然存在一定缺陷，即未将地球物理场中的温度场考虑进去，仅是应力场与渗流场的耦合，有所偏失。而随着采矿活动向纵深发展，井下煤层开采深度的增加，热效应已成为影响井下煤层中瓦斯流动至关重要的因素之一。若要进行更切合实际的煤层瓦斯渗流规律研究就不能仅仅考虑随采深增加而引起的煤层高地应力和低渗透性影响，需连同随采深增加引发的高温效应共同考虑在内，即要将地球物理场中的温度场、渗流场和应力场三场同时耦合考虑。然而，在煤层瓦斯 THM 耦合研究方面的研究相对较少[80~85]。其中刘建军等[80~83]研究了非等温情况下煤层瓦斯流动规律，并建立了三场耦合模型，编制计算机程序进行了数值模拟求解。在其模型的渗流场方程中体现有煤岩变形场和温度场变化的项，煤岩变形场方程中体现有流体渗流场瓦斯压力项，煤层温度场方程中体现有渗流场瓦斯解吸的微分热能项。但变形场方程中没有体现温度场的耦合项，温度场方程中没有体现变形场的耦合项，即也没有实现各场双向完全耦合。

煤层瓦斯 THM 耦合问题的一个显著特点就是煤与瓦斯互相包含、互相缠绕，难以明显地划分开，因此必须将瓦斯流体相与煤固体相视为相互重叠在一起的连续介质，在不同相的连续介质之间可以发生相互作用。这个特点须使流固耦合问题的控制方程针对具体的物理现象来建立，而 THM 耦合作用也正是通过控制方程反映出来的，即在描述三场中任一场的控制方程中要有体现另外两场的项。含瓦斯煤 THM 耦合问题是本书的重点研究内容之一。

3. THM 耦合问题求解方法

对于数学物理中的问题，要获得它的定量解，必须先建立数学模型，然后设法求解。对于 THM 耦合问题，通常是先建立满足一定初始条件和边界条件的微分或偏微分方程，然后通过解析法和数值计算的方法来求出解析解或数值解。

对于 THM 耦合问题，比较直接的方法是利用解析法来求解。但地质体天然状态的复杂性使得很难求得解析解。为了获得实际问题的解析解，就必须作出简化和假设，尤其对于非均质、非线性材料、几何形状的任意性和不连续性以及由地质学特性所引起的一些其他因素等复杂问题来说，解析方法是难以得出真实解的。即 THM 耦合问题的解析解是很难求到的，即使能求出，也只能是针对于最简单的情形。因此，一般都采用数值方法求解。

有限差分法（FDM）和有限元法（FEM）是求解偏微分方程的两种主要数值方法。有限差分法的基本思路是按照固定的或不固定的时间步长和空间步长将时间和空间域进行离散，然后用未知函数在离散网格结点上的值所构成的差商来近似微分方程中出现的各阶导数，从而把表示变量连续编号关系的偏微分方程离散为有限个代数方程，然后解此线性代数方程组，从而求出场变量在各网格结点上不同时刻的解。有限元法是将求解域离散为若干个子域，并通过它们边界上的结点相互连接成为组合体，然后用每个单元内所假设的近似函数来分片地表示全求解域内待求的未知场变量，每个单元内的近似函数，由未知场函数在单元各个结点上的数值和与其对应的插值函数来表达，通过和原问题数学模型等效的变分原理或加权余量法，建立求解基本未知量的代数方程组或常微分方程组，最后用数值方法求解此方程，从而得到问题的解答。从数学的角度来讲，FDM 的近似程度比 FEM 高一些，而在应用上，后者远比前者简单、灵活。有限元法不仅能适应各种复杂的几何形状和各种类型的边界条件，而且能处理各种复杂的材料性质问题，另外，还能解决非均质连续介质的问题，其应用范围极为广泛。对于固体力学和结构力学来说，非线性问题的有限元分析方法日臻成熟，而且从国外引进了一些大型的通用程序供工程界使用。随着计算机技术的飞速发展，使得有限元法在解决工程实际问题中发挥着重要的作用。利用有限元法可以解决许多传统方法难以或无法解决的实际问题[86]。

瓦斯在煤层中流动的 THM 耦合问题非常复杂，数值求解具有很高的难度。根据 Minkoff 等的研究[87]，耦合问题求解通常有 3 种基本算法：单向耦合算法、松散耦合算法和全耦合算法。对于单向耦合算法，即两组独立的方程在同一时间步内分开求解，求解时只是将其中的一个物理过程的计算结果作为另一个物理过程的输入，这种传递只是单向的。例如，由流动方程解出的孔隙压力作为荷载传给力学计算来求解应力和位移的求解方法。Fredrich 等[88]的工作就是采用这一算法。对于松散耦合算法，两组方程独立求解（和单向耦合算法一样），但是有关信息在指定的时间步内在两个求解器之间双向传递。这一算法的优点是相对容易实现，而且还能反映较复杂的非线性物理过程，接近于全耦合算法[89~93]。对于全耦合算法，需要推导出统一的一组全耦合方程组（通常是一个大型的非线性全耦合的偏微分方程组），这里面融合了所有的相关物理过程。求解多物理耦合问题应该首选全耦合算法，因为在理论上它能给出最真实的数值模拟结果。如盛金昌[94]曾以 FEMLAB 工具为基础，将多孔岩体介质的热流固三场全耦合数学模型转化成为一个统一的偏微分方程组，在人机交互的环境下，实现热流固三场全耦合数值求解，一次解出渗流场、位移场和温度场，给出了更接近真实物理过程的数值解答，避免了松散耦合法求解多场耦合问题带来的误差。

1.2.3　煤与瓦斯突出模拟试验

众所周知，煤与瓦斯突出是内、外应力综合作用的结果，经过国内外学者多年的不懈努力，目前已提出的煤与瓦斯突出发生机制大致上可归结为地应力假说、瓦斯作用假说、化学本质假说和综合作用假说 4 类基本观点，且大多数学者目前多趋向于综合作用假说，即煤与瓦斯突出是地应力、瓦斯及煤的物理力学性质等因素综合作用的结果[95]。由于三者在突出过程中的作用机理尚不明晰，为更深层次地开展煤与瓦斯突出机理的研究，国内外学者先后进行了大量的煤与瓦斯突出模拟试验，并研制了相应的试验装置。

苏联在 20 世纪 50 年代就率先进行了一维突出模拟试验[96]，实验表明只有在很大的瓦斯压力梯度下煤才有可能被破碎和抛出。60 年代初，日本学者氏平增之[97,98]采用激波管进行了模拟抛射煤试验，利用 CO_2 的结晶冰、松香、水泥、煤粒制作的模型，并模拟"掘进"作业，但模型吸附性能与煤相差很大。邓全封等[99]选用突出煤层的煤样，在不加任何添加剂条件下压结成型模拟Ⅳ、Ⅴ类煤的揭开石门煤与瓦斯突出，这种模拟试验比日本用 CO_2 的结晶冰、松香等无吸附能力的材料做实验更接近实际，实验表明突出最小瓦斯压力随煤的强度增大而增大，瓦斯压力越大，突出强度也越大。蒋承林[100,101]用一维试验模拟了理想条件下石门揭煤时煤与瓦斯突出过程，提出了石门揭穿煤层的球壳失稳机理，并依据"球壳失稳"假说对突出孔洞及压出孔洞的形成过程进行了研究，论证了突出孔洞的形状与煤体的初始释放瓦斯膨胀能大小有关。孟祥跃[102]利用自行设计的煤与瓦斯突出二维模拟试验装置进行了系列试验，提出煤样的破坏存在"开裂"和"突出"两类典型的破坏形式，破坏阵面的前沿以拉伸强间断的形式向外传播。蔡成功[103,104]则从力学模型入手，按相似理论设计了三维煤与瓦斯突出模拟试验装置，模拟了不同成型煤强度、不同三向应力、不同瓦斯压力条件下的煤与瓦斯突出过程，得出了突出强度与瓦斯压力、成型煤强度、三向应力和瓦斯压力关系数学模型。张建国和魏风清[105]根据煤与瓦斯突出综合作用假说和相似理论，提出了成型煤样突出和现场煤层突出的相似条件，研究了地应力、瓦斯压力和煤体物理力学性质对煤层突出破坏的发生、发展过程及其强度的影响，分析了模型煤样突出和现场煤层突出破坏的相似性，建立了煤层发生突出破坏的无量纲参数准则，为现场煤层突出危险性预测提供了新的方法和指标。郭立稳等[106]则从理论上分析了煤与瓦斯突出过程中温度的变化趋势，并利用突出模拟装置在实验室对其进行了实验验证，提出在煤与瓦斯突出过程中煤体温度的升高是由地应力破碎煤体使弹性能释放造成的，而温度降低则是由煤层瓦斯解吸和膨胀造成的。牛国庆等[107]利用突出模拟装置测定在煤与瓦斯突出过程中的温度变化，实验结果表明突出强度不同，煤体温度变化也不相同，瓦斯压力越大，煤体下降的温度越大；在煤与瓦斯突出过程中，瓦斯的膨胀做功过程并非绝热过程，而是一个接近于等温的多变过程。

　　以上这些煤与瓦斯突出试验装置的发明及相关模拟试验研究对煤与瓦斯突出机制的深化、煤与瓦斯突出灾害防治的研究起到了极大的推动作用，同时也丰富了瓦斯灾害动力学的理论内容。但是由于其试验装置功能较为简单，数据采集方式较为落后，未能很好地再现地应力、包含在煤体中的瓦斯、煤的物理力学性质等因素综合作用下煤与瓦斯突出的发生、发展过程，且现有的模拟试验对突出装置的工作原理、结构、实验步骤及突出前后发生的现象描述不够清晰，部分二维、三维突出试验的维度并没有得到很好的体现。此外，以往的研究往往偏重于非量化分析，对地应力及瓦斯压力在突出中的作用阐述不清。为此，本书将以进一步研究地应力、瓦斯压力与煤的物理力学性质之间的相互耦合作用及其对突出的综合作用机制为目的，结合计算机、自动化等先进技术自主研发一套煤与瓦斯突出模拟试验台，并开展相应的模拟试验。

1.3 本书主要研究内容

从以上文献及简要评述可以看出，无论是在含瓦斯煤孔隙及渗透特性方面，还是在煤层瓦斯的运移规律及煤与瓦斯突出模拟试验研究方面，均取得了较多的成果和较大的研究进展，为煤炭工业的稳定、健康、可持续发展做出了重大贡献，但仍然存在一些问题有待进一步研究。例如，在含瓦斯煤的孔隙率和渗透率演化规律、含瓦斯煤 THM 耦合理论、煤与瓦斯突出模拟试验等领域仍亟须完善。为此，作者拟以实验研究为主要手段，采用理论和实验相结合的研究方法，借助煤矿灾害动力学与控制国家重点实验室（重庆大学）和中国煤炭科工集团有限公司重庆研究院的先进试验设备，在以下几个方面展开探索和研究：

（1）含瓦斯煤变形机理的研究，依据孔隙率基本定义和力学平衡原理，考虑有效应力、温度、瓦斯压力的综合作用，建立含瓦斯煤孔隙率动态演化模型及用吸附热力学参数表达的有效应力方程，通过现场和已有文献实验结果分别对其进行验证。

（2）利用三轴渗透试验系统开展不同温度、不同有效应力和不同瓦斯压力水平下的煤渗透率试验，分析温度、有效应力和瓦斯压力对渗透率的影响规律及其渗透率对各因素的敏感性，从孔隙率基本定义出发，以 Kozeny-Carman 方程为桥梁建立含瓦斯煤渗透率理论模型，并借助所开展的煤样渗透率试验对其进行分析检验。

（3）利用 HCA 型高压容量法吸附装置，开展不同温度条件下煤对瓦斯的等温吸附试验，分析温度对吸附常数的影响；根据含瓦斯煤的具体特点，在一定假设和已有的含瓦斯煤孔隙率、渗透率及修正的瓦斯含量方程等成果基础上，利用岩石力学、渗流力学、传热学等的基本理论知识，以含瓦斯煤系统为研究对象，建立含瓦斯煤应力场、渗流场和温度场方程，将耦合方程和定解条件联合共同构成含瓦斯煤 THM 耦合数学模型。

（4）在综合分析已有煤与瓦斯突出试验装置优缺点的基础上，自主研发煤与瓦斯突出模拟试验台，并利用该模拟试验台开展不同瓦斯压力、不同突出口径和不同煤粒径配比等条件下的煤与瓦斯突出模拟实验，以探讨地应力、瓦斯压力及煤的物理力学性质在煤与瓦斯突出过程中的作用机制。

（5）利用多物理场耦合分析软件 COMSOL Multiphysics，对所建立的含瓦斯煤 THM 耦合数学模型进行求解，分析在瓦斯压力、温度和地应力发生变化时瓦斯含量、孔隙率、渗透率、瓦斯渗流速度等指标的变化规律，为进一步提出煤与瓦斯突出预防措施奠定理论基础。

第 2 章 含瓦斯煤孔隙率及有效应力方程

煤是一种多孔介质，但与常规的天然气储层不同，煤层本身既是气源层又是储集层。与煤伴生共存的瓦斯一直以来都是煤矿生产的重大灾害，其运移、聚集甚至突出，均与煤岩的微结构、孔隙-裂隙特征以及煤岩层的渗透特性有着密切的联系。特别是在我国的煤层中以低渗透煤层占绝大部分，这种低渗透性决定了煤层瓦斯难以抽放，而决定煤层渗透性的主要因素就是煤体中的孔隙和裂隙。因此，对煤体的孔隙结构和孔隙率进行研究就显得尤为重要。通常情况下，煤层的孔隙发育程度用孔隙率来衡量，即煤的孔隙总体积与煤的总体积（煤体骨架体积＋孔隙体积）比值。

目前对煤体孔隙的研究主要有孔隙形成原因、孔隙结构、孔隙大小、孔隙表面形态和孔隙率的研究等。本章拟在前人对煤体孔隙特征研究的基础上，借助扫描电镜（SEM）对煤样孔隙表面形态及孔隙分形特征与孔隙发育程度进行分析。随着当前煤矿现场开采深度的增加，越来越多高温矿井的出现，煤层瓦斯的THM 耦合问题越来越被学者们关注，孔隙率和有效应力作为含瓦斯煤 THM 耦合研究中的关键也日益成为研究热点。在 THM 耦合问题中，温度对煤体孔隙率的影响是温度场与应力场耦合研究的一个重要枢纽，同样，占 90％以上的吸附瓦斯对煤体孔隙率的影响也是渗流场与应力场的一个重要方面，而在以往的研究成果中，考虑有效应力对煤孔隙率影响的较多，温度和瓦斯压力的影响效果却常被忽略。要进一步完善煤层瓦斯 THM 耦合作用机理，就必须探讨温度、瓦斯压力和有效应力对孔隙率的综合作用。故而，本章依据孔隙率基本定义和力学平衡原理，同时考虑温度、瓦斯压力、有效应力的综合作用，拟建立含瓦斯煤孔隙率动态演化模型，并在孔隙率模型基础之上进一步探讨含瓦斯煤有效应力原理，最后利用现场和前人研究的实验成果分别对其进行验证。

2.1 煤体孔隙特征及其孔隙率

2.1.1 孔隙成因分类

Gan 等[108]按孔隙的成因，将孔隙划分为分子间孔、煤植体孔、热成因孔和裂缝孔等。利用电子显微镜，郝琦[109]将煤中显微孔隙类型按成因划分为生气孔、植物组织孔、溶蚀孔、矿物铸模孔、晶间孔和原生粒间孔等。立足于煤的结构和构造特征，以煤岩显微组分和煤的变质、变形特征为基础，依据大量的煤样扫描电镜观测结果，张慧[110]将煤孔隙的成因类型划分为四大类十亚类（表 2.1）。

表 2.1　煤孔隙类型及其成因

类	亚　类	成　　　　因
原生孔	胞腔孔	成煤植物本身所具有的细胞结构孔
	屑间孔	镜屑体、惰屑体和壳屑体等碎屑状颗粒之间的孔
变质孔	链间孔	凝胶化物质在变质作用下缩聚而形成的链之间的孔
	气　孔	煤变质过程中由生气和聚气作用而形成的孔
外生孔	角砾孔	煤受构造应力破坏而形成的角砾之间的孔
	碎粒孔	煤受构造应力破坏而形成的碎粒之间的孔
	摩擦孔	压应力作用下面与面之间摩擦而形成的孔
矿物质孔	铸模孔	煤中矿物质在有机质中因硬度差异而铸成的印坑
	溶蚀孔	可溶性矿物质在长期气、水作用下受溶蚀而形成的孔
	晶间孔	矿物晶粒之间的孔

　　研究结果表明，煤体孔隙成因类型多，形态复杂，大小不等。原生孔、外生孔和矿物质孔以大于 $1\mu m$ 的大孔级孔隙为主，气孔以 $0.1\sim1\mu m$ 的中孔级孔隙为主，链间孔以 $0.01\sim0.1\mu m$ 的小孔级孔隙为主，小于 $0.01\mu m$ 的微孔主要为分子结构孔，SEM 难以分辨。各类孔隙都在有限区域发育，有的为孤立孔隙，有的为局部连通，没有一种孔隙是在整个煤层中连通，各类孔隙都借助于裂隙而参与瓦斯在煤层中的渗流系统。其中原生孔保存完整，表明煤体原始状态保存好，变质孔发育的煤层生气储气性能好，角砾孔占优势的煤层渗透率好，碎粒孔为主的煤层渗透率低，摩擦孔多的煤层受挤压严重，溶蚀孔和次生矿物晶间孔可以反映煤层的透水性。煤的孔隙类型及其发育特征是煤体结构、煤层生气储气性能及渗透率的直接反映，其孔隙成因类型的划分是研究瓦斯在煤层中运移机理的基础。

2.1.2　孔隙的孔径结构划分

　　煤是一种无序的非均质孔隙-裂隙双重介质，其孔隙尺寸一般在 $10^{-8}\sim10^{-2}\,cm$。煤孔隙结构和孔径的分布，关系到煤的吸附性、渗透性和强度特征。一直以来，煤孔隙研究的焦点主要集中在煤的孔径结构划分上，不同研究者基于孔径与气体分子间的作用特征、孔隙在煤中的赋存状态，以及仪器的工作范围对煤的孔径结构划分做过富有成效的研究工作[111~117]。其中，如霍多特[111]按照孔隙孔径的大小将其分为：大孔（孔径大于 1000nm）、中孔（孔径为 $100\sim1000nm$）、小孔（孔径为 $10\sim100nm$）和微孔（孔径小于 10nm）四个级别。秦勇和徐志伟[116]通过对我国 16 个高煤级典型矿区 50 个煤样的孔隙数据分析，提出了适用于高煤级煤的孔隙结构的自然分类方法，将高煤级煤孔径划分为微孔（孔径小于 15nm）、过渡孔（孔径为 15～50nm）、中孔（孔径为 50～400nm）和大孔（孔径大于 400nm）。傅雪海等[117]对我国 146 件煤样的孔隙数据进行了分析，并根据甲烷在煤层中的扩散、渗流方式，通过对比孔容和孔径的分形特征，将孔隙分为小于 65nm 的扩散孔和大于 65nm 的渗透孔，又进一步分别将扩散孔和渗透孔各划分为 3 个小类。

因所用仪器精度和研究目的不同，出现了多种孔径结构划分指标，目前具有代表性的煤孔径结构划分如表 2.2 所示。其中，在国内煤炭工业界应用最为广泛的是霍多特的十进制分类系统，Dubinin 系统和 Gan 系统则较普遍地见诸国外煤物理和煤化学文献。

表 2.2　煤孔径结构划分方案比较　　　　　　（单位：Å）

划分者（年份）	微孔	过渡孔	中孔	大孔
霍多特（1961）	<100	100～1000	1000～10000	>10000
Dubinin（1966）	<20	20～200	—	>200
IUPAC（1966）	<20	20～500	500～10000	>10000
Gan（1972）	<12	12～300	300～10000	>10000
抚顺煤炭研究所（1985）	<80	80～1000	—	>1000
吴俊（1991）	<50	50～500	500～5000	5000～75000
杨思敬（1991）	<100	100～500	500～10000	>10000
秦勇（1995）	<150	150～500	500～4000	>4000

2.1.3　孔隙分形特征

1. 分形理论概述

分形理论于 20 世纪 70 年代由 Mandelbrot[118]创立，研究对象为自然界和社会生活中广泛存在的无序（无规则）但具有自相似性的系统。其主要特点有以下两个方面：①从整体上看，分形几何图形是处处不规则的；②在不同尺度上，图形的不规则性又是相同的。分形理论目前已在众多科学领域获得了广泛的应用。

1982 年 Mandelbrot 将分形定义为 Hausdorff 维数大于拓扑维数的集合[119]。1986 年 Mandelbrot 又给出了一个更广泛、更通俗的定义：分形就是局部和整体有某种方式相似的图形[120]。该定义强调图形中局部和整体之间的自相似性。具有自相似或标度不变性的几何对象，通常说它们是分形的。

所有的分形对象都具有一个重要的特征，即可以通过一个特征数，也就是分维数来测定其不平整程度或复杂程度。分维数的微小变化可以引起分形的急剧改变，分维数是贯穿分形理论最基本的总线。

　　分形理论中从测度的角度将维数从整数扩大到了分数，突破了一般拓扑维数为整数的界限，因此其维数一般为分数。由于分形的确切定义尚未给出，故而其度量——分维数也难以精确定义，分维数至今仍缺乏统一的计算公式与算法[121]。Caratheodory 于 1914 年提出了用集的覆盖来定义测度的思想，Hausdorff 在 1919 年用这种方法定义了以他名字命名的测度和维数。至今数学家们已经发展出了十多种不同的维数，包括拓扑维、Hausdorff 维、自相似维、盒子维、信息维、关联维等[122]。本章利用 Kolomogrov 容量维即盒维数分析煤样 SEM 图像表面孔隙的分形特征。容量维又可称为盒维数（box-counting dimension），是 Hausdorff 的一种具体表现。

　　设（x，d）为一距离空间，$A \in \zeta(x)$，对每一个 $\varepsilon > 0$，设 $N(A, \varepsilon)$ 表示用来覆盖 A 的半径为 ε 的最小闭球数，如果下式存在：

$$D_f = \lim_{\varepsilon \to 0} \frac{\ln N(A, \varepsilon)}{\ln 1/\varepsilon} \tag{2.1}$$

则称 D_f 为 A 的 Kolomogrov 容量维。

　　图 2.1 显示了用容量维来求岩石裂纹分维数的具体示意图。通过选用不同边长小正方形来覆盖损伤区，数出包含有裂纹数的小正方形数量，就可以获得在不同 ε 下的 $N(A, \varepsilon)$ 值，然后利用式（2.1）求出容量维。

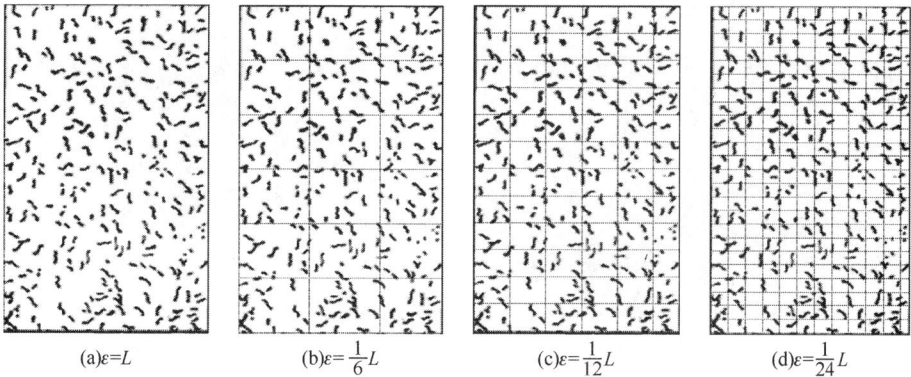

(a)$\varepsilon = L$　　　(b)$\varepsilon = \frac{1}{6}L$　　　(c)$\varepsilon = \frac{1}{12}L$　　　(d)$\varepsilon = \frac{1}{24}L$

图 2.1　容量维计算示意图

　　煤是一种复杂的分散体系，是以各种构造规则形成的多孔介质。从煤的扫描电镜照片上也可以看出，煤体是由孔隙分割成的大小不同块体随机组成的，对煤孔隙结构进行研究难度很大，用传统的数学方法在欧氏几何尺度上根本无法对其进行定量的研究[123]。分形几何学理论为煤孔隙结构的研究提供了一种全新方法，它将不规则而又具有一定自相似形态的几何体集合视为分形体，按分形几何学的方法则可以定量求出分形体的空间分布特征参数——分形维数，从而准确、有效地刻画几何体的形态。

研究表明，煤本身是一种分形体，其孔隙结构分布具有统计规律上的自相似性。因此，可以利用分形理论结合 SEM 图像，研究煤体孔隙结构的分形特征。

2. 煤的 SEM 实验及图像分析

进行煤的扫描电镜实验分析，主要是为后续的含瓦斯煤渗透率试验和渗透率模型作辅证。实验所用仪器为挪威 TESCAN 公司生产的 VEGA II 型自带能谱扫描电镜［图 2.2（a）］，该电镜最小可观察到 3nm 的孔隙，放大倍率可达 4～100000 倍，扫描电镜实验分样品制备、观察选像及图像解译 3 个部分。从井下或地勘钻孔中提取新鲜煤样，手选 1～2cm³ 干净清洁的小块，用吹气球吹去表面附着物，再用酒精棉清洗表面，之后在观察面镀金膜，以增强煤的导电性。选择垂直层理的新鲜断面作观察，煤的镜质组孔隙丰富、裂隙发育，能较好地表现孔裂隙形状，因而实验主要观察煤的镜质组成分。观察顺序是：首先从低倍率开始，观察到低倍率镜下孔裂隙较为典型的区域，然后逐级放大倍率进行观察，以获得各级孔裂隙性状。

(a) VEGA II 型扫描电镜　　　　　　　　(b) 镀金膜后的实验煤样

图 2.2　煤的扫描电镜实验

煤的扫描电镜实验煤样所用煤样分别取自重庆能源投资集团松藻煤电公司打通一矿 8# 煤层和石壕矿 8# 煤层以及平顶山煤业集团（平煤）一矿戊₈ 煤层和己₁₅ 煤层。实验结束后分别选取实验煤样品在 500 倍（图 2.3）与 2000 倍（图 2.4）放大水平下的 SEM 图像对煤样孔隙特征进行初步分析。

由图 2.3 发现，各煤样存在一些明显的孔隙特征，其中石壕矿煤样具有一条板状微裂隙，而平煤一矿己组煤样层状起伏分明，有一定数量孔隙分布，打通一矿煤样 SEM 图像具有一条贯穿全图的微裂隙，四周孔隙较少，平煤一矿戊组煤样孔隙不发育，可见一条狭窄的微裂纹。

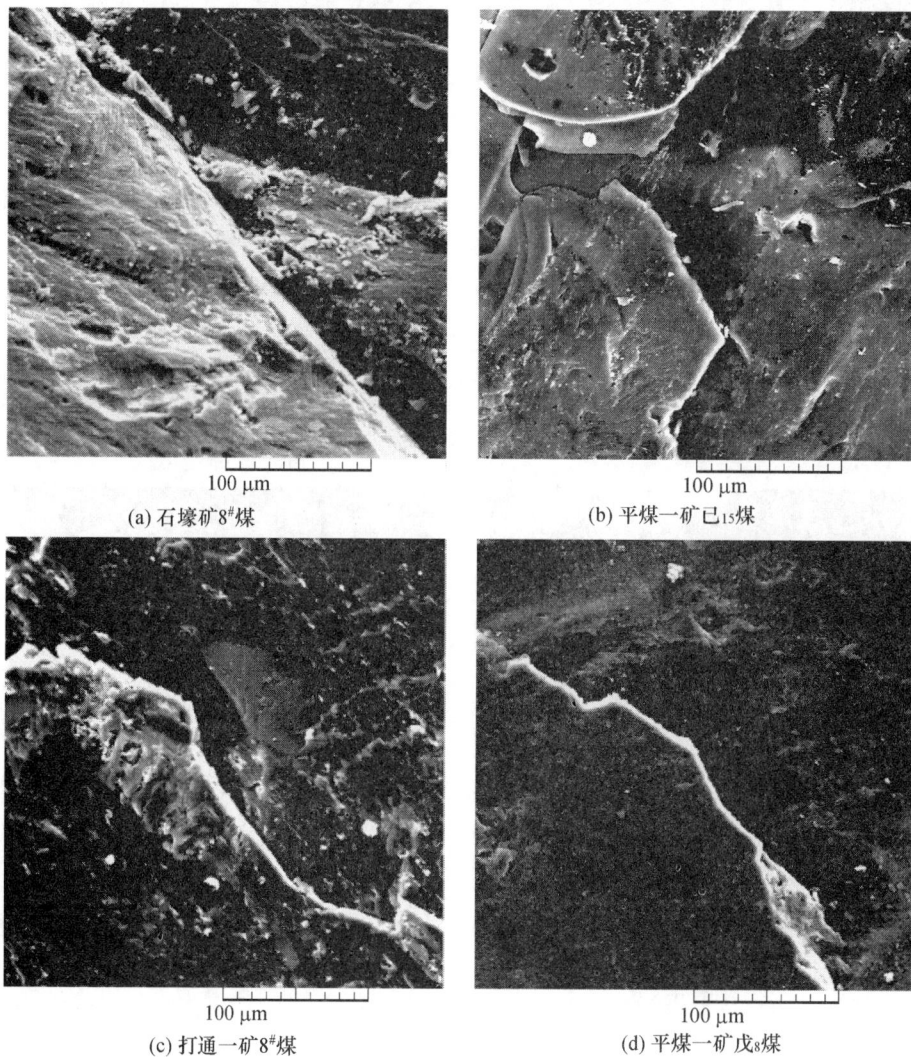

(a) 石壕矿8#煤

(b) 平煤一矿己₁₅煤

(c) 打通一矿8#煤

(d) 平煤一矿戊8煤

图 2.3　煤样 SEM 图（×500）

在 2000 倍的放大水平下（图 2.4），石壕矿煤样可观察到数条微裂隙，其中有一条 $4.9\mu m$ 左右的板状裂隙。平煤一矿己组煤样可观察到一条板状裂隙，宽处约 $3.97\mu m$。打通一矿煤样可见一条微裂纹及一个 $3.3\mu m$ 左右的中孔。平煤一矿戊组煤样裂隙较不发育，但是可发现数个中孔。从各煤样显微结构扫描图像（图 2.4）可以看出，其孔隙发育程度大致为：石壕矿 8# 煤＞平煤一矿己₁₅煤＞

打通一矿 8# 煤＞平煤一矿戊8 煤。

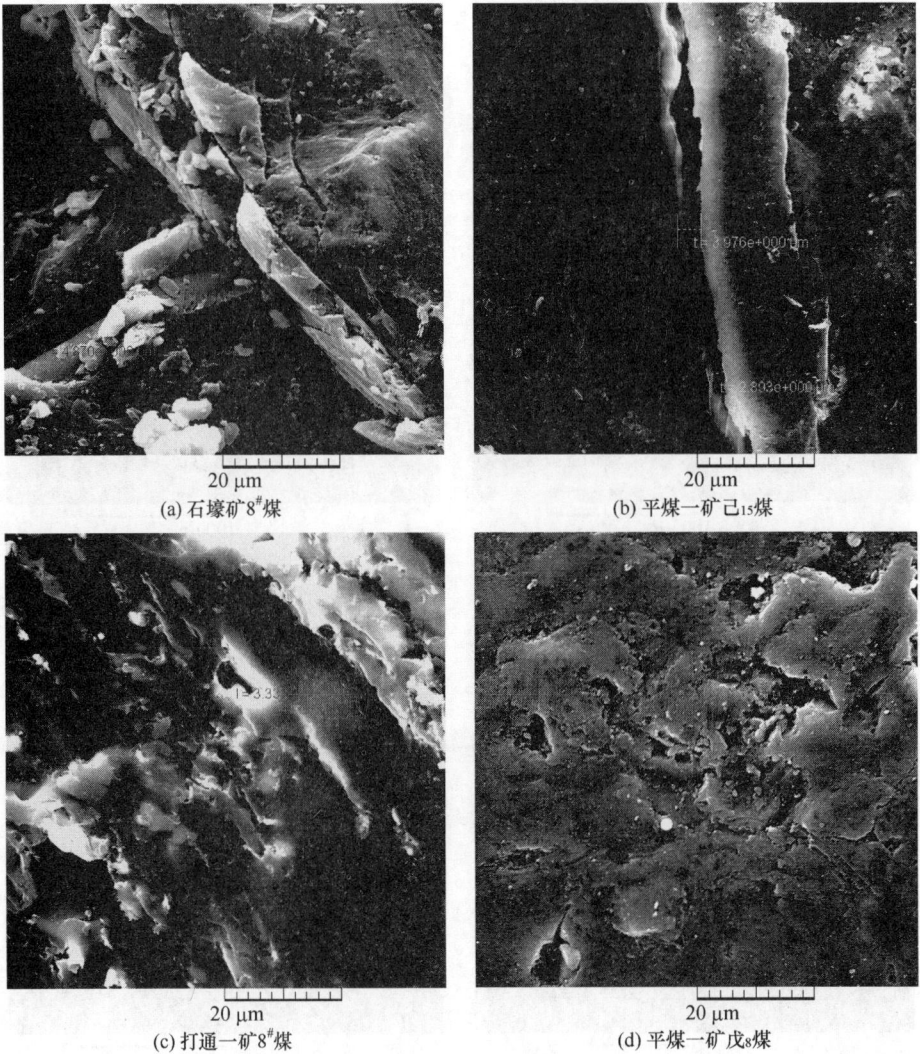

(a) 石壕矿 8# 煤

(b) 平煤一矿己15煤

(c) 打通一矿8#煤

(d) 平煤一矿戊8煤

图 2.4　煤样 SEM 图（×2000）

　　SEM 图像分析是多孔介质孔隙结构研究的主要实验手段之一。SEM 图像中蕴含了煤体的多尺度孔隙结构，当扫描电镜研究对象表面具有分形特征时，就必然会产生分形的 SEM 灰度值，这样通过分析其图像的灰度值变化即可得到煤样表面孔隙的分形几何特征。

　　本节利用 Fractalfox 2.0 软件（试用版）对这 4 种煤样分别在 500 倍与 2000 倍放大水平下的 SEM 图像进行分析处理，根据盒维数的计算原理，分析煤样表面孔隙分维数特征。以如图 2.3（c）所示的打通一矿 8# 煤 500 倍水平下的 SEM 分析处理为例，先将图片导入软件后，选择合适的灰度阈值范围将煤样孔隙从 SEM 图像分割出来，不断调整阈值上下限，可以得到较佳的煤样孔隙分布图。在处理中我们将煤样的微裂隙亦当作孔隙进行处理分析。

图 2.5（a）为软件根据孔隙灰度值的不同，从图 2.3（c）打通一矿 8# 煤 500 倍水平的 SEM 图像中提取出的煤样孔隙特征分布图，图中白色部分代表该软件处理得到的煤样孔隙边界。图 2.5（b）为软件根据图 2.5（a）的孔隙结构图处理得到的孔隙边界图，可以发现，图 2.5（b）较好地将煤样孔隙边缘提取出来了。下面以图 2.5（a）为基础，利用盒维数计算打通一矿 8# 煤样 500 倍水平下的表面孔隙分布的分维数。分维数大于拓扑维但小于所占领的空间维[124]，因此当煤样表面孔隙计算结果大于 1 而小于 2 时，表明其表面孔隙分布具有分形特征。

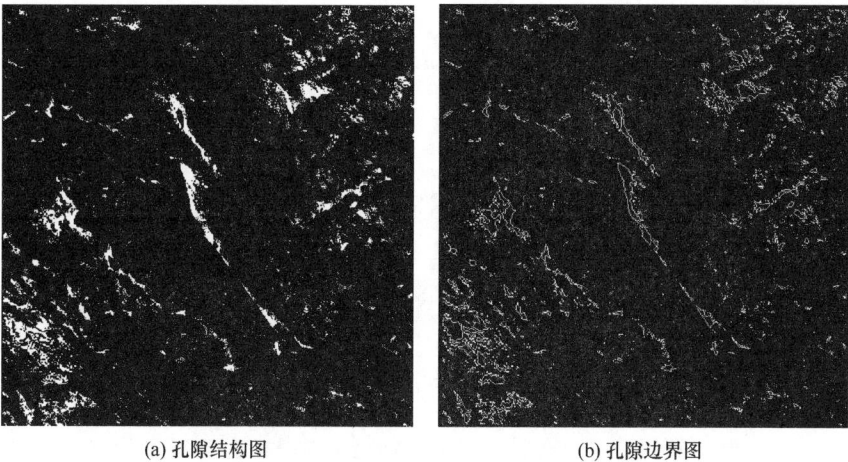

(a) 孔隙结构图　　　　　　　　　　(b) 孔隙边界图

图 2.5　打通一矿 8# 煤样 500 倍水平孔隙结构与边界

因计算的是盒维数，故而在软件中选择"box counting"。该软件的工作原理与手工计算盒维数相同。在"from box size"和"to box size"一项选择经验数值，本节所有的 SEM 图像分形分析均在"from box size"一项中选择 8，在"to box size"一项选择 32。

图 2.6 是打通一矿 8# 煤样 500 倍水平下表面孔隙分布盒维数的分析图，其中横坐标为盒子的尺寸"box size"，纵坐标为部分图形占据的盒子数"box count"，分析图上的点是对应于各级尺寸盒子的分维数，分析图上的直线是与各个点最接近的一条拟合直线，其直线的斜率即是这一图形的平均分形维数，r 代表该拟合直线的相关系数。经计算，如图 2.5 所示的打通一矿 8# 煤样 500 倍水

平表面孔隙分布所对应的分维值为 1.350，可见打通一矿 8# 煤样在此一观察尺度范围内具有统计意义上的分形特征。

　　对比图 2.3（c）可以发现，图 2.6 提取的表面孔隙分布图并没有全面反映出打通一矿 8# 煤样 500 倍水平下表面孔隙分布特征，这是因为软件在利用灰度差异提取孔隙的过程中带进来一些"噪点"，图 2.3（c）中一些近似白色的灰度区域也被识别为孔隙，事实上它们只是煤样表面比较凸起的部分，此外一些不在软件设定的灰度阈值上下限范围内的孔隙未能被识别出来。

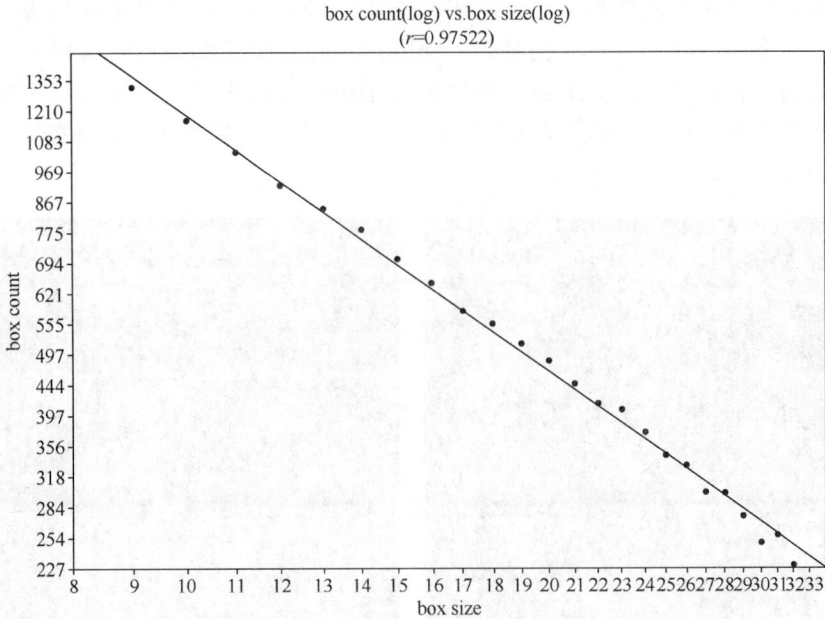

图 2.6　打通一矿煤样 500 倍水平表面孔隙分布盒维数分析图

　　在 SEM 图像中，有些裂隙和背景煤样图像之间的灰度差别不大，智能识别、自动判读方法虽然可以判别大多数裂隙，但却会误判或者漏判某些孔隙。为克服上述缺陷，本章利用 CAD 结合 SEM 原图及该软件处理得到的孔隙结构图，辅以人工识别，进一步提取煤样的孔隙结构特征，以确保孔隙结构能更精确地被提取出来。图 2.7 为重新处理过的煤样孔隙结构图及其边界图，为了更直观地表示孔隙结构，图 2.7（a）采用黑色区域代表孔隙。以图 2.3（c）为基准，对比图 2.5，可发现图 2.7 更准确地提取了煤样的孔隙特征。在后续的分析中，均采用改进后的提取方法处理煤样 SEM 图像。

　　将图 2.7（a）导入软件中，计算其盒维数即可得到盒维数分析图（图 2.8）。本次计算得到的分维值为 1.137，低于此前计算得到的分维值 1.350，二者存在较大差异，可以认为本次得到的孔隙表面形状分维值更可信。由此可以看出，准

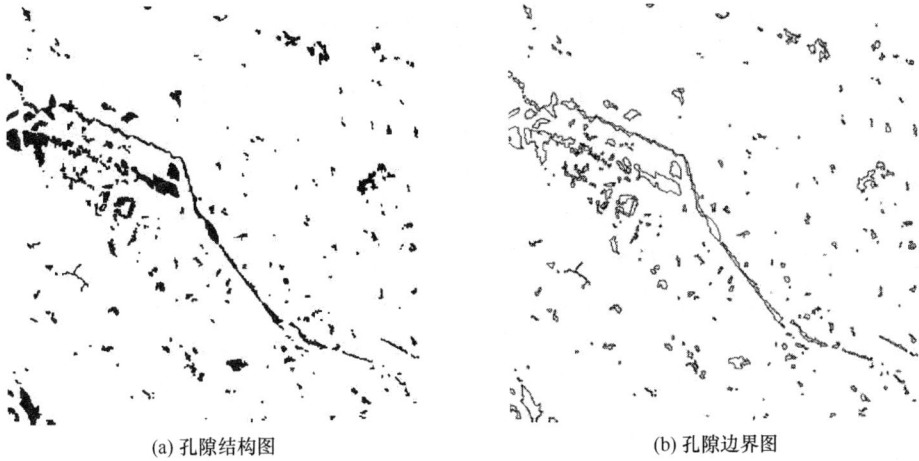

(a) 孔隙结构图　　　　　　　　　　　　(b) 孔隙边界图

图 2.7　进一步提取的打通一矿煤样表面孔隙分布特征

确提取煤样 SEM 图像中的孔隙特征是进行分形分析的基础。由本次计算的分维
值可知，打通一矿煤样在该放大水平的表面孔隙分布仍然具有分形特征，不过分
形特征较弱。

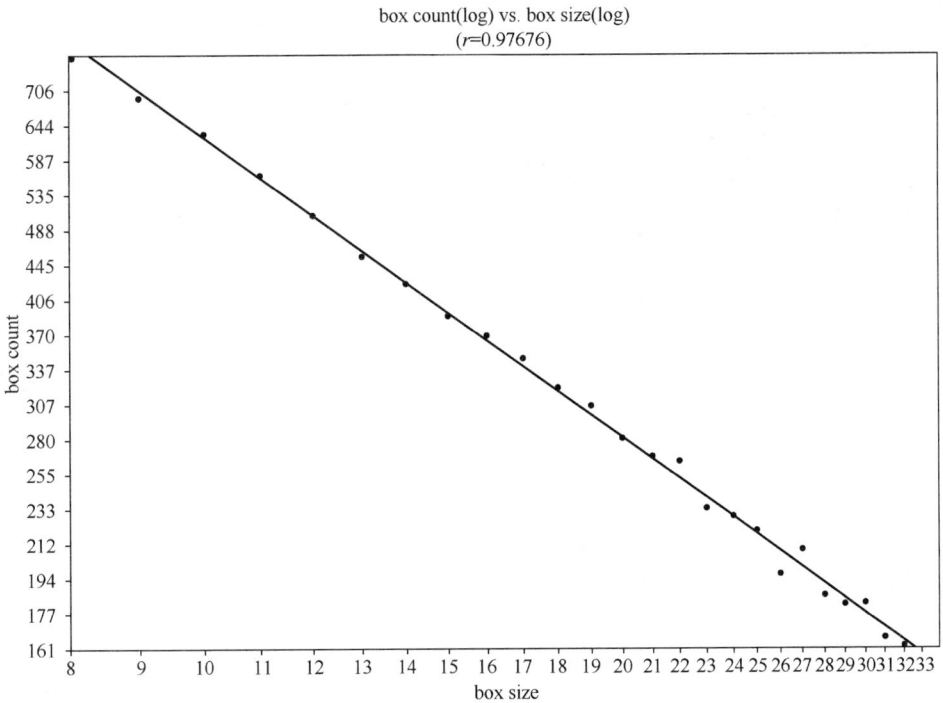

图 2.8　重新计算的打通一矿煤样孔隙分布盒维数分析图

3. 实验煤样在 500 倍与 2000 倍水平下孔隙分形特征

下面将按照打通一矿 8# 煤样在 500 倍水平 SEM 图像孔隙分形特征的分析方法，对其他 3 种煤样在 500 倍与 2000 倍放大水平下的表面孔隙分布的盒维数进行处理与对比分析。图 2.9～图 2.15 列出了其他煤样在不同观测倍数下的孔隙分布特征与盒维数分析图。仅从上述煤样的孔隙结构图与边界图是很难精确判别各煤样孔隙发育与分布差异的，而借助分形理论则可以定量地表征煤样孔隙发育与分布差异。表 2.3 列出了软件计算得出的分维数，由表可知，4 种煤样在 500 倍与 2000 倍放大水平下其表面孔隙分布均具有分形特征。在 500 倍放大水平下，石壕矿煤样分维值最大，其分形特征最强，平煤一矿戊组煤样分维值最小，其分形特征亦最弱，分形特征已不明显。在 2000 倍放大水平下，4 种煤样分维值的相对大小与 500 倍放大水平下的情况完全一致，其分维值从大到小大致为：石壕矿 8# 煤＞平煤一矿己$_{15}$煤＞打通一矿 8# 煤＞平煤一矿戊$_8$煤，与 SEM 图像观察到的孔隙发育程度顺序一致。

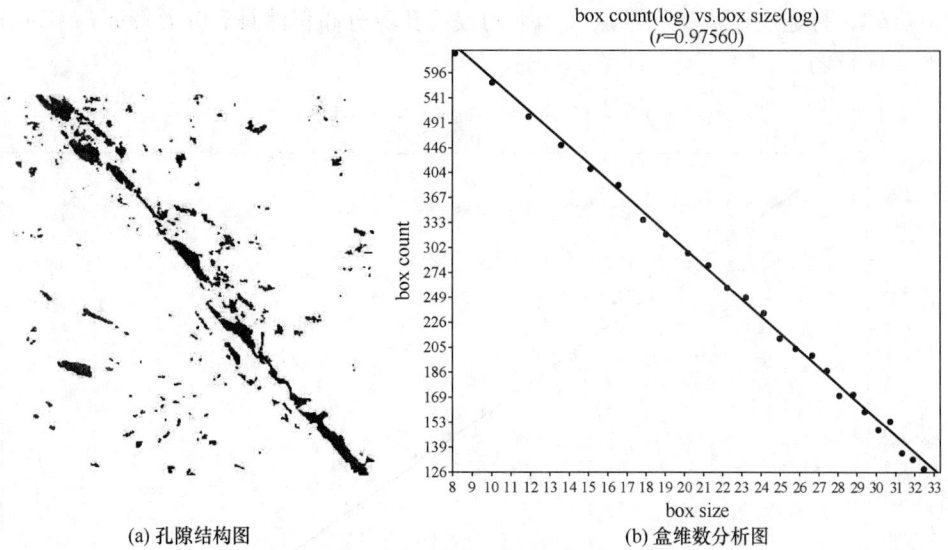

(a) 孔隙结构图　　　　　　　　　　(b) 盒维数分析图

图 2.9　石壕矿煤样 500 倍水平表面孔隙分布特征与盒维数分析

表 2.3　煤样表面孔隙分布分维数

放大倍数	石壕矿 8# 煤	平煤一矿己$_{15}$煤	打通一矿 8# 煤	平煤一矿戊$_8$煤
500	1.268	1.265	1.137	1.034
2000	1.205	1.203	1.119	1.105

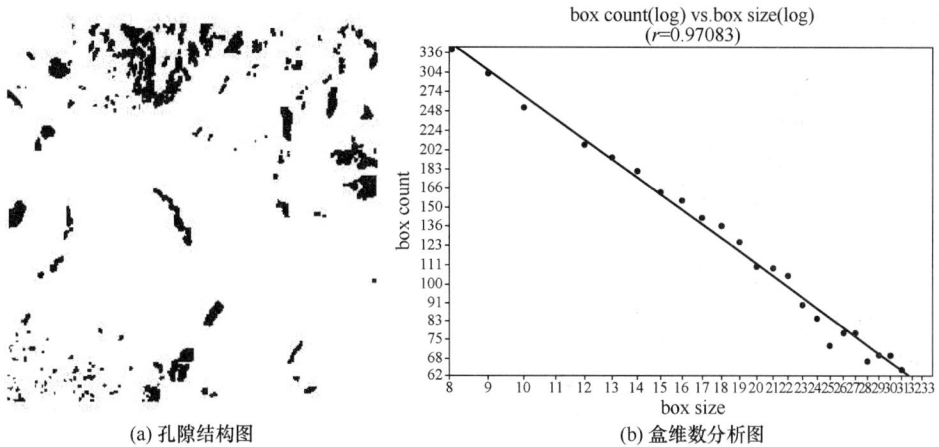

(a) 孔隙结构图　　　　　　　　　　(b) 盒维数分析图

图 2.10　平煤一矿己组煤样 500 倍水平表面孔隙分布特征与盒维数分析

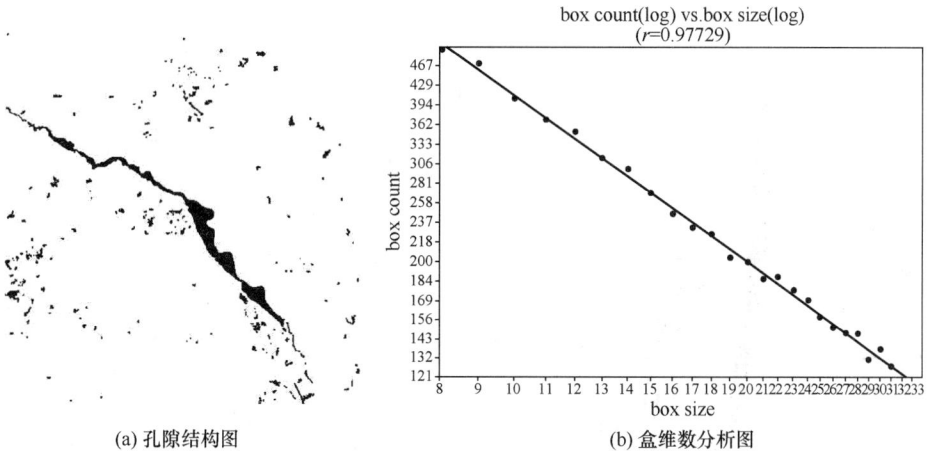

(a) 孔隙结构图　　　　　　　　　　(b) 盒维数分析图

图 2.11　平煤一矿戊组煤样 500 倍水平表面孔隙分布特征与盒维数分析

由分形理论可知，煤样表面孔隙分布的分维值越大，则表示其孔隙越发育，分布越不均匀。由此可知，根据上述煤样的 SEM 图像，可以准确判别出 4 种煤样之间孔隙的发育与分布的相对差异，即在 4 种煤样中，石壕矿煤样孔隙相对最发育，平煤一矿己组煤样与打通一矿煤样次之，平煤一矿戊组煤样孔隙相对最不发育。

由统计学原理可知，当样本容量较大时，其统计结果会更准确。上述煤样表面孔隙分布的分维值也是基于统计意义上的，因此在后续研究中可对每个煤样在特定的放大倍数下拍摄更多的 SEM 图像并处理，对其分形维数结果求取平均

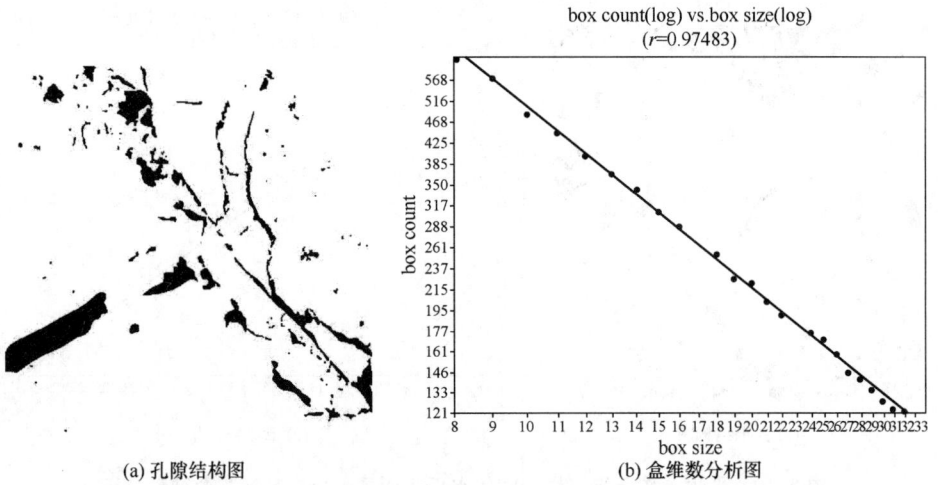

(a) 孔隙结构图　　　　　　　　(b) 盒维数分析图

图 2.12　石壕矿煤样 2000 倍水平表面孔隙分布特征与盒维数分析

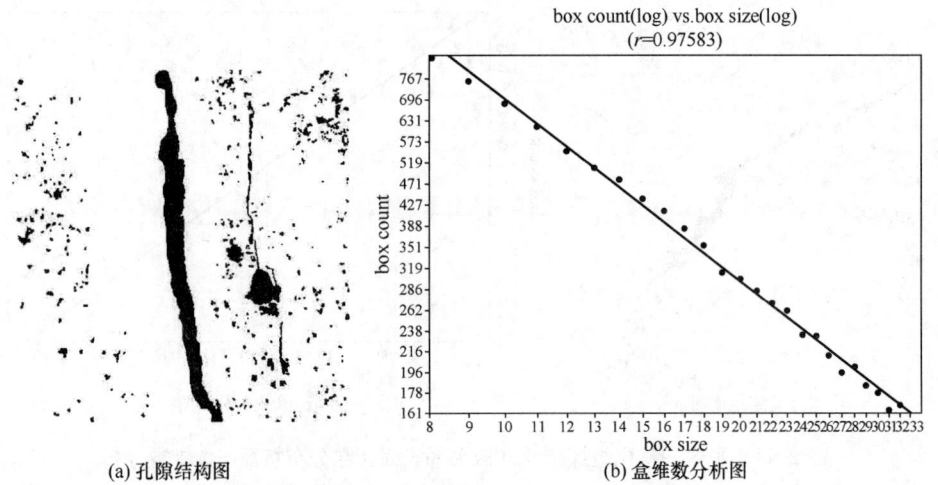

(a) 孔隙结构图　　　　　　　　(b) 盒维数分析图

图 2.13　平煤一矿己组煤样 2000 倍水平表面孔隙分布特征与盒维数分析

值，所得的平均值将会更准确地表征煤样孔隙的分形特征。

　　上述基于分形理论的孔隙特征研究为定量分析煤样孔隙发育程度与分布差异提供了一种新思路，克服了人工定性分析带来的缺陷。由于煤样孔隙发育程度及分布差异与煤层瓦斯的渗透性能及煤与瓦斯突出存在一定的相关性，因此在以后的研究中需继续考察孔隙在煤样内部的弯曲、变形、连通、闭合等特征，以期建立起精确描述孔隙空间的分形模型，进而基于孔隙的分形模型建立煤层瓦斯渗透性能参数的预测方法。

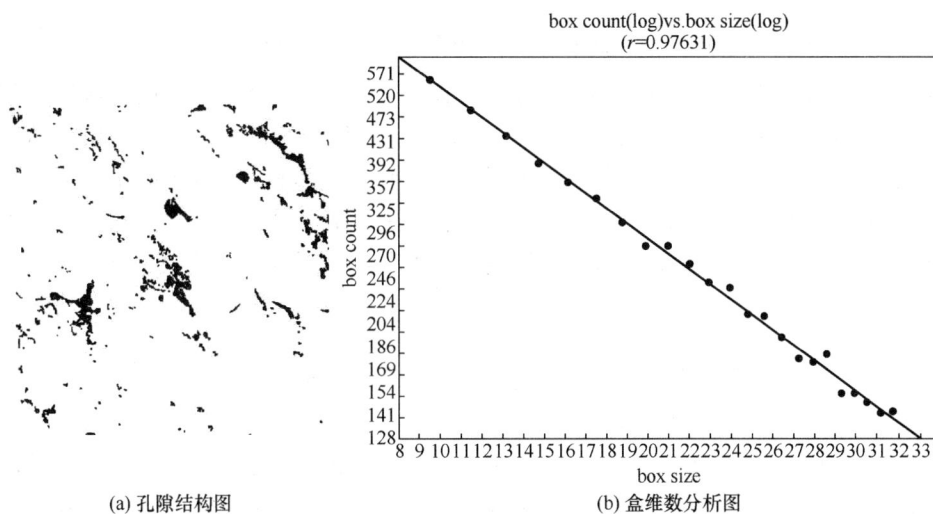

box count(log)vs.box size(log)
(r=0.97631)

(a) 孔隙结构图　　　　　　　　(b) 盒维数分析图

图 2.14　打通一矿煤样 2000 倍水平表面孔隙分布特征与盒维数分析

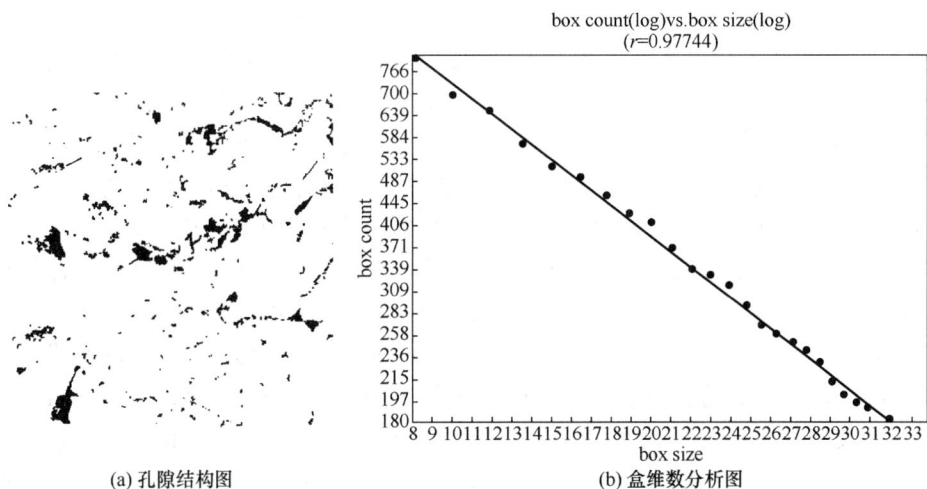

box count(log)vs.box size(log)
(r=0.97744)

(a) 孔隙结构图　　　　　　　　(b) 盒维数分析图

图 2.15　平煤一矿戊组煤样 2000 倍水平表面孔隙分布特征与盒维数分析

2.1.4　孔隙率数学模型

1. 研究现状分析

1997 年，冉启全和李士伦[125]将油藏开采过程中的物性参数视为应力与温度的函数，并根据体积应变的概念，从孔隙率基本定义出发，得到了流固耦合油藏数值模拟求解所需的孔隙率动态方程：

$$\varphi = \frac{1}{1+e}\left[\varphi_0 + e - (1-\varphi_0)\gamma(T-T_0)\right] \tag{2.2}$$

式中，φ 和 φ_0 分别为当前孔隙率和初始孔隙率；T 和 T_0 分别为当前温度和初始温度；e 为体积应变；γ 为热膨胀系数。该方程虽考虑了温度对岩土颗粒的热膨胀效应，但却忽略了孔隙压力对固体颗粒体积变形的影响。在此基础上，李培超等[126]将温度效应和孔隙压力效应同时考虑进去，对油藏系统的孔隙率动态模型给予了完善，并同时根据流体力学的连续性方程导出了相同的孔隙率动态模型：

$$\varphi = 1 - \frac{(1-\varphi_0)(1-\Delta P/K_s + \beta_s\Delta T)}{1+e} \tag{2.3}$$

式中，K_s 为固体颗粒的体积模量；β_s 为固体颗粒的热膨胀系数；ΔP 为孔隙压力变化量；ΔT 为温度变化量。

虽然孔隙率模型在油藏系统中已相当完善，并在工程实践中得到了很好的应用，但在含瓦斯煤方面却仍然存在很大不足。2002 年，卢平等[17]基于孔隙率定义和体积应变概念推出了含瓦斯煤的孔隙率方程：

$$\varphi = \frac{1}{1+e}(\varphi_0 + e) \tag{2.4}$$

式（2.4）表达了孔隙率与体积应变的函数关系，在一定程度上体现了孔隙率与有效应力的关系，在要求不严的工程领域可以使用，但却与井下实际情况存在很大的偏差。随着煤层埋深的增加，含瓦斯煤所处的赋存环境也在不断发生变化，即使在同一埋藏深度，采矿活动的影响也会引起局部地球物理场的变化，煤层中的瓦斯含量、瓦斯压力、温度、地应力等都在不同程度地发生着变化。所以，该式只考虑体积应变对孔隙率的影响显然是不够的。众所周知，吸附瓦斯占瓦斯总含量的 90% 以上，而煤体颗粒吸附瓦斯必然引起煤体颗粒体积膨胀产生变形；与此同时，孔隙瓦斯压力变化也会引起颗粒的体积压缩变形；温度升高和降低也均会导致煤体颗粒骨架发生不同程度的热胀冷缩变形。故而认为，式（2.4）遗漏了温度和瓦斯压力变化对煤体孔隙率的作用。随着研究的逐渐深入，李祥春等[16]于 2005 年，在考虑煤骨架吸附变形特性的情况下，依据孔隙率基本定义推导了考虑吸附变形的含瓦斯煤孔隙率方程：

$$\varphi = \frac{\varphi_0 + e - \dfrac{aKRT}{V_0}\ln(1+bP)}{1+e} \tag{2.5}$$

式中，K 为比例常数；V_0 为气体摩尔体积；R 为普适气体常数；a、b 为煤的吸附常数；T 为热力学温度；P 为瓦斯压力。虽然式（2.5）已将吸附瓦斯引起的煤体颗粒变形作用考虑进去，但仍然忽略了温度和游离瓦斯压力变化对煤体颗粒体积变形量的影响，对越来越多高温矿井中煤层孔隙率的预测仍不太适用。本章正是从以上分析所存在的问题出发，依据孔隙率基本定义，同时考虑有效应力、温度、瓦斯压力的综合作用,对含瓦斯煤的孔隙率进行分析探讨,以期从理论上将含瓦斯煤孔隙率研究深度推进一步。

2. 孔隙率理论模型

1) 模型建立

孔隙率是多孔介质最重要的物理力学参数之一。在经典的渗流力学中,常认为固体骨架不产生任何弹性或塑性变形,故而传统的流固耦合理论把煤储层孔隙率视为常数,但此观点显然不符合实际,因为地应力和瓦斯压力变化引起的压缩和吸附膨胀变形、温度变化引起的热膨胀变形都将使煤体骨架发生不同程度的本体变形。随着煤层埋藏深度的增加,温度、地应力和瓦斯压力都在不同程度地发生变化,从而使孔隙率随之动态改变。

假设煤层中只有单相饱和的瓦斯流体,根据孔隙率 φ 的定义有

$$
\begin{aligned}
\varphi &= \frac{V_P}{V_B} = \frac{V_{P0} + \Delta V_P}{V_{B0} + \Delta V_B} = 1 - \frac{V_{S0} + \Delta V_S}{V_{B0} + \Delta V_B} \\
&= 1 - \frac{V_{S0}(1 + \Delta V_S/V_{S0})}{V_{B0}(1 + \Delta V_B/V_{B0})} \\
&= 1 - \frac{1 - \varphi_0}{1 + e}\left(1 + \frac{\Delta V_S}{V_{S0}}\right)
\end{aligned}
\tag{2.6}
$$

式中,V_S 为煤体骨架体积;ΔV_S 为煤体骨架体积变化;V_P 为孔隙体积;ΔV_P 为煤体孔隙体积变化;V_B 为煤体外观总体积;ΔV_B 为煤体外观总体积变化;e 为体积应变;φ_0 为初始孔隙率。

通过对以往孔隙率研究现状分析可知,煤粒的本体变形 ΔV_S 引起的煤体颗粒体积应变增量 $\dfrac{\Delta V_S}{V_{S0}}$ 主要由三部分组成:因孔隙瓦斯压力变化压缩煤体颗粒引起的应变增量 $\dfrac{\Delta V_{SP}}{V_{S0}}$;因煤体颗粒吸附瓦斯膨胀引起的应变增量 $\dfrac{\Delta V_{SF}}{V_{S0}}$;因热弹性膨胀引起的应变增量 $\dfrac{\Delta V_{ST}}{V_{S0}}$。考察图 2.16 可知四者之间的相互关系为

$$
\frac{\Delta V_S}{V_{S0}} = \frac{\Delta V_{SP}}{V_{S0}} + \frac{\Delta V_{SF}}{V_{S0}} + \frac{\Delta V_{ST}}{V_{S0}}
\tag{2.7}
$$

其中

$$
\frac{\Delta V_{SP}}{V_{S0}} = -K_Y \Delta P = -\frac{3(1 - 2\upsilon)}{E}\Delta p
\tag{2.8}
$$

$$
\frac{\Delta V_{SF}}{V_{S0}} = \frac{\Delta V_S}{V_{B0} - V_{P0}} = \frac{\varepsilon_P}{1 - \varphi_0}
\tag{2.9}
$$

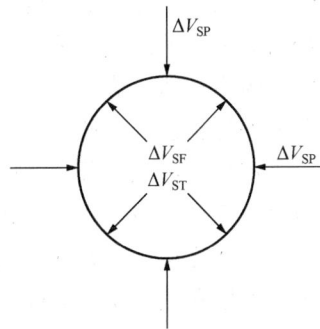

图 2.16　煤粒本体变形关系

$$\frac{\Delta V_{ST}}{V_{S0}} = \beta \Delta T \tag{2.10}$$

联立式（2.7）～式（2.10）可得本体变形引起的煤体颗粒体积总应变量：

$$\frac{\Delta V_S}{V_{S0}} = \beta \Delta T - K_Y \Delta P + \frac{\varepsilon_P}{1-\varphi_0} \tag{2.11}$$

其中，单位体积煤吸附瓦斯产生的膨胀应变为[127]

$$\varepsilon_P = \frac{2\rho RTaK_Y}{3V_m} \ln(1+bP) \tag{2.12}$$

式中，K_Y 为体积压缩系数，MPa^{-1}；ΔT 为热力学温度改变量（$T-T_0$），K；ΔP 为瓦斯压力改变量（$P-P_0$），MPa；β 为煤的体积热膨胀系数，$m^3/(m^3 \cdot K)$；ρ 为煤的视密度，t/m^3；$V_m = 22.4 \times 10^{-3} m^3/mol$，为气体摩尔体积；$R = 8.3143 J/(mol \cdot K)$，为普适气体常数；$a$ 为单位质量煤在参考压力下的极限吸附量，m^3/t；b 为煤的吸附平衡常数，MPa^{-1}。

将式（2.11）代入式（2.6）得在压缩条件下（扩容前）的孔隙率动态演化模型：

$$\begin{aligned}
\varphi &= 1 - \frac{(1-\varphi_0)}{1+e}\left(1 + \beta\Delta T - K_Y\Delta P + \frac{\varepsilon_P}{1-\varphi_0}\right) \\
&= \frac{\varphi_0 + e - \varepsilon_P + K_Y\Delta P(1-\varphi_0) - \beta\Delta T(1-\varphi_0)}{1+e}
\end{aligned} \tag{2.13}$$

若 $\Delta T=0$，$\Delta P=0$，$\varepsilon_P=0$ 时，式（2.13）则等同于卢平等[17]的研究结论：

$$\varphi_{LP} = \frac{\varphi_0 + e}{1+e} \tag{2.14}$$

若仅有 $\Delta T=0$，$\Delta p=0$ 时，式（2.13）则等同于李祥春等[16]的研究成果：

$$\varphi_{LXC} = \frac{\varphi_0 + e - \varepsilon_P}{1+e} \tag{2.15}$$

考察式（2.13）～式（2.15）可知，式（2.14）的孔隙率模型将煤体颗粒视为刚体，仅考虑煤体的结构变形[128]而完全忽略本体变形是不符合实际的，误差也相对较大。即使是在等温和等压的情况下，也不会出现 $\varepsilon_P=0$ 的情况，因为煤体颗粒吸附瓦斯后势必会产生吸附膨胀变形。与式（2.14）相比，式（2.15）具有明显的优越性，并认为考虑煤吸附变形进行理论计算所得的孔隙率变小的原因是，由煤分子和瓦斯分子之间的吸引和结合在一定程度上填充了一些微孔隙或使孔隙通道变窄。但作者认为该式仍存在一些不足，因为煤层埋藏深度和局部地球物理场的变化均会导致煤体温度和瓦斯压力发生变化，由热应力理论和弹性力学可知，温度和瓦斯压力的改变也引起煤体颗粒产生本体变形。所以，既然是从微观上对含瓦斯煤孔隙率进行研究就不能仅考虑煤体骨架的吸附变形而忽略温度和瓦斯压力的影响。考察式（2.13）可知，随着温度的升高，孔隙率随之减小，其原因为在围压一定的条件下，煤体温度升高所产生的热膨胀变形只能产生内向膨胀，致使微孔隙或裂隙变窄。

体积压缩系数定义[129]：

$$V_B = V_{B0} \exp(-K_Y \Delta\sigma') \tag{2.16}$$

及弹性力学：

$$1 + e = 1 + \frac{V_B - V_{B0}}{V_{B0}} = \frac{V_B}{V_{B0}} \tag{2.17}$$

将式（2.16）代入式（2.17）得

$$1 + e = \exp(-K_Y \Delta\sigma') \tag{2.18}$$

再将式（2.12）和式（2.18）代入式（2.13）即得到在压缩条件下（扩容前）以有效应力和吸附热力学参数表达的孔隙率动态演化模型：

$$\varphi = 1 - \frac{(1-\varphi_0)}{\exp(-K_Y \Delta\sigma')}\left[1 + \beta\Delta T - K_Y \Delta P + \frac{2a\rho RTK_Y \ln(1+bP)}{3V_m(1-\varphi_0)}\right] \tag{2.19}$$

2）模型精度检验

由热膨胀系数定义、体积压缩系数定义及弹性力学可得出热力学参数表达的单位体积含瓦斯煤微元体所受的平均有效应力变化量[129]和体积应变关系式：

$$\Delta\sigma' = -\frac{1}{K_Y}(2 - \sqrt{4 - 2\beta\Delta T}) \tag{2.20}$$

将式（2.20）代入式（2.19）则可得到另一种表达形式的孔隙率方程：

$$\varphi = 1 - \frac{(1-\varphi_0)}{\exp(2 - \sqrt{4 - 2\beta\Delta T})}\left[1 + \beta\Delta T - K_Y \Delta P + \frac{2a\rho RTK_Y \ln(1+bP)}{3V_m(1-\varphi_0)}\right] \tag{2.21}$$

表 2.4 为平顶山煤业集团公司地质构造正常区域已组煤实测数据资料，实验室测得煤的 $K_Y = 0.000516\text{MPa}^{-1}$，$\beta = 0.000116\text{m}^3/(\text{m}^3 \cdot \text{K})$，$\rho = 1.34\text{t/m}^3$，$a = 19.953\text{m}^3/\text{t}$，$b = 1.081\text{MPa}^{-1}$。因资料收集有所限制，本次有效应力简化为地层静压力与瓦斯压力的差值，同时在假定 K_Y、β、ρ、a 和 b 值不随煤层赋存环境变化而变化的前提下，利用式（2.14）、式（2.15）和式（2.21）分别对文献［17］和文献［16］和本章研究所得的孔隙率模型进行了理论计算，其计算结果同列于表 2.4 中。

选择残差大小检验法对所建立的孔隙率模型进行精度检验，精度检验等级表如表 2.5 所示。只有当 max｛平均相对误差，最大相对误差｝$<\alpha$ 成立时，称模型为相应精度等级的合格模型。从表 2.5 可知，φ、φ_{LP} 和 φ_{LXC} 的理论计算值与实测孔隙率 $\varphi_{实}$ 相比，平均相对误差分别为 4.84%、7.40% 和 6.38%；最大相对误差分别为 9.68%、14.07% 和 12.56%，方差分别为 0.0028、0.0290 和 0.0099。表明本章从基本定义出发所建立的孔隙率模型拟合精度在三者当中较

好，误差较小，预测精度为二级精度，除非地质构造突然发生变化才有可能造成理论计算值的较大失真。因井下的煤层密度、体积压缩系数、吸附常数均是随埋藏深度的增加而变化的，而本次进行理论值计算时由于没有收集到所有的准确数据，只能假设这些因素为恒定不变量，本身就存在一定的误差，但即便如此，三种模型在同样情况下计算所得的理论值与实际值相比，仍是本章所建模型误差相对较小，说明本次所建含瓦斯煤孔隙率模型具有一定的优越性。

表 2.4 孔隙率理论值与实测值比较

埋深/m	T/K	P/MPa	$\varphi_{实}$/%	φ 理论值/%	相对误差/%	φ_{LP} 理论值/%	相对误差/%	φ_{LXC} 理论值/%	相对误差/%
100	292.3	0.1	7.41	7.41	0.00	7.41	0.00	7.41	0.00
200	295.8	0.4	7.3	7.37	0.96	7.43	1.78	7.40	1.37
300	299.3	0.7	7.18	7.35	2.37	7.45	3.76	7.40	3.06
400	302.8	1.0	7.11	7.33	3.09	7.47	5.06	7.41	4.22
500	306.3	1.3	7.02	7.31	4.13	7.49	6.70	7.41	5.56
600	309.8	1.6	6.86	7.29	6.27	7.50	9.33	7.42	8.16
700	313.3	1.9	6.77	7.27	7.39	7.52	11.08	7.43	9.75
800	316.8	2.2	6.61	7.25	9.68	7.54	14.07	7.44	12.56

注：φ_{LXC} 和 φ_{LP} 分别为文献 [16] 和文献 [17] 研究所得孔隙率。

表 2.5 精度检验等级

预测精度	等级	α
一级	好	0.01
二级	合格	0.05
三级	勉强合格	0.10
四级	不合格	0.20

在利用式（2.21）进行理论值计算时还发现，在相同的瓦斯压力变化幅度内，单位体积的煤体骨架在瓦斯压力作用下受压收缩变形量比吸附瓦斯所产生的吸附膨胀变形量小，煤体骨架整体上仍表现为体积膨胀增大（图 2.17）。所以，与温度和孔隙率的变化趋势一致，随瓦斯压力的升高煤体孔隙率呈减小趋势，这可由第 3 章的瓦斯压力与渗透率关系实验所证实。同样的结论也可从表 2.4 发现，随着煤层埋深增加，瓦斯压力增大，孔隙率减小。由图 2.17 还发现，由瓦斯压力压缩煤粒和煤粒吸附瓦斯膨胀产生的应变增量相互抵消后，在瓦斯压力为 1.6MPa（压差为 1.5MPa）时达到最大值，然后逐渐降低，说明随着瓦斯压力的升高，瓦斯压力压缩煤粒引起的本体变形量在逐渐增大，在高瓦斯压力环境下

计算煤层孔隙率时，瓦斯压力不可忽略。

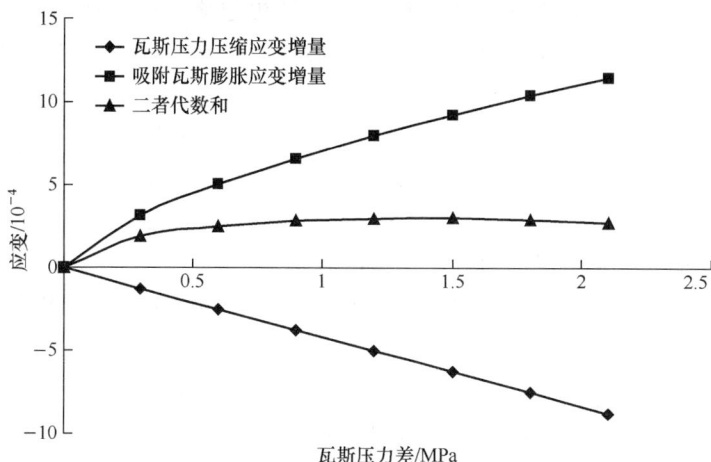

图 2.17　瓦斯引起的煤粒应变增量

2.2　有效应力方程

2.2.1　有效应力分析

　　所谓有效应力，就是一种等效应力，它作用于多孔介质的效应与内、外应力同时作用于多孔介质所产生的力学效应是完全相同的。有效应力概念首先是由 Terzaghi 于 1923 年提出的，并具体定义为[46]

$$\sigma = \sigma' + P \tag{2.22}$$

式中，σ' 为有效应力；σ 为固体颗粒某一截面上的应力；P 为瓦斯压力。Terzaghi 方程对松散度较大的土介质来说已具有足够的精度，并曾在土木工程实践中发挥过很好的作用，但对于胶结程度较高的多孔介质岩石和煤来说并不适应。因 Terzaghi 方程只是一个近似方程，在许多情况下会产生一定的偏差，不少学者都曾致力于改进有效应力公式，但都没有被普遍接受。由于 Terzaghi 方程形式简单和便于应用等优点，目前仍被广大科技工作者应用于多孔介质研究的众多领域。

　　在含瓦斯煤有效应力研究中，对瓦斯压力是否忽略不计方面曾存在严重分歧。如 1979 年，Ettinger[130] 考虑吸附瓦斯的影响对含瓦斯煤的应力关系进行了研究，并给出了吸附膨胀应力公式：

$$\sigma = K(V_0 - V)/V_0 \tag{2.23}$$

式中，K 为体积模量；V_0 和 V 分别为煤吸附变形前、后的体积。由此式计算的吸附膨胀应力达到几十到几百兆帕斯卡，是瓦斯压力的几倍到几十倍，甚至超过上覆岩层产生的应力，他认为瓦斯压力绝对不可忽略。而 Borisenko[131] 在 1985 年研究了煤层中自由气体的力学作用，并通过计算上覆岩层的支撑应力进一步推出了有效应力计算公式：

$$\sigma' = \sigma(1 - 0.84\varphi) = \gamma H - 0.84\varphi P \tag{2.24}$$

式中，σ 为上覆岩层支撑应力；H 为煤层深度；φ 为煤层孔隙率；P 为瓦斯压力。Borisenko 认为，由于煤的孔隙率远比土的孔隙率低，在大多数情况下，自由气体压力（瓦斯压力）对煤的力学作用可以忽略不计。

含瓦斯煤是一种复杂的可变形的孔隙-裂隙双重介质，在其有效应力计算中，孔隙压力和孔隙率均是不可少的重要参数之一。孔隙率也是多孔介质最重要的特性参数之一，没有孔隙率的参与，有效应力计算公式无法反映多孔介质的特性，因而是不完整也是不妥当的；同时孔隙率又是区分和联系固体物质与多孔介质的重要指标，有了孔隙率的参与，有效应力计算公式就能把固体物质和多孔介质统一起来。在此基础上，卢平等[132] 在将含瓦斯煤的变形机制分为本体变形和结构变形的基础上，认为含瓦斯煤的有效应力应由本体有效应力 σ_{eff}^P 和结构有效应力 σ_{eff}^S 两部分组成，并分别得到了有效应力公式：

$$\begin{cases} \sigma_{eff}^P = \sigma - \varphi P \\ \sigma_{eff}^S = \sigma - \varphi_C P \end{cases} \tag{2.25}$$

式中，σ 为多孔介质所受总应力；φ 和 φ_C 分别为煤层孔隙率和煤层颗粒触点孔隙率，反映煤的胶结状况；P 为瓦斯压力。该有效应力公式虽然将孔隙率考虑在内，但并没有考虑吸附瓦斯和温度效应的影响，而现实情况下，原始煤层瓦斯含量中 90% 以上为吸附瓦斯。随后，吴世跃[133] 同时考虑煤层在有效应力和吸附膨胀应力作用下，认为煤层存在煤层变形和含孔隙煤粒吸附变形两种变形机制，并根据表面物理化学和弹性力学原理给出了含瓦斯煤有效应力公式：

$$\sigma' = \sigma_i - \frac{2aRT\rho[1 - 2\upsilon\ln(1 + bP)]}{3V_m} \tag{2.26}$$

式中，σ_i 为外应力；ρ 为煤的视密度；V_m 为气体摩尔体积；R 为普适气体常数；a 为单位质量煤在参考压力下的极限吸附量；b 为煤的吸附平衡常数；υ 为泊松比。该式虽然考虑了吸附瓦斯对有效应力的贡献，但也忽略了温度的影响。

综上所述，目前对含瓦斯煤的有效应力研究总是或多或少地存在一些缺陷，因为，随着煤层埋深的增加，温度效应越来越明显，而含瓦斯煤又是一种具有气相、吸附相和固相存在的三相介质结构。煤层中的孔隙及裂隙表面是吸附瓦斯存在的场所，占 90% 以上的吸附瓦斯不传递瓦斯压力，运移规律服从菲克扩散定律；大的孔隙和裂隙是游离瓦斯存在的场所，游离瓦斯传递瓦斯压力，运移规律服从达西定律。作者认为，含瓦斯煤有效应力问题本身就是从微观角度开展的一种多孔介质应力关系研究，孔隙率、吸附瓦斯、游离瓦斯及温度效应都不能不加以考虑，唯有对各方面因素都综合考虑进去，所建立的有效应力公式才算更加严谨。

2.2.2　含瓦斯煤变形机制

结合前人研究成果，作者认为含瓦斯煤在外应力和内应力共同作用下存在两种变形机制：一是由外应力引起的煤体颗粒之间发生相对错动使之排列更为紧密和对煤粒骨架本身压缩作用共同引起的变形，称为结构变形（图 2.18）；二是由内应力引起的，即由煤层瓦斯的吸附膨胀和解吸收缩、温度效应的热胀冷缩和煤体骨架受瓦斯压力的压缩共同引起的煤体颗粒本身的变形，称为本体变形（图 2.19）。结构变形通常是不可恢复的，而煤粒本身的本体变形可恢复，是可逆的弹性过程。

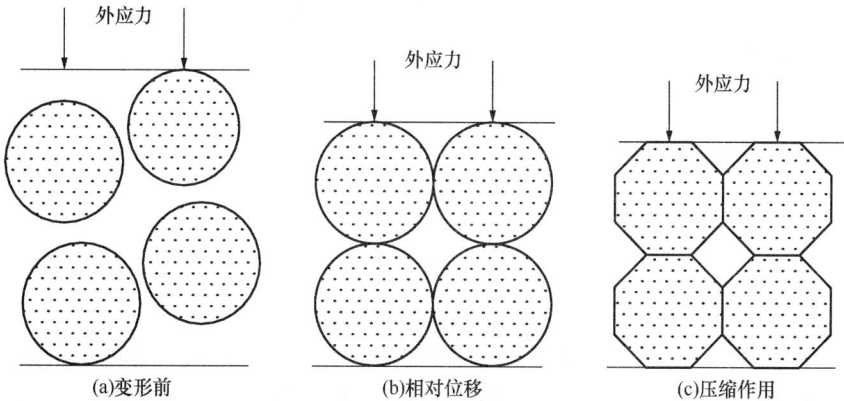

(a)变形前　　　　　　　(b)相对位移　　　　　　　(c)压缩作用

图 2.18　结构变形模式

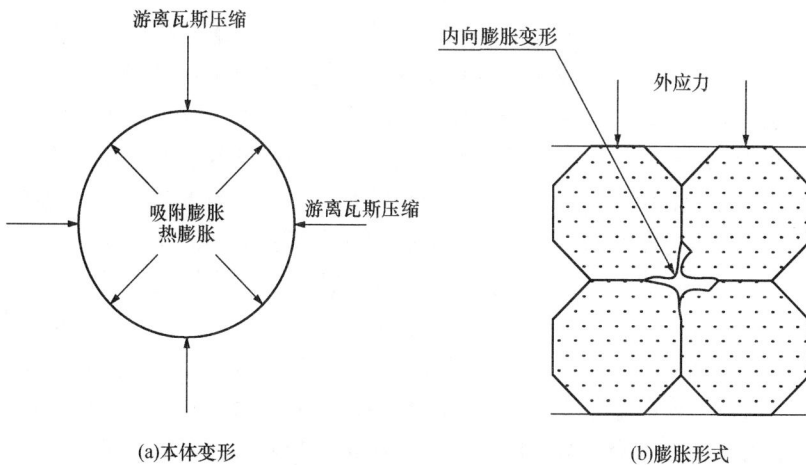

(a)本体变形　　　　　　　　　　(b)膨胀形式

图 2.19　本体变形模式

　　由于吸附瓦斯充满煤粒中的孔隙及裂隙表面，并与煤粒一起构成一个统一的变形整体，而有效应力是内、外应力同时作用于煤体的综合体现，因此当有效应力增大时，结构变形使煤粒发生空间结构上的变化，煤粒之间排列更加紧凑（发生相对位移）。同时煤粒也被压缩，裂隙或孔隙体积减小，又因外力约束不改变煤的吸附性能和环境温度，煤粒骨架本身变形小，故而外力作用下的结构变形更多的是裂隙或孔隙体积的变化。其变形模式如图 2.18 所示。同时，含瓦斯煤结构变形产生的应变与有效应力之间的关系遵从广义胡克定律，即

$$
\begin{cases}
\varepsilon_x = \dfrac{1}{E}[\sigma'_x - \upsilon(\sigma'_y + \sigma'_z)] \\[2mm]
\varepsilon_y = \dfrac{1}{E}[\sigma'_y - \upsilon(\sigma'_z + \sigma'_x)] \\[2mm]
\varepsilon_z = \dfrac{1}{E}[\sigma'_z - \upsilon(\sigma'_x + \sigma'_y)] \\[2mm]
\gamma_{xy} = \dfrac{\tau_{xy}}{G} \\[2mm]
\gamma_{yz} = \dfrac{\tau_{yz}}{G} \\[2mm]
\gamma_{zx} = \dfrac{\tau_{zx}}{G} \\[2mm]
e = \dfrac{1-2\upsilon}{E}(\sigma'_x + \sigma'_y + \sigma'_z) = \dfrac{\sigma'_m}{K}
\end{cases}
\tag{2.27}
$$

式中，ε_x、ε_y、ε_z、γ_{xy}、γ_{yz} 和 γ_{zx} 为结构变形产生的应变分量；e 为煤体的体积应变；σ'_x、σ'_y、σ'_z、τ_{xy}、τ_{yz} 和 τ_{zx} 为煤体中的有效应力分量；$\sigma'_m = (\sigma'_x + \sigma'_y + \sigma'_z)/3$ 为煤体中有效应力平均值；E 和 $K = (E/[3(1-2\upsilon)])$ 分别为煤体的弹性模量和体积模量；υ 为泊松比；G 为煤体的剪切模量。

　　内应力对煤颗粒有三种作用效果：一是瓦斯压力压缩煤粒使煤粒骨架体积产生压缩变形；二是煤体颗粒吸附或解吸瓦斯引起煤粒产生吸附膨胀或解吸收缩变形；三是温度效应导致的热胀冷缩变形。由弹性力学可知，瓦斯压力压缩煤粒产生的压缩变形量与煤的体积压缩系数相关，体积压缩系数越大，在同等瓦斯压力变化范围内变形量就越大，反之，变形量越小。同时，因被裂隙分割的各煤粒间处于不连续的点接触状态，所以吸附膨胀和热膨胀变形并未完全受到限制，而是分为两部分。在接触点处的一部分吸附膨胀和热膨胀变形转化为吸附膨胀和热膨胀应力，改变有效应力，影响结构变形；而朝向裂隙方向的一部分吸附膨胀和热膨胀变形则要直接改变裂隙体积。把吸附膨胀和热膨胀变形转化为吸附膨胀和热膨胀应力的称为外向膨胀变形，把减小裂隙体积的称为内向膨胀变形。在瓦斯抽放过程中瓦斯压力下降，有效应力增大，使煤体颗粒排列致密，煤体被压缩，裂隙体积、孔隙率减小；而与此同时，吸附瓦斯解吸，孔隙煤粒体积收缩，使裂隙

体积、孔隙率增大，如图 2.19（b）所示，图中仅示意出一个裂隙体积的变化。

2.2.3　有效应力方程建立

为便于建立有效应力方程，这里特做以下假设：①含瓦斯煤的变形是微小的；②含瓦斯煤为均质和各向同性的线弹性体；③含瓦斯煤系统是均匀连续介质系统；④含瓦斯煤变形产生的应变与有效应力之间的关系遵从广义胡克定律。

在自由状态下，含瓦斯煤颗粒吸附瓦斯要产生吸附膨胀变形；在瓦斯压力作用下要产生压缩变形；煤体温度变化则产生热膨胀变形。由于在各向同性的线弹性煤体中各向的瓦斯压力、膨胀应力和应变均相同，结合式（2.8）~式（2.10）和式（2.12），可得出在瓦斯压力和温度共同作用下，单位体积煤体各向所产生总膨胀线应变 ε 和各向总膨胀应力 σ 分别为

$$\varepsilon = \frac{\varepsilon_P + \beta\Delta T - K_Y\Delta P}{3} = \frac{2a\rho RT(1-2\upsilon)}{3EV_m}\ln(1+bP) + \frac{\beta\Delta T}{3} - \frac{(1-2\upsilon)}{E}\Delta P$$

$$(2.28)$$

$$\sigma = E\varepsilon = \frac{2a\rho RT(1-2\upsilon)}{3V_m}\ln(1+bP) + \frac{E\beta\Delta T}{3} - (1-2\upsilon)\Delta P \qquad (2.29)$$

在实际含瓦斯煤中，煤粒内的微孔隙和煤体的裂隙均被吸附瓦斯和游离瓦斯所充满，并和煤粒本身构成统一的整体。在外应力 σ_i 作用下，煤粒间在产生支撑作用力 F 的同时（图 2.20），并产生平衡外力作用的由温度和瓦斯压力共同引起的总膨胀应力 σ。因被裂隙分割的各煤粒间处于不连续的点接触状态，煤粒变形并未完全限制，即要向裂隙空间发展并减小裂隙体积，并且由式（2.30）计算的总膨胀应力与有效应力一样是整个横截面积的平均值。同时裂隙中的孔隙压力也平衡一部分外应力，虽然与支撑作用力相比很小，但作为微观研究而言并不可忽略。

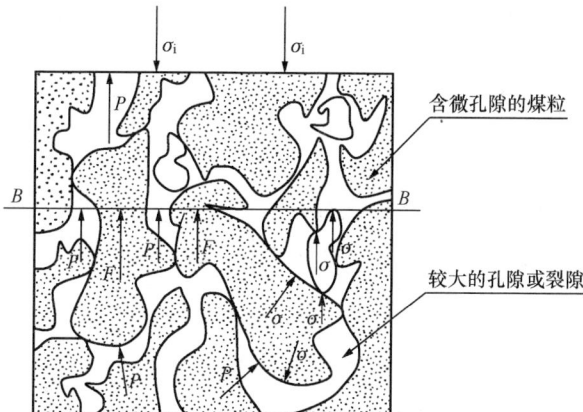

图 2.20　含瓦斯煤的应力分析

根据以上分析，在图 2.20 上选任意的面积为 S 的截面 B-B，以该截面为研究对象，因总膨胀应力和瓦斯压力一样无方向性，根据受力平衡原理，则下式成立：

$$\sigma_i S = (F + \sigma)(1 - \varphi)S + P\varphi S \tag{2.30}$$

支撑作用力是外力引起煤骨架变形的有效作用力[127]，因此把 F 折算到整个介质横截面之上即得含瓦斯煤的有效应力 σ' 为

$$\sigma' = \frac{F(1-\varphi)S}{S} = F(1-\varphi) \tag{2.31}$$

将式（2.31）代入式（2.30）得有效应力方程：

$$\sigma' = \sigma_i - \sigma(1-\varphi) - P\varphi \tag{2.32}$$

若将式（2.32）改写成有效应力的习惯表达式则为

$$\begin{cases} \sigma' = \sigma_i - \alpha P \\ \alpha = \dfrac{\sigma(1-\varphi)}{P} + \varphi \end{cases} \tag{2.33}$$

式中，α 为孔隙压缩系数，其值小于 1；φ 和 σ 分别为式（2.13）和式（2.29）的表达式。

作者认为，式（2.33）所表达的含瓦斯煤有效应力公式同时考虑了在外应力作用下使煤体骨架颗粒发生错动的结构变形和煤粒自身变化的本体变形。在本体变形中，不但体现了煤体颗粒吸附瓦斯膨胀产生的本体变形，还顾全了煤粒在瓦斯压力作用下受压收缩和温度效应下热弹性膨胀的本体变形。

在三向应力作用下，煤的变形服从广义胡克定律（下面只列出一个方向的），即

$$\begin{aligned} \varepsilon_1 = &\frac{1}{E}[\sigma_1 - \upsilon(\sigma_2 + \sigma_3)] - \frac{2a\rho RT(1-2\upsilon)^2}{3EV_m}\ln(1+bP) \\ &- \frac{\beta\Delta T(1-2\upsilon)}{3} + \frac{(1-2\upsilon)^2}{E}\Delta P \end{aligned} \tag{2.34}$$

式中，ε_1 为 σ_1 方向上的线应变。

2.2.4　方程检验

国内学者赵阳升等[134]、孙培德等[135]在三轴应力试验的基础上，研究了含瓦斯煤的有效应力及变形规律，并提出如下有效应力公式：

$$\begin{cases} \sigma' = \sigma_i - \alpha P \\ \varepsilon_1 = \dfrac{1}{E}[\sigma_1 - \upsilon(\sigma_2 + \sigma_3)] - \dfrac{(1-2\upsilon)\alpha}{E}P \end{cases} \tag{2.35}$$

式中，$\alpha = a_1 - a_2\Theta + a_3 P - a_4\Theta P$，其中 $\Theta = \sigma_1 + \sigma_2 + \sigma_3$，实验条件下围压 $\sigma_2 = \sigma_3$，a_1、a_2、a_3 和 a_4 为实验回归系数。

表 2.6 为在实验室测取的松藻煤电公司打通二矿 7# 煤层物理力学参数和
30℃时的吸附性能参数[136]。将表 2.6 和表 2.7 的数据组合代入式（2.34）可计
算出不同轴压和围压条件下轴向应变和瓦斯压力的关系（图 2.21），图中的点是
依据实测的平均孔隙压缩系数[136]、表 2.6 中的相关数据及式（2.35）计算所得
的应变值。由图 2.21 可以看出，实验室实验值与本书所建立模型绘制的理论曲
线一致性较好，说明本书所建含瓦斯煤有效应力公式具有较高的可靠性。有效应
力作为应变场、渗流场和温度场间的耦合纽带，为煤层瓦斯 THM 耦合研究奠定
了基础。

表 2.6　打通二矿 7# 煤层物性参数

$a/(\text{m}^3/\text{t})$	b/MPa	$\rho/(\text{t}/\text{m}^3)$	E/MPa	υ	$\varphi_0/\%$
30.2925	0.863	1.118	650	0.294	19.12

表 2.7　实验时的轴压和围压[136]

曲线序号	1	2	3	4	5	6
轴压/MPa	2.0	3.0	3.0	4.0	4.0	6.0
围压/MPa	1.5	2.0	1.5	3.0	2.0	3.0

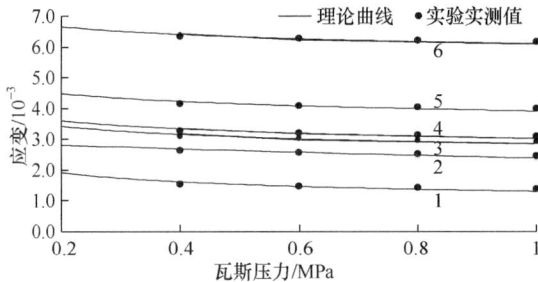

图 2.21　有效应力作用下煤体的变形

尽管式（2.33）和式（2.35）中孔隙压系数表达式不同，前者孔隙压系数是
煤吸附特性参数、力学性能参数、温度和瓦斯压力的函数，与总应力无关；而后
者是总应力和孔隙压力的函数，没有直接反映其他因素的影响，但二者计算得到
的煤的应变值变化趋势基本一致，所以，总应力对煤的吸附性能及其膨胀应力的
大小影响很小，从而对孔隙压系数影响也很小。因此，在无孔隙压系数实验资料
时，可近似由吸附试验资料来计算含瓦斯煤的有效应力。

2.3　本章小结

煤是一种孔隙-裂隙双重介质，煤层本身既是瓦斯气源层又是其储集层。分析认为，孔隙率和有效应力作为煤层瓦斯 THM 耦合模型研究中的重要物性参数，要完善煤层瓦斯的 THM 耦合作用机理，就必须对含瓦斯煤孔隙率和有效应力展开更为深入的研究。本章在参考前人研究成果的基础上，借助扫描电镜对下一章含瓦斯煤渗透率试验中所用煤样的孔隙特征进行了探讨，并通过分析现有研究成果存在的不足，从理论层面对孔隙率和有效应力进行了分析。主要结论如下：

（1）通过孔隙率现有研究成果，从煤体孔隙的成因和孔径结构划分方面对含瓦斯煤孔隙特征进行了归纳分析。认为地应力、温度和瓦斯压力均对煤孔隙率的变化产生影响，其中地应力升高引起的压缩变形、温度升高引发的热膨胀效应和煤体吸附瓦斯后产生的吸附膨胀变形使含瓦斯煤孔隙率降低，而瓦斯压力的增大同时又导致煤体骨架被压缩使其体积减小，孔隙率增大。

（2）借助扫描电镜图像，采用盒维数研究了在 500 倍与 2000 倍放大水平下 4 种煤样的 SEM 图像表面孔隙分布的分形特征，结果表明，其分维值大小顺序与从 SEM 图像上所观测到的孔隙发育程度基本一致：石壕矿 8$^{\#}$煤＞平煤一矿己$_{15}$煤＞打通一矿 8$^{\#}$煤＞平煤一矿戊$_8$煤。该研究为定量分析煤样孔隙发育程度及分布差异提供了一种新思路，克服了人工定性分析带来的缺陷。

（3）从孔隙率基本定义出发，同时考虑地应力、温度、瓦斯压力的综合作用，对煤孔隙率进行了深入的理论分析，得到了在压缩条件下（扩容前）的含瓦斯煤孔隙率动态演化模型，并利用在平顶山煤业集团公司收集的现场资料，对所建立的理论模型和前人的研究成果进行验证比较，结果表明，本书从基本定义出发所建立的孔隙率模型拟合精度较好，误差不大。在理论计算中还发现，由瓦斯压力压缩煤粒骨架和煤粒吸附瓦斯膨胀产生的应变增量相互抵消后，总体上仍是呈现煤粒体积增大现象，吸附膨胀效应占主导地位，但随着瓦斯力的增大却具有先增大而后逐渐减小的趋势。

（4）提出含瓦斯煤在外应力和内应力共同作用下存在结构变形和本体变形两种机制。结构变形为外应力引起的煤体颗粒之间发生相对错动使之排列更为紧密和对煤粒骨架本身压缩作用共同引起的总变形，其变形通常是不可恢复的；而本体变形与外部总应力并无直接关系，主要为煤层瓦斯的吸附膨胀和解吸收缩、温度效应的热胀冷缩和煤体骨架受瓦斯压力的压缩共同引起的煤体颗粒本身的变形，其变形可恢复，是可逆的弹性过程。

（5）在一定假设条件下，根据力学平衡原理，在孔隙率研究成果的基础上推出了吸附热力学参数表达的有效应力方程，并借助前人的含瓦斯煤三轴应力试验数据对所建模型进行了验证，结果表明，实验实测应变值与本书所建立的有效应力模型绘制的应变理论曲线一致性较好，说明本书所建立的含瓦斯煤有效应力公式可靠度较高，为含瓦斯煤 THM 耦合研究奠定了基础。

第 3 章　含瓦斯煤渗透率演化模型

渗透率是反映瓦斯在煤层中渗流难易程度的重要指标，标志着瓦斯抽采难易程度的关键参数，也是研究煤层瓦斯流固动态耦合的重要物性参数，因此，渗透率是煤矿瓦斯灾害防治领域的基础参数之一，其值的大小与煤层所处的地球物理场环境息息相关。地球物理场的三要素（地应力、温度和瓦斯压力）均随煤层埋深的增加和地质构造的变化而变化，致使含瓦斯煤渗透率也随之动态变化。温度、瓦斯压力和有效应力对煤层渗透率的影响研究是 THM 耦合研究的重点之一，该项研究对温度场、渗流场和应力场之间的耦合作用机理及 THM 耦合条件下瓦斯渗流场方程更完善的建立均至关重要，所以，围绕这三要素开展的渗透率研究成果也相对较多，其中，尤以应力对渗透率影响的理论和实验研究最多，而以温度对煤体渗透率影响的理论分析和实验研究最少。

瓦斯主要以游离和吸附状态赋存于煤体中，井下煤层既是瓦斯的储积场所也是其流动场所，其在煤层中的渗流特征远比常规天然气在砂岩储层中的渗流特征更加复杂。长期以来，其渗流机理一直是困扰煤层气开发的重要因素。目前，有关煤的渗透率研究成果主要侧重于对实验数据的统计分析和实验研究规律的描述，未见在理论模型建立基础上进行实验验证的报道，且考虑因素也相对单一，并未将温度、应力和瓦斯压力综合考虑进去。鉴于此，本章拟以第 2 章建立的含瓦斯煤孔隙率理论模型为基础，充分考虑煤基质吸附瓦斯膨胀、热弹性膨胀、受瓦斯压力压缩对其本体变形的影响，以 Kozeny-Carman 方程为桥梁，建立有效应力、温度及瓦斯压力综合作用下的含瓦斯煤渗透率理论模型，为第 4 章含瓦斯煤 THM 耦合模型的建立奠定基础。并依据达西定律，进行不同温度、不同有效应力和不同瓦斯压力水平下的煤样渗透率试验，以实验实测数据对所建立的渗透率理论模型进行验证。并根据实验结果，分别分析温度、瓦斯压力和有效应力对渗透率的影响规律及其渗透率对各因素的敏感性。

3.1　渗透率理论模型

3.1.1　渗透率影响机制

渗透率的影响因素十分复杂，地质构造、应力状态、煤层埋深、煤体结构、煤岩煤质特征、煤级及天然裂隙、瓦斯压力等都不同程度地影响煤层渗透率，有时是多因素综合作用结果，有时是某一因素起主要作用。一般来说，煤层割理、裂缝等内在因素起主导作用，但是在我国复杂的地质构造背景下，原地应力等外在因素对煤层渗透率影响尤为显著，煤层渗透率对应力最为敏感，随有效应力的增大，煤层渗透率明显减小。通常认为，我国煤层渗透率影响因素主要是地应力状况，煤层埋深、天然裂隙等对渗透率的影响居第二位。虽然影响煤层渗透率的因素多而复杂，但地质构造、应力状态、煤层埋深、煤岩煤质特征等因素均与煤层孔隙率有着千丝万缕的关系，如煤层埋藏深度大、地质构造复杂区域的煤层应力状态一般较高，煤层孔隙率相对较小；变质程度较高的煤层孔隙率也相对较小，渗透率偏低。故而，作者认为，所有因素的影响效果最终均可归结为煤层孔隙率对渗透率的作用方面，尤其是有效孔隙率对渗透率的作用，即煤层孔隙率大则渗透率高，反之，渗透率低。

煤体在外应力作用下，骨架体积将受压收缩，内部裂隙或孔隙体积将明显减小。孔隙率不仅是衡量煤体孔隙结构发育程度的关键指标，也是决定煤的吸附解吸、渗透和强度性能的重要因素，尤其是有效孔隙率对煤的渗透性影响更大。而孔隙率的大小与煤体的结构变形和本体变形密不可分，其结构变形主要为外应力引发的煤体颗粒之间发生相对错动使之排列更为紧密和对煤粒骨架本身压缩作用共同引起的总变形，本体变形主要为煤层瓦斯的吸附膨胀和解吸收缩、温度效应的热胀冷缩和煤体骨架受瓦斯压力的压缩共同引起的煤体颗粒本身的变形。根据热应力理论和弹性力学可知，在围压一定的情况下，煤体骨架将受温度和瓦斯的作用产生热膨胀和吸附膨胀使其体积增加，当热应力和吸附膨胀应力小于煤粒之间的拉应力屈服强度时，所引起的热膨胀和吸附膨胀变形不会产生新的微小裂隙，且仅能产生内向膨胀，致使微孔隙或裂隙变窄，从而引起煤体渗透率减小。与此同时，煤体骨架受瓦斯压力的压缩作用势必会引起收缩变形而使体积减小，引起煤体内部的微裂隙或孔隙有效空间增加，进而使渗透率增大。

3.1.2 模型建立

渗透率是反映煤层渗透性的重要参数指标，是用来表征煤层介质对瓦斯渗流的阻力，与煤层骨架的性质有关，而煤层骨架性质主要包括孔径分布、颗粒、形状、比表面、弯曲率及孔隙率等。以往常规的煤层瓦斯渗流模型将渗透率视为常数，没有考虑煤层骨架变形及孔隙体积变化对渗透率的影响。而随煤层埋深的增加，温度、瓦斯压力和地应力均有所增大，此三项因素均会引起煤层骨架变形、和孔隙体积或孔隙吼道的变化。当煤层孔隙率发生变化时，其渗透率会随之改变，从而影响瓦斯在煤层中的运移。

在前人提出的众多渗透率模型中，以毛细管模型为基础建立的 Kozeny-Carman 方程应用最为广泛，利用它可以导出渗透率与体积应变的关系。Kozeny-

Carman 基于毛细管束模型，首次建立了渗透率与孔隙率、比表面、形状因子和迂曲度间的相互关系，提出了渗透率方程[125,137]：

$$k = \frac{\varphi}{k_Z S_P^2} \tag{3.1}$$

其中

$$S_P = \frac{A_S}{V_P} \tag{3.2}$$

式中，k 为渗透率，mD；k_Z 为无量纲常数，取值约为 5；S_P 为煤体单位孔隙体积的孔隙表面积，cm^2；A_S 为煤体孔隙的总表面积，cm^2。

设初始状态（P_0，T_0）的渗透率为

$$k_0 = \frac{\varphi_0}{k_Z S_{P0}^2} \tag{3.3}$$

其中

$$S_{P0} = \frac{A_{S0}}{V_{P0}} \tag{3.4}$$

当由初始状态变化到状态（P，T）时，煤体总体积和单个颗粒的累计体积发生的变化分别为 ΔV_B 和 ΔV_S，颗粒表面积发生的变化为 ΔA_S。其中表面积的增量 ΔA_S 可用一个系数 Ψ 来表示，即

$$A_S = A_{S0}(1 + \Psi) \tag{3.5}$$

由第 2 章研究内容可知煤体颗粒体积的变化由热胀冷缩、瓦斯压力压缩和吸附瓦斯膨胀共同引起，由式（2.8）～式（2.10）可得煤体颗粒体积变化量为

$$\Delta V_S = V_{S0}\left(\beta \Delta T - K_Y \Delta P + \frac{\varepsilon_P}{1 - \varphi_0}\right) \tag{3.6}$$

因煤体孔隙体积的变化可表示为

$$\Delta V_P = \Delta V_B - \Delta V_S \tag{3.7}$$

由孔隙率基本定义可得到新的孔隙率为

$$\varphi = \frac{V_{P0} + (\Delta V_B - \Delta V_S)}{V_{B0} + \Delta V_{B0}} \tag{3.8}$$

新的表面积为

$$S_P = \frac{A_{S0}(1 + \Psi)}{V_{P0} + (\Delta V_B - \Delta V_S)} \tag{3.9}$$

则新渗透率与原始渗透率的比值为

$$\frac{k}{k_0} = \frac{\dfrac{\varphi}{k_Z S_P^2}}{\dfrac{\varphi_0}{k_Z S_{P0}^2}} = \frac{\varphi S_{P0}^2}{\varphi_0 S_P^2} \tag{3.10}$$

将式 (3.7)~式 (3.9) 代入式 (3.10) 整理得

$$\frac{k}{k_0} = \frac{V_{P0} + \Delta V_P}{V_{B0} + \Delta V_B} \frac{(V_{P0} + \Delta V_P)^2}{A_{S0}^2 (1 + \Psi)^2} \frac{V_{B0} A_{S0}^2}{V_{P0}^3}$$

$$= \frac{V_{B0}}{V_{B0} + \Delta V_B} \frac{1}{(1 + \Psi)^2} \left(\frac{V_{P0} + \Delta V_P}{V_{P0}}\right)^3$$

$$= \frac{1}{1 + e} \frac{1}{(1 + \Psi)^2} \left(\frac{V_{P0} + \Delta V_P}{V_{P0}}\right)^3 \qquad (3.11)$$

联立式 (3.6) 和式 (3.7) 可得

$$\Delta V_P = e V_{B0} - (V_{B0} - V_{P0}) \left(\beta \Delta T - K_Y \Delta P + \frac{\varepsilon_P}{1 - \varphi_0}\right) \qquad (3.12)$$

因而

$$V_{P0} + \Delta V_P = V_{P0} \left[1 + \left(\beta \Delta T - K_Y \Delta P + \frac{\varepsilon_P}{1 - \varphi_0}\right)\right]$$

$$+ V_{B0} \left[e - \left(\beta \Delta T - K_Y \Delta P + \frac{\varepsilon_P}{1 - \varphi_0}\right)\right] \qquad (3.13)$$

则有

$$\frac{V_{P0} + \Delta V_P}{V_{P0}} = 1 + \left(\beta \Delta T - K_Y \Delta P + \frac{\varepsilon_P}{1 - \varphi_0}\right) + \frac{1}{\varphi_0} \left[e - \left(\beta \Delta T - K_Y \Delta P + \frac{\varepsilon_P}{1 - \varphi_0}\right)\right]$$

$$= 1 + \frac{e}{\varphi_0} - \frac{\left(\beta \Delta T - K_Y \Delta P + \frac{\varepsilon_P}{1 - \varphi_0}\right)(1 - \varphi_0)}{\varphi_0} \qquad (3.14)$$

将式 (3.14) 代入式 (3.11) 得

$$\frac{k}{k_0} = \frac{1}{1 + e} \frac{1}{(1 + \Psi)^2} \left(\frac{V_{P0} + \Delta V_P}{V_{P0}}\right)^3$$

$$= \frac{1}{1 + e} \frac{1}{(1 + \Psi)^2} \left[1 + \frac{e}{\varphi_0} - \frac{(\beta \Delta T - K_Y \Delta P)(1 - \varphi_0)}{\varphi_0} - \frac{\varepsilon_P}{\varphi_0}\right]^3 \qquad (3.15)$$

考虑到在煤体的应力应变过程中，可近似认为其单位体积煤体颗粒总表面积的变化可忽略，因而有 $\Psi \approx 0$。那么式 (3.15) 可简化为

$$k = \frac{k_0}{1 + e} \left[1 + \frac{e}{\varphi_0} - \frac{(\beta \Delta T - K_Y \Delta P)(1 - \varphi_0)}{\varphi_0} - \frac{\varepsilon_P}{\varphi_0}\right]^3 \qquad (3.16)$$

上式即为含瓦斯煤在压缩条件下无扩容时的煤体渗透率动态演化模型。由式 (2.18)可将含瓦斯煤渗透率动态演化模型进一步化为

$$k = \frac{k_0}{\exp(-K_Y \Delta \sigma')} \left[1 + \frac{\exp(-K_Y \Delta \sigma') - 1}{\varphi_0} - \frac{(\beta \Delta T - K_Y \Delta P)(1 - \varphi_0)}{\varphi_0} - \frac{\varepsilon_P}{\varphi_0}\right]^3$$

$$(3.17)$$

当温度恒定，即 $\Delta T = 0$ 时，有

$$k = \frac{k_0}{\exp(-K_Y \Delta \sigma')} \left[1 + \frac{\exp(-K_Y \Delta \sigma') - 1}{\varphi_0} + \frac{K_Y \Delta P(1 - \varphi_0)}{\varphi_0} - \frac{\varepsilon_P}{\varphi_0}\right]^3$$

$$(3.17a)$$

当孔隙瓦斯压力恒定，即 $\Delta P=0$ 时，有

$$k = \frac{k_0}{\exp(-K_Y\Delta\sigma')}\left[1 + \frac{\exp(-K_Y\Delta\sigma')-1}{\varphi_0} - \frac{\beta\Delta T(1-\varphi_0)}{\varphi_0} - \frac{\varepsilon_P}{\varphi_0}\right]^3$$

(3.17b)

当温度和孔隙瓦斯压力均恒定时，则有

$$k = \frac{k_0}{\exp(-K_Y\Delta\sigma')}\left[1 + \frac{\exp(-K_Y\Delta\sigma')-1}{\varphi_0} - \frac{\varepsilon_P}{\varphi_0}\right]^3$$

(3.17c)

式中，φ_0 和 k_0 可通过 Maple 软件由实验实测数据拟合得出；$\Delta\sigma'$、ΔT 和 ΔP 均由实验方案预先设定。

3.2　渗透率试验研究

3.2.1　煤样的力学特性试验

　　为取得验证本章所建立的含瓦斯煤渗透率动态演化模型中必需的力学参数，在进行含瓦斯煤渗透率试验前特从做渗透率试验的同批试件中随机选取了一些已制好备用的型煤试件进行煤的力学特性试验，所选试件同样包含了来自重庆能源投资集团松藻煤电公司打通一矿 8# 煤层和石壕矿 8# 煤层以及平顶山煤业集团一矿戊$_8$煤层和己$_{15}$煤层 4 个地方的煤样，型煤试件成型压力均为 100MPa。煤的强度特性包括单轴强度和三轴强度两个方面，本次型煤的单轴、三轴试验设备均采用美国 MTS 公司生产的 MTS815 电液伺服岩石试验机（图 3.1），其轴向最大荷载能力为 2800kN、最大围压为 80MPa；主要用于测试高强度、高性能固体材料在单轴、三轴、循环压缩、蠕变等各种复杂应力条件下的力学试验；设备具有测试精度高、性能稳定、可靠的特点，可以采用力、位移、轴向应变、横向应变等多种方式的控制手段，可以实现数据的高、低速采集；试验机轴向刚度大，通过轴向和横向的各种力、位移传感器可以自动绘制测试材料的全应力-应变、荷载-位移、应力-体积应变等各种曲线。

图 3.1　MTS815 岩石
力学试验系统

1. 单轴压缩试验

　　单轴压缩试验加载方式采用位移控制，加载速率控制为 0.2mm/min，以避免压力达到试件极限强度后迅速破坏而得不到压力峰值后的应力-应变曲线。图 3.2 为打通一矿 8# 煤层和平煤一矿己$_{15}$煤层的型煤应力-应变曲线。一般岩石的应力应变曲线是平滑的，而本次试验的实测曲线之所以呈锯齿状波动，

是因为在本次试验中 MTS 电液伺服控制是动态稳定的，同时煤样强度低，记录数据的频率较高，在采集的数据上反映为较大幅度的波动；另外也表明，在试验的全过程中除主导试件的破坏外，还有伴随全试验过程的微小破坏，这已被国内外学者通过 CT 与声发射试验所证实。试验所得 4 种煤样的基本力学参数如表 3.1 所示。

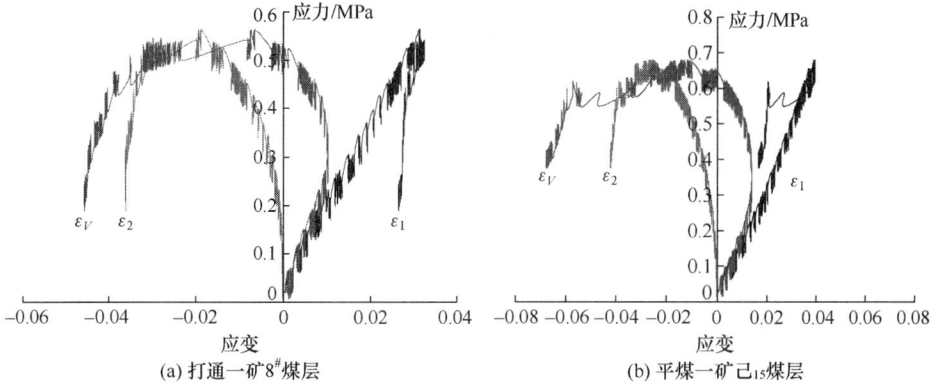

(a) 打通一矿 8# 煤层　　　　　　　　　　　(b) 平煤一矿己15煤层

图 3.2　型煤应力应变全过程曲线

表 3.1　煤样力学参数

煤样来源	水分 $M_{ad}/\%$	灰分 $A_{ad}/\%$	挥发分 $V_{daf}/\%$	型煤视密度 $\rho/(t/m^3)$	弹性模量 E/MPa	泊松比 υ
打通一矿 8# 煤样	1.66	20.66	8.71	1.27	17.56	0.207
石壕矿 8# 煤样	0.53	19.33	10.02	1.17	11.05	0.246
平煤一矿己15煤样	0.86	25.80	21.55	1.24	15.76	0.198
平煤一矿戊8 煤样	0.58	19.92	30.92	1.41	174.10	0.273

2. 三轴压缩试验

　　无论是生产实践还是实验研究均表明，煤体在有侧向约束时的力学性能与单向压缩时不同，强度随侧压的增加而提高[138]。为描述煤体在三轴载荷作用下的力学特征，同时也为考证用型煤代替原煤进行实验是否可行。尹光志等[139]专门利用自行研制的三轴蠕变瓦斯渗流装置与（日）AG-I 250kN 电子精密材料试验机组成的含瓦斯煤三轴压缩试验装置，对型煤和原煤进行了含瓦斯煤三轴应力条件下的变形特性和抗压强度试验。实验所用煤样均为重庆能源投资集团松藻煤电公司打通一矿 8# 煤层，根据含瓦斯型煤和原煤的三轴试验结果，两种煤样在恒定瓦斯压力和围压时的应力-应变关系如图 3.3 和图 3.4 所示（图中 ε_{11} 为轴向应变，ε_{33} 为横向应变，ε_V 为体积应变，其他同），弹性模量变化规律如图 3.5 和图 3.6 所示，抗压强度变化规律如图 3.7 和图 3.8 所示。分析图 3.4～图 3.8 可得型煤和原煤煤样存在如下相同点：①两种煤样的整个变形过程基本上是一致的，都包括了初始压密阶段、弹性变形阶段、屈服阶段和应变软化阶段；②两种煤样都存在体积膨胀现象；③恒定瓦斯压力时，两种煤样的弹性模量都是随着围压增加而增大的；④恒定围压时，在 $P>0.4\text{MPa}$ 的情况下，两种煤样的弹性模量均随着瓦斯压力增大而减小；⑤两煤样的含瓦斯煤三轴抗压强度均随着围压的增加而增加，随着瓦斯压力的增加而减小，并且都呈较好的线性规律。另有不同点：①同等载荷条件下，型煤煤样的体积变形比原煤煤样大得多，是原煤样的 2～4 倍，变形后的形状改变也较原煤煤样大；而原煤煤样的弹性模量要比型煤煤样大得多，是型煤煤样的 4.5～6.7 倍；而且两者的泊松比差别也较大，型煤煤样的泊松比约是原煤煤样的 1.24 倍。②恒定瓦斯压力时，随着围压的增加，型煤煤样逐渐向延性发展，最后表现出塑性流动特性，而原煤煤样在实验的围压范围内基本上都是脆性破坏。③围压恒定时，型煤煤样弹性模量随瓦斯压力的变化存在一个阈值（0.4MPa），而在实验过程中原煤煤样无这种现象；且随着瓦斯压力的增加，型煤煤样的延性减小，脆性有所增加，而瓦斯压力的改变对原煤的脆性变形破坏没有多大影响。

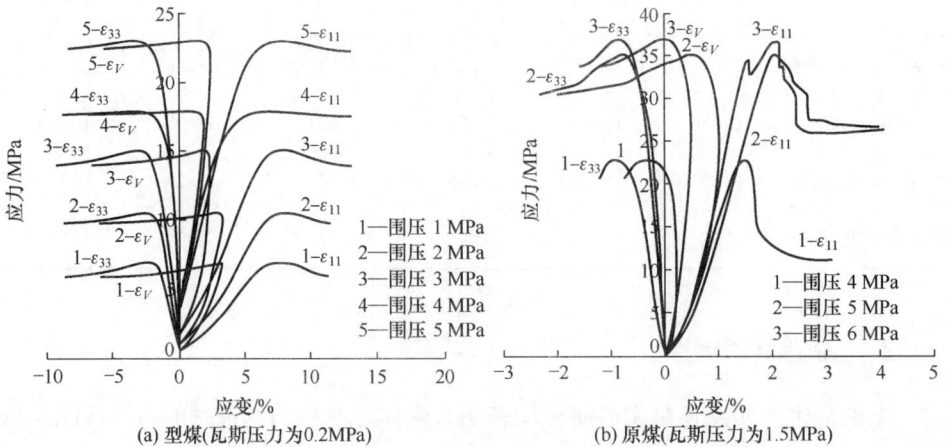

(a) 型煤(瓦斯压力为0.2MPa)　　　　　　(b) 原煤(瓦斯压力为1.5MPa)

图 3.3　恒定瓦斯压力时两种含瓦斯煤样应力-应变曲线

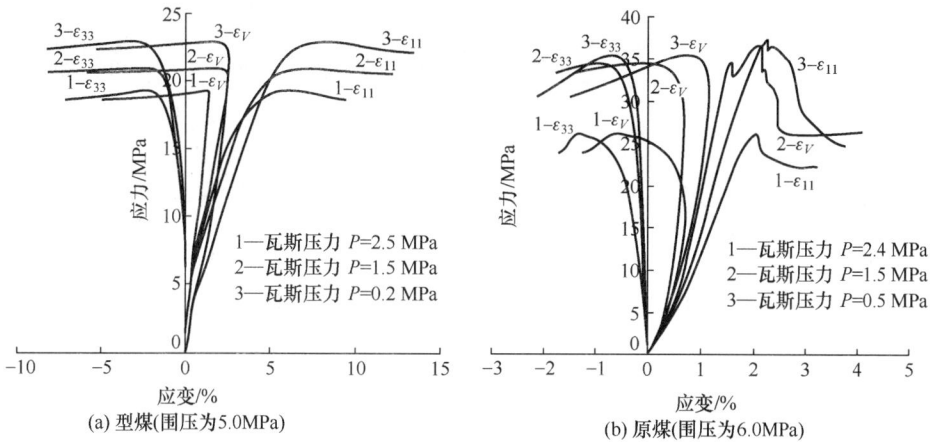

图 3.4 恒定围压时两种含瓦斯煤样应力-应变曲线

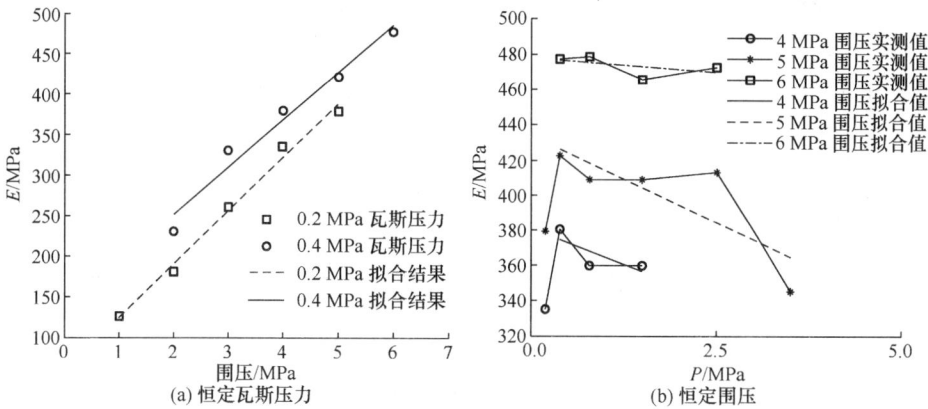

图 3.5 型煤煤样的弹性模量变化规律

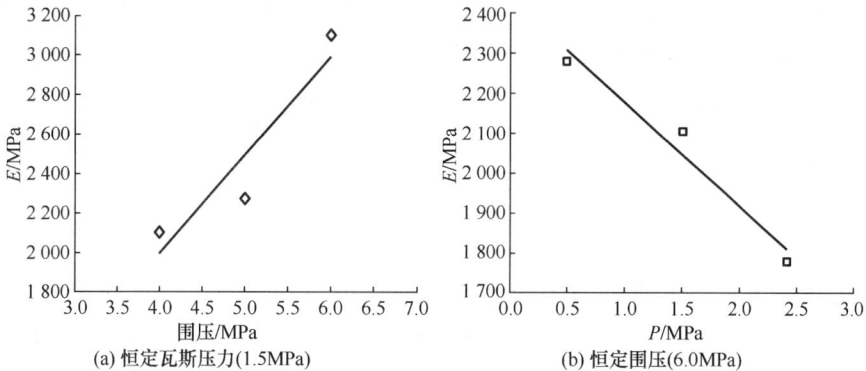

图 3.6 原煤煤样的弹性模量变化规律

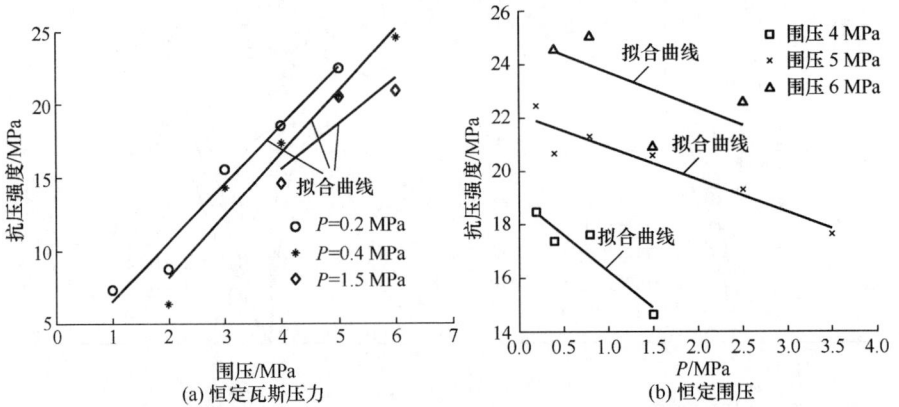

(a) 恒定瓦斯压力　　　　　　　　(b) 恒定围压

图 3.7　型煤煤样三轴抗压强度的实验结果

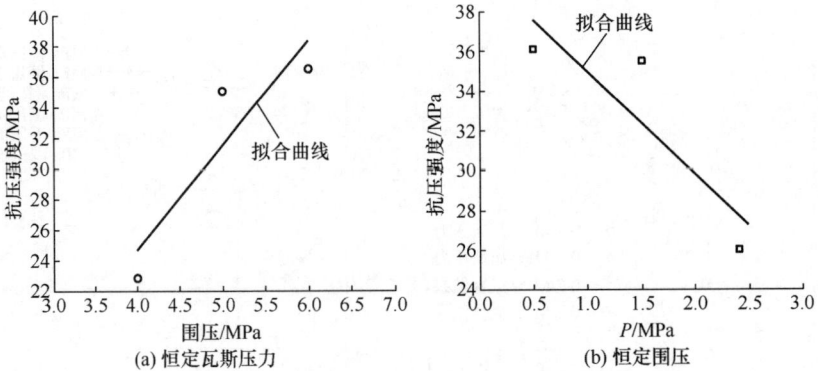

(a) 恒定瓦斯压力　　　　　　　　(b) 恒定围压

图 3.8　原煤煤样三轴抗压强度的实验结果

由以上含瓦斯型煤和原煤在三轴应力作用下所存在的相同点和不同点可知，虽然二者在数值上存在一定的差异，原煤大于型煤，但所得规律性结论基本一致，故而认为在受实验条件限制的情况下，用型煤代替原煤进行室内实验研究，所得的规律性结论是可靠的，可以达到一定条件下的实验研究目的。

3.2.2　渗透率试验系统

1. 实验原理

根据中华人民共和国石油天然气行业标准发布的《岩心常规分析方法》(SY/T 5336—1996)，在实验室中测定煤样的渗透率采用基于达西定律的稳定流法计算，即根据瓦斯气体通过煤样的稳定渗流量和煤样两端的渗透压力差等可测量参数来计算煤样的渗透率，具体计算公式为

$$k_c = \frac{2q_k P_0 \mu L}{(P_1^2 - P_2^2)A} \tag{3.18}$$

式中，k_c 为煤样实测渗透率，m^2（$1 m^2 = 9.81 \times 10^{14}\,mD$）；$q_k$ 为瓦斯渗流流量，m^3/s；P_0 为测量点的大气压力，MPa（取 0.1MPa）；P_1 为进口瓦斯压力，MPa；P_2 为出口瓦斯压力，MPa；L 为试件长度，m；A 为试样横截面积，m^2；μ 为瓦斯气体黏性系数，取 $1.087 \times 10^{-5}\,Pa \cdot s$。

利用达西定律稳定流法和配套的三轴渗透试验装置，本实验在出口压力设为大气压，入口压力可调的情况下，进行了瓦斯压力一定，不同温度、不同有效应力水平下的煤样渗透率试验；并在温度一定时，进行了不同瓦斯压力、不同有效应力水平下的煤样渗透率试验。以期分析温度、瓦斯压力和有效应力对煤样渗透率的影响以及渗透率对此 3 项因素各自的敏感性。

2. 煤样的制备

目前国内外采用实验手段测定煤层渗透率还处于探索阶段，原因是煤层是非常致密的超低渗的储集层，加上煤性脆易碎，孔隙和裂隙较发育，非均质性强，所以制取有代表性的原煤实验样品难度很大，而且测试设备、技术和方法也待进一步研制和提高，尽管如此，实验室使用型煤研究渗透性的相对规律仍是可行的。这是因为，虽然煤粉在型煤制作过程中遭到了一定的破坏，但那些微观尺度上的微孔隙并没有遭到彻底破坏，制作好的含瓦斯型煤中与原煤一样存在有吸附瓦斯和游离瓦斯，依据尹光志等[139]对含瓦斯型煤与原煤的变形特性和强度试验研究结果可知，两者存在一定的相似规律，故而原煤中渗透率所存在的一些演化趋势还是可以用型煤来表示出来的。

实验所用煤样分别取自重庆能源投资集团松藻煤电公司打通一矿 8# 煤层和石壕矿 8# 煤层及平顶山煤业集团一矿戊₈ 煤层和己₁₅ 煤层，各煤样工业分析数据见表 3.1。将所选原煤粉碎并筛选为 60～80 目（0.18～0.25mm）的煤粉，利用 200t 材料试验机使其在 100MPa 轴向应力下恒定稳压 20min，压制成型为 ϕ50mm ×

100mm 的标准成型煤试件，然后在烘箱（80℃）中烘干 8h，待冷却后置于干燥皿内供实验用。所制型煤除去煤粉和少量水分，未添加任何其他添加剂。部分型煤试件如图 3.9 所示。

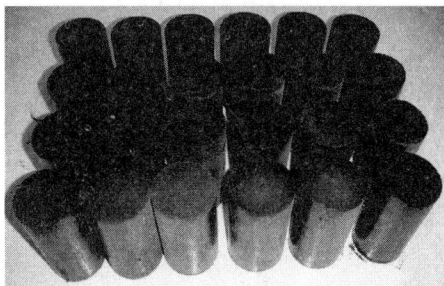

3. 实验装置及方法

1）实验装置

本次试验所用设备为煤炭科学研

图 3.9　部分型煤试件

究总院重庆研究院研制的三轴渗透试验系统，主要有三轴渗透仪、恒温水槽、手动液压泵和减压阀等组成，其工作原理和实物如图 3.10 所示。实验时，煤样试件侧表面由热伸缩管密封，煤样前后端由热伸缩管与三轴渗透仪前后锥面及密封胶垫咬合密封，测试表明装置密封良好且煤样侧壁不漏气。瓦斯气体从高压瓦斯钢瓶（CH_4 纯度 99.99%）经减压阀由前端渗入煤样，然后由煤样后端流出。瓦斯压力由减压阀调节，试件所受的轴压与围压由手动液压泵施加，煤样温度由恒温水槽控制，轴压与围压采用油压表测定（轴压经由表压换算得出），瓦斯气体流量采用排水取气法测定，测定时采用连续测量三次稳定值后取平均值。

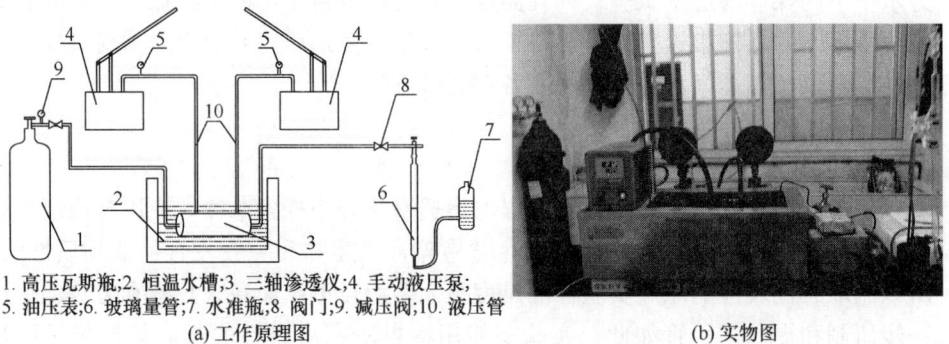

1. 高压瓦斯瓶; 2. 恒温水槽; 3. 三轴渗透仪; 4. 手动液压泵;
5. 油压表; 6. 玻璃量管; 7. 水准瓶; 8. 阀门; 9. 减压阀; 10. 液压管

(a) 工作原理图　　　　　　　　　　　　　(b) 实物图

图 3.10　渗透率试验系统

2）实验步骤及流程

在瓦斯压力一定情况时，进行不同有效应力、不同温度水平下的渗透率测试实验过程中，有效应力由 1.0MPa、2.0MPa、3.0MPa、4.0MPa、5.0MPa 和 6.0MPa 逐级加载，温度水平从 30℃、35℃、40℃、50℃、60℃ 依次上升，每一温度水平下所有应力水平测试完毕即调高温度进入下一温度水平。

当设定温度为恒定时，进行不同有效应力、不同瓦斯压力水平下的渗透率试验时，瓦斯压力由 0.25MPa、0.50MPa、0.75MPa、1.00MPa 和 1.25MPa 依次施加，有效应力由 1.0MPa、2.0MPa、3.0MPa、4.0MPa、5.0MPa 和 6.0MPa 逐级加载，每一瓦斯压力水平下所有应力水平测试完毕即调高瓦斯压力进入下一瓦斯压力水平。

以瓦斯压力恒定为 0.5MPa 时的渗透率试验为例介绍具体实验步骤如下：

（1）安装煤样：首先将已准备好的型煤试件装入热伸缩管，然后用吹塑器对热伸缩管进行热处理，使伸缩管与型煤侧壁面紧密接触，最后进行前后端部密封处理即可。煤样装配和装配好后的三轴渗透仪分别如图 3.11 和图 3.12 所示。

（2）脱气：煤样在三轴渗透仪中安装好后，用真空泵对煤样连续抽真空 1h 进行脱气，以消除其他气体对渗透特性的影响。

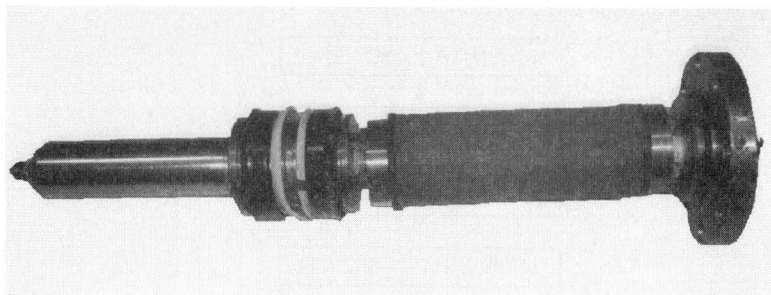

图 3.11　煤样装配照片

图 3.12　三轴渗透仪

（3）定温：调节恒温水槽至设定值，初始温度设定为 30℃，再将三轴渗透仪置入水槽，略加轴压将试件压住，然后施加轴压与围压，且实验过程中始终保持轴压大于围压，围压大于瓦斯压力（设定初始有效应力为 1.0MPa），以确保实验煤样的完整性和良好的密封性。应力加载速率控制在 0.2MPa/s 左右。

（4）吸附：打开高压气瓶阀门，调节入口压力为 0.5MPa，关闭进、出气阀门，吸附 12h，若压力在 1h 内降低量小于等于系统泄露所引起的压力降低量，则认为吸附平衡，反之，须继续吸附 2h 按如上步骤检验。

（5）测量：煤样吸附瓦斯平衡后，打开出气口阀门，待瓦斯气体渗透流量稳定后，测定流量并记录数据，每个应力水平测量 3 次取平均值。

（6）变应力水平：流量测定完毕后即加载下一级应力水平，应力加载应从低到高，依次做温度为 30℃ 条件下，有效应力为 2.0MPa、3.0MPa、4.0MPa、5.0MPa 和 6.0MPa 的渗透率试验。

（7）变温度水平：温度为 30℃ 时的渗透率试验测试完毕后，按预定实验方案，即可调高温度进入下一个温度水平。重复上述步骤，分别进行温度为 35℃、40℃、50℃、60℃ 水平下的渗透率测试试验，直至实验完毕。

整个渗透测试试验流程如图 3.13 所示。

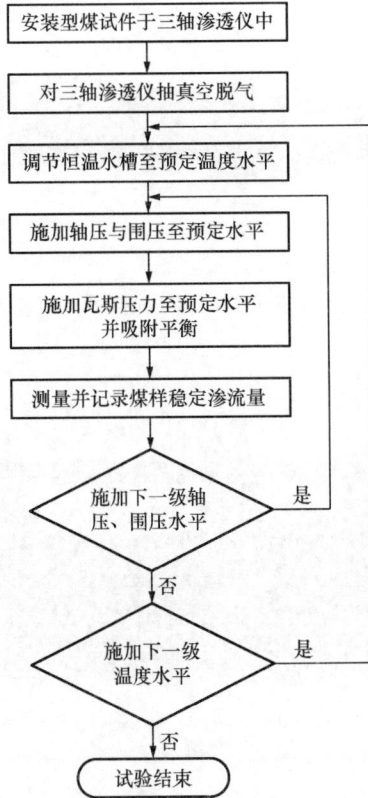

```
┌─────────────────────┐
│  安装型煤试件于三轴渗透仪中  │
└─────────────────────┘
          ↓
┌─────────────────────┐
│   对三轴渗透仪抽真空脱气   │
└─────────────────────┘
          ↓
┌─────────────────────┐
│  调节恒温水槽至预定温度水平  │
└─────────────────────┘
          ↓
┌─────────────────────┐
│   施加轴压与围压至预定水平  │
└─────────────────────┘
          ↓
┌─────────────────────┐
│    施加瓦斯压力至预定水平   │
│       并吸附平衡       │
└─────────────────────┘
          ↓
┌─────────────────────┐
│   测量并记录煤样稳定渗流量  │
└─────────────────────┘
          ↓
     ◇ 施加下一级轴 ◇ ── 是
      压、围压水平
          │ 否
          ↓
     ◇ 施加下一级  ◇ ── 是
       温度水平
          │ 否
          ↓
    （  试验结束  ）
```

图 3.13　渗透率试验流程图

3.2.3　渗透率影响因素分析

1. 孔隙率与渗透率关系分析

所有煤样渗透率试验结束后，根据各温度水平、各有效应力水平下所测得的煤样瓦斯稳定流量，按式（3.18）可分别计算出各煤样在不同温度、不同有效应力下的渗透率。图 3.14 具体给出了瓦斯压力为 0.5MPa 时石壕 8# 煤层、平煤一矿己15 煤层、打通一矿 8# 煤层以及平煤一矿戊8 煤层煤样的渗透率与温度和有效应力关系曲面图。从该图可以看出，在相同温度和有效应力水平下，以上 4 种煤样的渗透率大小存在较明显的差异：石壕矿 8# 煤层＞平煤一矿己15 煤层＞打通一矿 8# 煤层＞平煤一矿戊8 煤层，分析其原因主要与煤样的煤质有关，因为此 4 种煤样的成型条件、实验条件、温度、有效应力、孔隙压力等影响因素均一致，唯有煤样的煤质具有差异。从 4 种煤样的扫描电镜结果（图 2.4）可知，其孔隙发育程度依次为石壕矿 8[#]煤＞平煤一矿己$_{15}$煤＞打通一矿 8[#]煤＞平煤一矿戊$_8$煤。比较图 3.14、图 2.4（SEM 图像）发现，渗透率差异与扫描电镜结果具有较好的一致性，即孔隙发育程度越高则渗透率越大，反之渗透率越小。渗透率与孔隙率这一关系在理论上也已被 Kozeny-Carman 方程所证实。

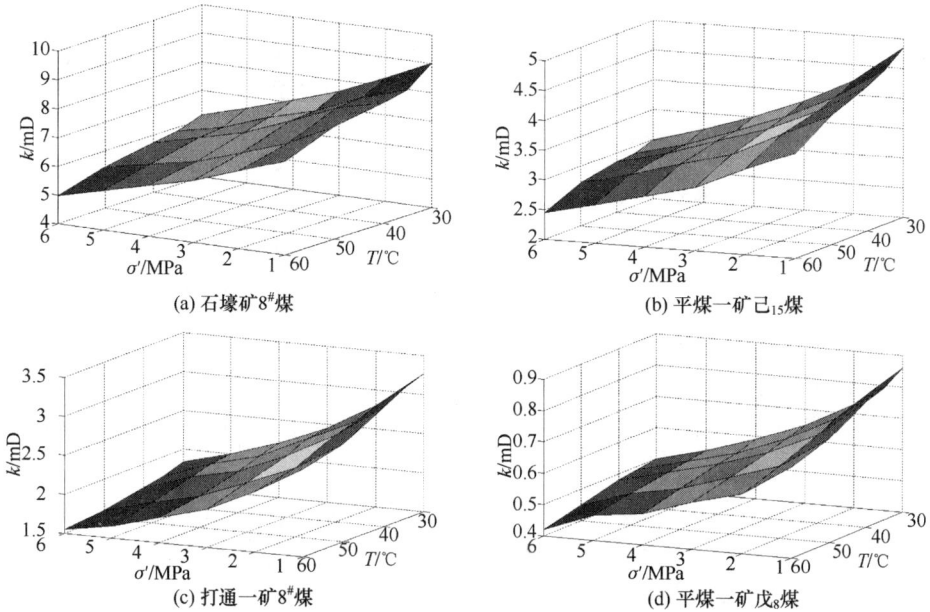

(a) 石壕矿 8[#]煤

(b) 平煤一矿己$_{15}$煤

(c) 打通一矿 8[#]煤

(d) 平煤一矿戊$_8$煤

图 3.14　瓦斯压力为 0.5MPa 时渗透率与温度和有效应力关系

除此之外，实验所用 4 种煤样的渗透率大小整体上还与其视密度有着相反的一致性，4 种煤样的视密度大小顺序为：石壕矿 8[#]煤＜平煤一矿己$_{15}$煤＜打通一矿 8[#]煤＜平煤一矿戊$_8$煤（表 3.1），即 4 种煤样的渗透率随着其视密度的增大而减小。

2. 有效应力对渗透率的影响

考察图 3.14 发现，在瓦斯压力和温度水平一定的情况下：

（1）随有效应力增大，渗透率逐渐减小。

（2）在有效应力增大到一定程度时，同一煤样各温度水平下的渗透率将逐渐趋于某一常数。

（3）同时还发现，在低温度（30℃）水平下，随有效应力的增大渗透率下降较快，而随着温度升高，渗透率变化曲线逐渐趋于平缓。

结合本章对煤层渗透率影响机制的分析及渗透率试验结果，作者认为，当温度和瓦斯压力水平一定时，有效应力对煤样渗透率的影响机理大致为：

(1) 随有效应力的增大，煤样的压实程度越来越大，孔隙和裂隙被压缩，有效孔隙及瓦斯渗流通道直径越来越小，渗透率降低。

(2) 孔隙和瓦斯渗流通道被压缩到一定程度后，有效应力对孔隙和渗流通道的压缩效应逐渐变小，有效孔隙和渗流通道直径将趋于稳定值，故而同一煤样渗透率将逐渐趋于某一常数。

(3) 在低温度水平下，由温度引起的内向热膨胀对孔隙和渗流通道的减小效应不明显，随温度升高，其对孔隙和渗流通道的减小程度与有效应力的差距逐渐缩小，故渗透率变化曲线逐渐趋于平缓。

3. 温度对渗透率的影响

分析图 3.14 可知，在瓦斯压力和有效应力水平一定的情况下：

(1) 随着温度的升高，煤样渗透率逐渐减小，但变化曲线越来越平缓。

(2) 在低应力水平下，渗透率随温度升高而降低的速率较快，而在高应力水平，渗透率随温度升高其降幅越来越小。

(3) 伴随温度和有效应力的增加，同一煤样各相邻有效应力水平间的渗透率值愈接近。

无论是砂岩或现场煤层，在有效应力一定时，渗透率随温度升高而降低的规律均已被证实。贺玉龙[140]基于达西稳定流法，采用纯水为渗透液体进行了砂岩渗透率试验，结果表明在 3.0MPa、5.0MPa、7.0MPa、10.0MPa、15.0MPa 和 25.0MPa 有效应力水平下，当温度从 20℃升高到 60℃时，砂岩岩样渗透率的减小幅度分别为 75.85%、60.23%、57.36%、55.81%、60.25% 和 61.92%。孙立东等[141]在山西沁水盆地大量现场资料收集的基础上，对地温与煤层渗透率间的耦合关系进行了详细分析，研究表明，煤层渗透率随温度升高呈指数规律降低的趋势。并发现在低地应力的情况下，地层温度对于渗透率的改造作用明显；相反，高地应力环境下，地层温度对于渗透率的改造作用并不明显。在应力场的控制作用下，地层温度影响着煤储层渗透率发育，地层温度对于渗透率的影响较地应力为次要因素，随着温度的升高，增大了煤岩弹性模量、剪切模量，降低了泊松比，使煤储层不易在应力作用下产生形变，降低了煤储层的渗透能力。

根据实验所用煤样的扫描电镜图像，在放大 2000 倍的情况下，打通一矿和石壕矿 8# 煤层煤样的孔隙直径约为 $3.33\mu m$，裂隙直接约为 $4.87\mu m$。而煤体骨架颗粒的平均尺度约为 $100\mu m$，其线热膨胀系数一般取为 $3.86\times10^{-5}m/℃$，则温度每变化 10℃，孔隙和瓦斯渗流通道半径约减小 $0.0386\mu m$。由于受到有效应力的作用，煤样的孔隙和瓦斯渗流通道发生较大程度的压缩，变得更为狭窄，在这种情况下，热膨胀引起的有效孔隙和渗流通道压缩将对煤样的渗透率产生一定的影响，甚至是相当可观的影响。

根据煤层渗透率影响机制和上述分析，作者认为，对本次渗透率试验而言，温度对煤样渗透率的影响机理为：

（1）在一定有效应力水平下，随温度升高，增大了煤的弹性模量、剪切模量，降低了泊松比，使煤储层不易在应力作用下产生形变，降低了煤样的渗透能力。

（2）煤体骨架产生内向热膨胀，致使本就狭窄的有效孔隙和渗流通道进一步变小，渗透率降低。

（3）伴随温度升高，瓦斯气体黏度随之升高，瓦斯在渗流通道中的流速变慢，也引起煤样渗透率降低。

（4）在有效应力逐渐增加的过程中，温度升高产生的热膨胀应力与逐渐增加的外应力相互抵消，煤体骨架热膨胀效应被削弱，导致在高有效应力水平下，煤样渗透率对温度的敏感度逐渐降低。

4. 瓦斯压力对渗透率的影响

为考察不同平均有效应力下瓦斯压力对渗透率的影响，选取打通一矿 8# 煤样在 30℃ 温度水平下，进行了不同有效应力下，瓦斯压力对渗透率影响的实验研究，如图 3.15 所示。

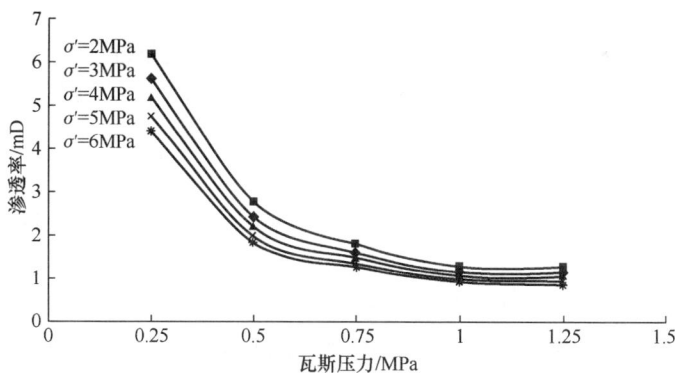

图 3.15　温度 $T=30℃$ 时瓦斯压力与渗透率关系

考察图 3.15 发现，在温度水平一定的情况下：

（1）在有效应力水平一定时，渗透率随瓦斯压力的升高呈先急剧减小而后逐渐平缓的趋势。

（2）瓦斯压力一定时，渗透率随有效应力的增加而减小，但随着瓦斯压力的逐渐增大，渗透率在各有效应力水平间的差距越来越小。

作者在以上分析的基础认为，瓦斯压力对煤样渗透率的影响机理大致为：

（1）在温度和有效应力水平一定条件下，随瓦斯压力的升高，煤体骨架产生的内向吸附膨胀变形增大，使有效孔隙和渗流通道直径缩小，同时被吸附的瓦斯气体分子会占据有效孔道面积，使构成渗透的有效孔道截面减小，引起渗透率降低。

（2）在温度和有效应力水平一定条件下，瓦斯压力较低时由于吸附瓦斯产生吸附膨胀增幅较大，但随瓦斯压力的升高，瓦斯吸附逐渐接近动态平衡，吸附膨胀增幅逐渐减小，故而出现渗透率随瓦斯压力的升高呈先急剧减小而后逐渐平缓的现象。

（3）在低压状态（0.25～1.25MPa），伴随瓦斯压力的升高，煤样吸附瓦斯量增多，Klinkenberg 效应（气体分子在固体壁面上的滑流现象）逐渐增强，致使瓦斯在煤体中的有效渗透能力受到影响，导致渗透率降低。

（4）伴随瓦斯压力的升高，煤体骨架由于吸附瓦斯引起的吸附膨胀变形将一定程度地缩减外应力对骨架的压缩效应，导致煤样渗透率对有效应力的敏感度不再明显，对外则表现为随着瓦斯压力的逐渐增大，渗透率在各有效应力水平间的差距越来越小。

3.2.4　渗透率敏感性分析

随着煤层开采深度的增加，温度、瓦斯压力、地应力均在不断变化，瓦斯在煤层中的流动一直以来都应该是 THM 耦合作用下的瓦斯流动，含瓦斯煤的渗透率不再是固定不变，而应该是某种或某几种影响因素的函数。煤层渗透率的影响因素众多，虽然本书将影响其变化的众多因素均归结到孔隙率之上，并指出孔隙率的大小与煤体的结构变形和本体变形密不可分，进而引出了温度、瓦斯压力、有效应力对煤层渗透率的综合作用机制，但因煤层及其孔隙结构的独特性、力学性质的非连续性，以及瓦斯在渗流过程中各影响因素间耦合作用机制的复杂性，煤层渗透率对各影响因素敏感性的演化规律并不十分清晰，很难逐一描述清楚。但可以通过定义渗透率对有效应力、温度及瓦斯压力的敏感系数[142]，从而将影响因素进行归一化处理，分别考察煤层渗透率对有效应力、温度及瓦斯压力敏感系数的演化规律。因敏感系数可以反映出渗透率随有效应力、温度及瓦斯压力的变化趋势，敏感系数越大，表明渗透率对有效应力、温度或瓦斯压力的变化越敏感，反之则敏感性不高，从而将求取相关状态下煤层渗透率的值转化为对其敏感系数的确定。

根据以上分析，在此分别定义煤样渗透率对有效应力、温度及瓦斯压力的敏感系数 C_σ、C_T 和 C_P。各敏感系数的具体表达式为

$$
\begin{cases}
C_{\sigma'} = -\dfrac{1}{k_{\sigma'}}\dfrac{\partial k}{\partial \sigma'} \\[2mm]
C_T = -\dfrac{1}{k_T}\dfrac{\partial k}{\partial T} \\[2mm]
C_P = -\dfrac{1}{k_P}\dfrac{\partial k}{\partial P}
\end{cases}
\tag{3.19}
$$

式中，$C_{\sigma'}$ 单位为 $\mathrm{MPa^{-1}}$；C_T 单位为 $℃^{-1}$；C_P 单位为 $\mathrm{MPa^{-1}}$；$k_{\sigma'}$、k_T 和 k_P 分别是有效应力为 1.0MPa、温度为 30℃ 及瓦斯压力为 0.25MPa 时的渗透率，将其定义为各状态相对应的基准渗透率，mD。

根据实验统计结果分析，还可用幂指数函数来描述敏感系数与有效应力、温度和瓦斯压力间的关系：

$$
\begin{cases}
C_{\sigma'} = m\sigma'^{-n} \\[1mm]
C_T = mT^{-n} \\[1mm]
C_P = mP^{-n}
\end{cases}
\tag{3.20}
$$

式中，m、n 均为拟合参数。

1. 渗透率对有效应力敏感系数分析

图 3.16 是瓦斯压力为 0.5MPa，各煤样在温度为 30℃时的敏感系数 $C_{\sigma'}$ 与有效应力 σ' 的拟合曲线图，其拟合结果见表 3.2。由于使用渗透率对有效应力的敏感系数，把渗透率的影响因素归一化，得出各煤样的渗透率敏感系数曲线相似且分布比较靠近（图 3.16），表明渗透率差异较大的煤样，对有效应力的敏感性差异并不大。结合图 3.14 可知，煤样渗透率对有效应力的敏感系数并不与其渗透率的相对大小完全相关，在 2.0MPa 有效应力水平下，煤样渗透率越大，其敏感系数反而越小，但在 2.0MPa 与 3.0MPa 水平之间时，平煤一矿戊$_8$ 煤样与打通一矿 8$^{\#}$ 煤样的拟合曲线出现交叉，煤样渗透率越大其敏感系数越小的规律已不再满足。并且在相同条件下，平煤一矿戊$_8$ 煤样与打通一矿 8$^{\#}$ 煤样渗透率对有效应力的变化比石壕矿 8$^{\#}$ 煤较敏感，但随着有效应力的增大，各煤样的敏感系数接近，且变化趋势趋于平缓，对有效应力变化的敏感性逐渐减弱。

表 3.2　敏感系数对有效应力幂指数拟合方程

煤样来源	$C_{\sigma'}$-σ'拟合关系式	相关系数 R^2
平煤一矿戊$_8$ 煤	$C_{\sigma'} = 0.222\sigma'^{-0.549}$	0.9998
打通一矿 8$^{\#}$ 煤	$C_{\sigma'} = 0.2025\sigma'^{-0.4563}$	0.9886
平煤一矿己$_{15}$ 煤	$C_{\sigma'} = 0.172\sigma'^{-0.45}$	0.9998
石壕矿 8$^{\#}$ 煤	$C_{\sigma'} = 0.0969\sigma'^{-0.2269}$	0.9360

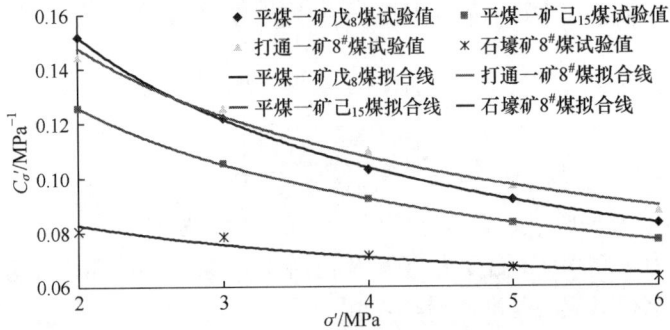

图 3.16　不同煤样敏感系数与有效应力的拟合曲线

实验分析表明，各煤样在不同温度下，渗透率对有效应力敏感系数的变化规律相似。在此以打通一矿 8# 煤层煤样为例考察不同温度水平下渗透率对有效应力敏感系数变化规律的影响（图 3.17）。发现在温度较低时，其敏感系数较大，但是其温度与敏感系数并不严格遵循上述规律，35℃ 与 40℃ 间的曲线出现交叉。此外，60℃ 的曲线位于 40℃ 与 50℃ 的曲线之间，可见温度与平均有效应力敏感系数之间的作用机制较复杂，不存在严格的单调变化规律。

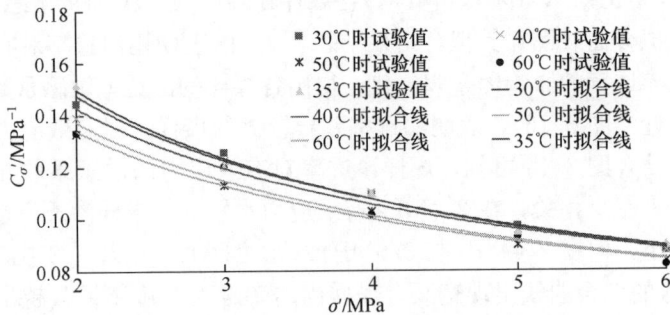

图 3.17　不同温度下敏感系数与有效应力的拟合曲线

2. 渗透率对温度敏感系数分析

根据实验结果，将瓦斯压力为 0.5MPa、有效应力为 3.0MPa 水平下，各煤样渗透率敏感系数与温度进行幂指数拟合（图 3.18），其拟合结果见表 3.3。发现各煤样敏感系数值相对较接近，表明不同渗透率的煤样，其对温度的敏感程度比较接近。随着温度的逐渐升高，各煤样的敏感系数逐渐接近，表明在高温度水平下，温度对煤样渗透率的影响程度减弱并趋于一致。

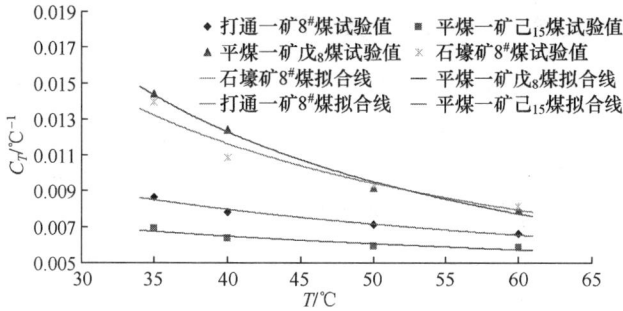

图 3.18　各煤样敏感系数与温度的拟合曲线

表 3.3　煤样渗透率对温度敏感系数的拟合方程

煤样来源	C_T-T 拟合关系式	相关系数 R^2
平煤一矿戊$_8$煤	$C_T = 1.2399T^{-1.2444}$	0.9871
打通一矿 8$^\#$煤	$C_T = 0.0576T^{-0.533}$	0.9801
平煤一矿己$_{15}$煤	$C_T = 0.0202T^{-0.3077}$	0.9462
石壕矿 8$^\#$煤	$C_T = 0.2697T^{-0.8435}$	0.9361

实验分析表明，各煤样在不同有效应力下的渗透率对温度敏感系数的变化规律与不同温度下的渗透率对有效应力敏感系数的变化规律一样，各煤样之间其变化规律也具有很大的相似性。以平煤一矿己$_{15}$煤层煤样为例考察平均有效应力对温度敏感系数的作用规律（图 3.19），从图可得有效应力较低时，其敏感系数较大，但是 4MPa 与 5MPa 时的曲线极为接近并出现交叉，表明有效应力与温度敏感系数之间并不完全具有一致性的单调变化关系。

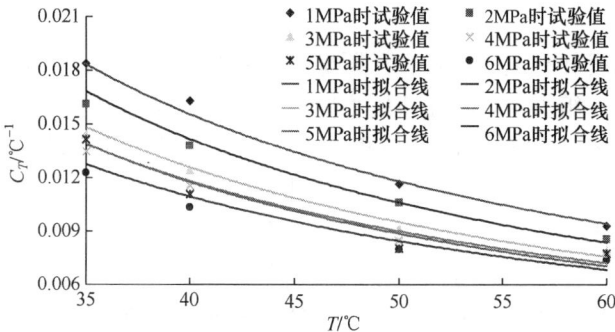

图 3.19　不同有效应力水平下敏感系数与温度的拟合曲线

3. 渗透率对瓦斯压力的敏感系数分析

各煤样渗透率对瓦斯压力的敏感系数与渗透率对有效应力和温度的敏感系数一样，在各煤样间存在一定的相似性，在此不再赘述。下面仅以打通一矿 8# 煤层的煤样为例，考察在不同有效应力水平下，渗透率对瓦斯压力敏感系数的变化规律（图 3.20）。分析表明，不同有效应力下，渗透率对瓦斯压力的敏感系数变化规律极为一致，随着瓦斯压力升高，敏感系数逐渐降低，且其幂指数拟合曲线基本重合，说明有效应力对瓦斯压力敏感系数的演化影响不大。因各有效应力水平下的拟合曲线重合度较高，可考虑通过对相应瓦斯压力下的敏感系数求取平均值，拟合方程以表征其变化规律。处理后发现，打通一矿 8# 煤层的煤样在各有效应力水平下，瓦斯压力与敏感系数均满足幂指数规律：

$$C_P = 0.838 P^{-0.7382} \tag{3.21}$$

该拟合方程的相关系数为 0.9987。

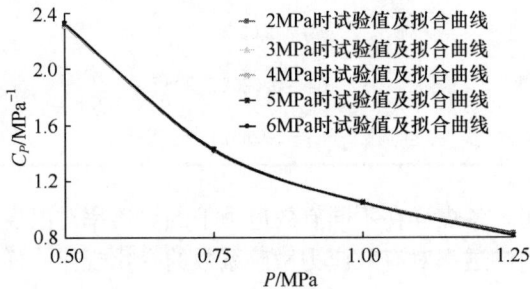

图 3.20　不同有效应力水平下敏感系数与瓦斯压力的拟合曲线

3.3　渗透率模型验证

为考察温度和有效应力对含瓦斯煤渗透率的影响效果，分别将本章所进行渗透率试验中的 4 组煤样，在瓦斯压力恒定为 0.5MPa 下的各温度和有效应力水平所对应的实测渗透率数据以及依据式（3.17）计算所得的理论值结果整理如表 3.4 和图 3.21 所示，图中的实心黑点为实验实测值，曲面为理论曲面。其中，实验所用 4 组煤样依据式（3.17）进行理论值计算时所需力学参数见表 3.5。同时将打通一矿 8# 煤层煤样在温度为 30℃下的各瓦斯压力和有效应力水平所对应的实测值和理论值整理如表 3.6 所示，分析发现理论值与实测值误差较小，吻合程度较高。

表 3.4　不同温度条件下瓦斯压力 $P=0.5$MPa 时的煤样渗透率

石壕矿 8# 煤渗透率

温度/℃	渗透率	有效应力/MPa						平均相对误差 /%
		1	2	3	4	5	6	
30	实测值/mD	9.02	8.29	7.61	7.09	6.60	6.16	0.16
	理论值/mD	9.03	8.28	7.60	7.08	6.62	6.15	
	相对误差/%	0.11	0.12	0.13	0.14	0.30	0.16	
35	实测值/mD	8.37	7.89	7.21	6.78	6.21	5.88	1.94
	理论值/mD	8.73	7.98	7.34	6.81	6.38	5.95	
	相对误差/%	4.30	1.14	1.80	0.44	2.74	1.19	
40	实测值/mD	8.19	7.79	7.13	6.52	6.12	5.74	1.11
	理论值/mD	8.45	7.69	7.09	6.55	6.17	5.76	
	相对误差/%	3.17	1.28	0.56	0.46	0.82	0.35	
50	实测值/mD	7.91	7.12	6.57	6.05	5.76	5.43	0.16
	理论值/mD	7.92	7.11	6.58	6.04	5.76	5.41	
	相对误差/%	0.13	0.14	0.15	0.17	0.00	0.37	
60	实测值/mD	7.25	6.70	6.15	5.75	5.37	4.97	1.66
	理论值/mD	7.39	6.58	6.08	5.56	5.37	5.06	
	相对误差/%	1.93	1.79	1.14	3.30	0.00	1.81	

平煤一矿己15 煤渗透率

温度/℃	渗透率	有效应力/MPa						平均相对误差 /%
		1	2	3	4	5	6	
30	实测值/mD	4.85	4.24	3.83	3.51	3.23	2.99	0.77
	理论值/mD	4.84	4.23	3.82	3.44	3.19	2.97	
	相对误差/%	0.21	0.24	0.26	1.99	1.24	0.67	
35	实测值/mD	4.58	4.08	3.69	3.38	3.09	2.88	1.01
	理论值/mD	4.67	4.12	3.72	3.36	3.08	2.92	
	相对误差/%	1.97	0.98	0.81	0.59	0.32	1.39	
40	实测值/mD	4.42	3.95	3.59	3.33	3.06	2.85	1.10
	理论值/mD	4.49	4.00	3.60	3.28	3.00	2.85	
	相对误差/%	1.58	1.27	0.28	1.50	1.96	0.00	
50	实测值/mD	4.17	3.79	3.39	3.16	2.92	2.72	1.03
	理论值/mD	4.16	3.78	3.39	3.10	2.81	2.72	
	相对误差/%	0.24	0.26	0.00	1.90	3.77	0.00	

平煤一矿己$_{15}$煤渗透率

温度/℃	渗透率	有效应力/MPa						平均相对误差/%
		1	2	3	4	5	6	
60	实测值/mD	3.76	3.43	3.06	2.85	2.64	2.45	3.22
	理论值/mD	3.85	3.57	3.18	2.93	2.63	2.59	
	相对误差/%	2.39	4.08	3.92	2.81	0.38	5.71	

打通一矿 8$^{\#}$煤渗透率

温度/℃	渗透率	有效应力/MPa						平均相对误差/%
		1	2	3	4	5	6	
30	实测值/mD	3.27	2.80	2.45	2.20	2.00	1.84	0.16
	理论值/mD	3.27	2.80	2.44	2.20	2.00	1.83	
	相对误差/%	0.00	0.00	0.41	0.00	0.00	0.54	
35	实测值/mD	3.17	2.69	2.41	2.12	1.97	1.75	1.08
	理论值/mD	3.13	2.70	2.37	2.13	1.95	1.78	
	相对误差/%	1.26	0.37	1.66	0.47	1.02	1.71	
40	实测值/mD	3.03	2.61	2.29	2.03	1.90	1.70	0.79
	理论值/mD	3.00	2.61	2.29	2.06	1.89	1.73	
	相对误差/%	0.99	0.00	0.00	1.48	0.53	1.76	
50	实测值/mD	2.75	2.38	2.13	1.90	1.76	1.60	1.57
	理论值/mD	2.74	2.42	2.14	1.94	1.80	1.64	
	相对误差/%	0.36	1.68	0.47	2.11	2.27	2.50	
60	实测值/mD	2.62	2.27	1.99	1.82	1.65	1.55	1.56
	理论值/mD	2.51	2.26	1.98	1.81	1.70	1.54	
	相对误差/%	4.20	0.44	0.50	0.55	3.03	0.65	

平煤一矿戊$_8$煤渗透率

温度/℃	渗透率	有效应力/MPa						平均相对误差/%
		1	2	3	4	5	6	
30	实测值/mD	0.86	0.73	0.65	0.59	0.54	0.50	0.31
	理论值/mD	0.86	0.73	0.65	0.59	0.55	0.50	
	相对误差/%	0.00	0.00	0.00	0.00	1.85	0.00	
35	实测值/mD	0.80	0.71	0.64	0.57	0.52	0.49	1.44
	理论值/mD	0.83	0.70	0.63	0.57	0.53	0.49	
	相对误差/%	3.75	1.41	1.56	0.00	1.92	0.00	

| 温度/℃ | 渗透率 | 有效应力/MPa | | | | | | 平均相对误差/% |
		1	2	3	4	5	6	
40	实测值/mD	0.74	0.67	0.60	0.55	0.51	0.48	
	理论值/mD	0.80	0.68	0.61	0.56	0.52	0.48	2.51
	相对误差/%	8.11	1.49	1.67	1.82	1.96	0.00	
50	实测值/mD	0.71	0.63	0.58	0.54	0.50	0.46	
	理论值/mD	0.74	0.63	0.58	0.53	0.50	0.45	1.38
	相对误差/%	4.23	0.00	0.00	1.85	0.00	2.17	
60	实测值/mD	0.69	0.61	0.55	0.50	0.46	0.42	
	理论值/mD	0.69	0.59	0.55	0.50	0.48	0.44	2.06
	相对误差/%	0.00	3.28	0.00	0.00	4.35	4.76	

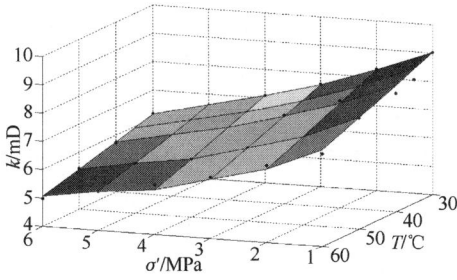

表头：平煤一矿戊$_8$ 煤渗透率

(a) 石壕矿 8# 煤

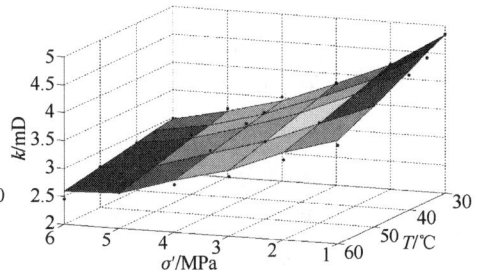

(b) 平煤一矿己$_{15}$煤

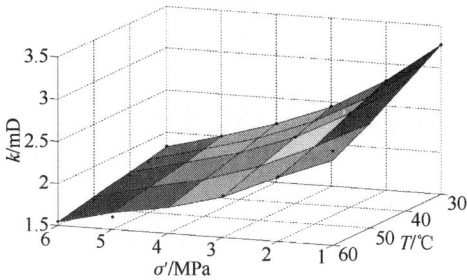

(c) 打通一矿 8# 煤

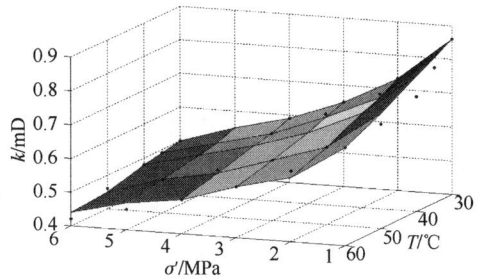

(d) 平煤一矿戊$_8$煤

图 3.21　渗透率模型验证图

表 3.5　煤样力学参数

煤　　样	$\rho/(t/m^3)$	$a/(m^3/t)$	b/MPa^{-1}	E/MPa	υ	$\beta/[m^3/(m^3 \cdot K)]$
石壕矿 8# 煤样	1.17	34.659	1.126	11.05	0.246	0.000116
平煤一矿己15 煤样	1.24	19.953	1.081	15.76	0.198	0.000116
打通一矿 8# 煤样	1.27	34.717	1.266	17.56	0.207	0.000116
平煤一矿戊8 煤样	1.41	18.739	1.030	174.10	0.273	0.000116

表 3.6　温度 $T=30℃$ 时打通一矿 8# 煤的渗透率

瓦斯压力 /MPa	渗透率	有效应力/MPa					平均相对误差 /%
		2	3	4	5	6	
0.25	实测值/mD	6.20	5.60	5.17	4.76	4.42	0.07
	理论值/mD	6.19	5.60	5.16	4.76	4.42	
	相对误差/%	0.16	0.00	0.19	0.00	0.00	
0.50	实测值/mD	2.80	2.45	2.20	2.00	1.84	0.19
	理论值/mD	2.80	2.44	2.20	2.00	1.83	
	相对误差/%	0.00	0.41	0.00	0.00	0.54	
0.75	实测值/mD	1.80	1.61	1.48	1.35	1.28	0.59
	理论值/mD	1.80	1.62	1.48	1.35	1.25	
	相对误差/%	0.00	0.62	0.00	0.00	2.34	
1.00	实测值/mD	1.29	1.16	1.08	1.02	0.95	0.53
	理论值/mD	1.29	1.18	1.09	1.02	0.95	
	相对误差/%	0.00	1.72	0.93	0.00	0.00	
1.25	实测值/mD	1.27	1.17	1.06	0.97	0.88	0.76
	理论值/mD	1.27	1.15	1.05	0.97	0.89	
	相对误差/%	0.00	1.71	0.94	0.00	1.14	

　　本书选择残差大小检验法对所建立的渗透率动态演化模型进行精度检验[143]，精度检验等级如表 2.5 所示。残差＝｜实测值－理论值｜，相对误差＝（残差/实测值）×100%。只有当 max ｛平均相对误差，最大相对误差｝<α 成立时，才称模型为相应精度等级的合格模型。从表 3.4 发现，4 组煤样在 30～60℃温度水平下的平均相对误差均小于 5%，维持在 0.16%～3.22%，且在 5 个温度水平的 20 组相对误差数据中有 6 组小于 1%，达到了一级预测精度；而所有数据（120 个）的相对误差也基本上控制在 5% 以内，且其中有 65 个小于 1%，占 54.17%，达到了一级预测精度。故而认为本书所建立的渗透率模型理论计算值与实验室实测值具有较好的一致性，误差较小，预测精度较高。

　　同时，本章渗透率模型和实验研究所得结论在现场也得到了很好的证实，如目前现场为有效提高瓦斯抽放率和防治煤与瓦斯突出，常采取开采保护层、煤层水力压裂、震动爆破和水力冲孔等措施，其目的就是为了降低煤体中的有效应力和温度，提高煤层渗透率，促进瓦斯在煤层中的流动，进而提高瓦斯抽放效果和防止煤与瓦斯突出灾害发生。而渗透率随瓦斯压力的升高呈先急剧减小而后增大的趋势与文献［25］、［33］的研究成果一致，分析认为是由瓦斯的强吸附性和瓦斯压力压缩煤体骨架共同作用的结果。考察式（3.17）可知，随瓦斯压力的升高，瓦斯压力压缩煤体颗粒引起的变形量 $K_Y\Delta P$ 增大，渗透率增大；而瓦斯的强吸附性表现为随瓦斯压力的升高，煤体骨架吸附瓦斯所产生的吸附膨胀变形量 ε_P 增大，引起渗透率减小；同时，在低压瓦斯下，瓦斯压力的升高又使吸附瓦斯量增多，Klinkenberg 效应增强，有效渗流通道减小，气体流速变慢，也引起渗透率的减小。当瓦斯压力超过一定值时，Klinkenberg 效应逐渐消失，$K_Y\Delta P$ 的大小也逐渐接近于 ε_P 的值，故而渗透率趋于平缓，若再增大瓦斯压力使 $K_Y\Delta P > \varepsilon_P$ 时，渗透率将逐渐回升。

3.4　本章小结

　　本章在理论分析和实验室实验相结合的基础上，研究了有效应力、温度、孔隙瓦斯压力对煤体渗透率变化的影响，其成果为瓦斯抽放率提高和煤与瓦斯突出防治的更深层次研究提供了重要的理论基础。主要结论如下：

　　（1）煤层渗透率的影响因素多而复杂，通过对其影响机制的分析，发现各影响因素均与煤层孔隙率有着千丝万缕的联系，而各因素的影响效果最终均可归结为煤层孔隙率（尤其是有效孔隙率）对渗透率的作用方面，即煤层孔隙率大则渗透率高，反之，则渗透率低。

　　（2）在以毛细管模型为基础建立的、已被广泛应用的 Kozeny-Carman 方程基础上，利用孔隙率基本定义，充分考虑煤基质吸附瓦斯膨胀、热弹性膨胀、受瓦斯压力压缩对其本体变形的影响，建立了含瓦斯煤在压缩条件下无扩容时考虑有效应力、温度及瓦斯压力共同影响的渗透率动态演化模型。在瓦斯压力恒为0.5MPa 下，将实验所用各煤样在不同温度和有效应力水平下所对应的实测渗透率值与理论模型计算所得的理论值进行对比分析，并以残差大小检验法对所建立的渗透率动态演化模型进行了精度检验。验证和检验结果表明，理论值与实测值吻合程度较高，具有较好的一致性，误差较小，预测精度较高，能反映出一定条件下的渗透率演化趋势。

　　（3）在不同煤样工业分析数据和对其电镜扫描实验的基础上研究发现，不同煤样的渗透率大小与其孔隙发育程度存在正相关关系，而与其密度大小存在负相关，即渗透率随孔隙发育程度的增高而增大，随密度的增大而减小。

（4）以达西定律稳定流法为实验原理，在煤炭科学研究总院重庆研究院三轴渗透装置的支持下，对选自重庆能源投资集团松藻煤电公司打通一矿 8# 煤层和石壕矿 8# 煤层以及平顶山煤业集团一矿戊$_8$ 煤层和己$_{15}$煤层 4 种煤样进行了不同温度、不同有效应力及不同瓦斯压力水平下的型煤瓦斯渗透率试验。并在实验研究的基础上，分析了同一煤样在一定条件下，有效应力、温度和瓦斯压力对其渗透率的作用规律，并提出了三因素各自对渗透率的影响机理。

（5）影响煤层渗透率的因素多而复杂，同时因煤层及其孔隙结构的独特性、力学性质的非连续性，很难逐一将各因素对渗透率的演化规律描述清楚。利用含瓦斯煤渗透率试验结果，对渗透率的影响因素进行了归一化处理，分别定义了渗透率对平均有效应力、温度与瓦斯压力的敏感系数；结果表明，不同渗透率的煤样，其平均有效应力及温度敏感系数的演化规律相似；平均有效应力对煤样瓦斯压力敏感系数的演化影响很小；建立了温度、平均有效应力、瓦斯压力与相关渗透率敏感系数之间的关系式。

第4章　含瓦斯煤 THM 耦合模型

THM 耦合俗称热流固耦合，也即温度场-渗流场-应力场三场耦合，国内外学者对 THM 耦合方面的研究已有较多成果报道，但绝大部分都是围绕地热资源的开发和利用、核废料深埋处理、石油热采等课题开展，并且已非常成熟。而对煤层瓦斯方面的 THM 耦合研究相对较少，国内主要有辽宁工程技术大学[80~85]和重庆大学的学者[31,35,144~146]研究了考虑温度效应的煤层瓦斯运移问题，但到目前为止，仍然没有建立真正完全意义上的煤层瓦斯 THM 耦合数学模型，所以对含瓦斯煤的 THM 耦合研究还有待像石油热采等课题一样更深一步展开。

随着煤矿开采深度的不断增加，井下作业环境的温度也在逐渐升高，高温矿井日渐增多，如平煤八矿井下回采工作面作业环境温度已高达 40℃左右，井下热效应已成为影响煤层瓦斯流动至关重要的因素。若要进行更切合现场实际的煤层瓦斯渗流规律研究，就必须开展煤层瓦斯的 THM 耦合课题，而开展 THM 耦合研究的前提又必须先建立煤层瓦斯的 THM 耦合数学模型。

有关 THM 耦合问题的研究现状在绪论章节中已有较为详细的阐述，并分析了目前研究现状存在的问题和不足，在此不再一一赘述。纵观目前国内外在 THM 耦合研究领域的成果，仍然没有建立真正意义上的煤层瓦斯 THM 耦合数学模型。本章拟在综合分析国内外学者研究成果的基础上，结合前两章的研究成果（如将孔隙率表示为温度的状态函数、将有效应力和等效孔隙压缩系数及瓦斯含量表示为瓦斯压力和温度的状态函数、将渗透率表示为有效应力和温度的函数等）。拟推导出较为完善的含瓦斯煤 THM 耦合数学模型，并期望所建立的 THM 耦合数学模型可实现各场之间的双向完全耦合（图 4.1），或者说温度场方程中体现有渗流场和应力场变化的耦合项、渗流场方程中体现有应力场和温度场变化的耦合项、应力场方程中体现有温度场和渗流场变化的耦合项。

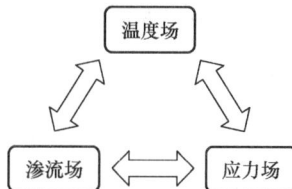

图 4.1　三场完全耦合模型

4.1　基本物性参数耦合方程及假设

在含瓦斯煤 THM 耦合问题中，含瓦斯煤的温度场、渗流场、应力场三场同时存在，彼此相互影响作用，处于平等地位。含瓦斯煤渗流场由于瓦斯压力的变化与温度场引起的热应力变化共同导致煤体应力场的变化；应力场与温度场变化导致煤体渗透特性和瓦斯压力的改变从而引起渗流场变化；含瓦斯煤应力场由于地应力的作用所产生的变形功与渗流场中煤体瓦斯的解吸吸附共同导致温度场变化，并且以上三种效应同时发生。通常情况下，在研究 THM 耦合问题时，各场所建立的数学模型并不是孤立存在的，它们之间是以多个物性参数方程为纽带，通过各场中的关键物性参数耦合项在一起联立求解的。所以要研究含瓦斯煤 THM 耦合问题，必须首先弄清楚起"桥梁"作用的物性参数方程，研究所谓的"桥梁"，为本章所要进行的含瓦斯煤三场耦合数学模型的建立奠定基础。

4.1.1　孔隙率、渗透率方程

1. 含瓦斯煤孔隙率耦合方程

众所周知，含瓦斯煤是一种复杂的孔隙-裂隙双重介质。煤的孔隙发育程度常用孔隙率来表示，其值的大小是决定煤的吸附、渗透和强度性能的重要因素。煤的孔隙在很大程度上决定了煤层中瓦斯的聚集和运移特性。根据第 2 章的研究成果，含瓦斯煤孔隙率方程为

$$
\begin{aligned}
\varphi &= 1 - \frac{(1-\varphi_0)}{1+e}\left(1+\beta\Delta T - K_Y\Delta P + \frac{\varepsilon_P}{1-\varphi_0}\right) \\
&= 1 - \frac{(1-\varphi_0)}{1+e}\left[1+\beta\Delta T - K_Y\Delta P + \frac{2a\rho RTK_Y\ln(1+bP)}{3V_m(1-\varphi_0)}\right]
\end{aligned}
\tag{4.1}
$$

考察式（4.1）可发现，该方程体现了温度场中的温度参数、渗流场中的瓦斯压力及应力场中的应变参数，三个参数中任何一项的变化均会引起含瓦斯煤孔隙率的变化，同时，孔隙率的变化也同样导致三场任一场的变化。因此，孔隙率是含瓦斯煤 THM 耦合中起纽带作用的关键耦合项之一。

2. 含瓦斯煤渗透率耦合方程

煤体渗透率是反映瓦斯在煤体中渗流难易程度的物性参数，也是煤层瓦斯渗流理论的重要参数，其渗透率测算方法研究是瓦斯渗流力学发展的关键技术，也始终是煤层瓦斯渗流力学界关注的热点。影响煤层渗透率的因素十分复杂，它与煤体的孔隙结构及其破坏特性、地应力、瓦斯压力、瓦斯含量、瓦斯吸附解吸特性、地温等均有密切的关系。根据第 3 章的研究成果，含瓦斯煤渗透率方程为

$$k = \frac{k_0}{1+e}\left[1 + \frac{e}{\varphi_0} - \frac{(\beta\Delta T - K_Y\Delta P)(1-\varphi_0)}{\varphi_0} - \frac{\varepsilon_P}{\varphi_0}\right]^3 \qquad (4.2)$$

与含瓦斯煤孔隙率耦合方程一样，渗透率方程同样是通过温度、应变、瓦斯压力将温度场、渗流场、应力场充分耦合在了一起，使渗透率也成了含瓦斯煤 THM 耦合模型中起纽带作用的关键参数。该方程在第 3 章已经过验证，符合煤渗透率的变化规律，本书在后续煤层瓦斯渗流方程和数值计算中采用该耦合方程。

4.1.2　煤层瓦斯气体状态方程

表示瓦斯体积随煤层温度、煤层瓦斯压力和组分之间变化关系的方程，称为煤层瓦斯气体状态方程。因理想气体状态方程只适用于低压高温下的气体，实践发现，井下真实气体与理想气体的压缩性不同，不能简单地视为理想气体。其原因为[136]：①真实气体分子本身都具有大小，当压力高时，分子靠近，气体分子本身的体积和气体所占容积相比已不可忽略；②气体分子间有相互作用力，这种作用力当相近时为斥力，而稍远则为引力。而且这种引力的特征为其大小随距离增加而快速趋于零。因此，真实气体与理想气体相比较，在压缩性上出现一定偏差。真实流体都是可以压缩的，其压缩程度依赖于流体的性质和外界条件。对于气体，温度和压力的变化均会显著影响其可压缩性；如果所受压力差较小，运动速度较小，并且没有很大的温度差时，实际上所产生的体积变化并不大，可近似地将气体视为不可压缩的。煤层瓦斯气体状态方程通常表示为

$$\rho_g = \frac{MP}{RTZ} \qquad (4.3)$$

或

$$\rho_g = \frac{\rho_n P}{P_n Z} \qquad (4.4)$$

式中，M 为气体分子相对质量；T 为煤层的热力学温度，K；R 为普适气体常数，$R = 8314\text{m}^2/(\text{s}^2 \cdot \text{K})$，$R/M$ 称为特定气体的气体常数，如甲烷的气体常数为 $R/M_{甲} = 518.2\text{m}^2/(\text{s}^2 \cdot \text{K})$；$\rho_g$ 为瓦斯压力为 P 时的瓦斯密度，kg/m^3；ρ_n 为标准状态时的瓦斯密度，kg/m^3；P_n 为标准状态时的瓦斯压力，$P_n = 0.10325\text{MPa}$；Z 为压缩因子，在温差变化不大的情况下，其值近似为 1。

4.1.3　修正的瓦斯含量方程

一般而言，瓦斯以吸附和游离两种状态赋存于井下煤层中，故煤层中总的瓦斯含量由游离瓦斯量和吸附瓦斯量两部分组成，且吸附瓦斯占总含量的 90% 以上。游离瓦斯含量取决于煤的孔隙率和瓦斯压力的大小，而吸附瓦斯含量则与煤层温度、水分、灰分及瓦斯压力均有关系。已有资料表明，在深部（2000m 以下），瓦斯压力对煤的吸附瓦斯量的影响已不起主要作用。根据 Langmuir 方程，

煤的吸附瓦斯量可用其饱和吸附量近似代替，当作深部煤层的吸附瓦斯含量。所以，研究饱和吸附量与温度之间的相关关系，为预测深部的煤层吸附瓦斯含量提供了可能，也为煤层瓦斯温度场和渗流场的耦合提供了可能。但基于绪论章节中的分析，目前的研究在温度对 Langmuir 方程中吸附常数 a、b 值的影响方面却仍然存在一定分歧，需做更细致的研究，不能盲目地随便选择一个规律用于本书三场耦合中渗流场与温度场之间的相互作用。为此作者进行了不同温度下煤对瓦斯的等温吸附试验，用于修正瓦斯含量方程。

1. 等温吸附原理

煤作为储气层与常规储层不同，保留于煤层中的气体储集于煤的微孔隙中，在瓦斯压力的作用下，主要呈吸附状态，而不是以游离状态赋存；同时，煤层既是产气层又是储气层，这是煤层气与常规天然气储集形式的主要区别之处。煤具有发育的微孔隙，有很大的比表面积，因此煤具有很高的储气能力，是良好的吸附剂。

煤岩分子的吸引力一部分指向煤分子结构，呈饱和状态，而另一部分指向自由空间，呈非饱和状态，在煤岩表面产生吸附力场。当运动着的气体分子碰到煤岩表面时，由于分子间的引力作用（范德瓦耳斯引力），气体分子被吸附在煤的表面上。被吸附的气体分子会因温度、压力等条件的变化，导致热运动的动能增加而克服引力场，从煤的内表面脱离进入游离相。大量实验证明，煤岩的这种吸附/解吸现象为物理现象，其吸附/解吸特征符合 Langmuir 单分子层吸附模型，该理论是 1916 年 Langmuir 根据大量的实验事实，从动力学观点出发，在以下 4 条基本假设的基础上提出的：①单分子层吸附；②固体表面是均匀的，吸附热不随覆盖度的增大而改变；③被吸附在固体表面的分子横向无相互作用力；④吸附平衡是动态平衡。Langmuir 方程表达式为

$$y = \frac{abP}{1+bP} \tag{4.5}$$

为了通过线性回归求取吸附常数可将式（4.5）转化为

$$\frac{P}{y} = \frac{P}{a} + \frac{1}{ab} \tag{4.6}$$

式中，y 为单位质量可燃物在瓦斯压力 P 下的吸附量，m^3/kg。在式（4.6）中，以 P/y 为因变量，P 为自变量，线性回归求出直线截距 $1/ab$ 和斜率 $1/a$，然后可求得吸附常数 a 和 b。由于煤的吸附性能主要取决于煤中的可燃物，所以在处理吸附试验数据时，煤的吸附性能用单位质量可燃物吸附量表示。

2. 煤样的制备及实验温度的选择

煤的吸附能力受诸多因素的影响，为了排除其他因素的干扰，真正了解单一

因素温度对煤吸附能力的影响，同时考虑到井下煤层温度变化不会太大，也不可能太高，特选择一种煤样分别在 30℃、40℃、50℃、60℃、70℃温度条件下进行了等温吸附试验。煤样首先经过粉碎机进行粉碎，然后用标准筛筛取粒径为60～80 目的煤样，在 60℃的温度下在恒温箱中干燥 3h 后取出，存入磨口干燥器中冷却以备实验之用。另选择直径大于 35mm 的煤块作为视密度测定实验用煤样。

3. 实验装置及实验方法

本次等温吸附试验是在煤炭科学研究总院重庆研究院的支持下完成的，采用高压容量法进行测量，所用设备为 HCA 型高压容量法吸附装置（图 4.2）。该装置运用等温吸附原理，以静压吸附方式，测定不同压力状态下的吸附瓦斯量，根据 Langmuir 方程，利用最小二乘法计算吸附常数 a 和 b，并计算相应压力下的瓦斯含量。整个试验装置主要由超级恒温箱、气路系统和监测系统三部分组成。超级恒温箱可为实验提供恒定温场，气路系统包括吸附缸、储气罐、真空机组、阀门和管道，监测系统包括高压传感器、低压传感器、信号处理器、计算机等。实验通过压力传感器测定储气罐和吸附缸的气体压力，由信号处理器和计算机采集、处理数据、输出结果。

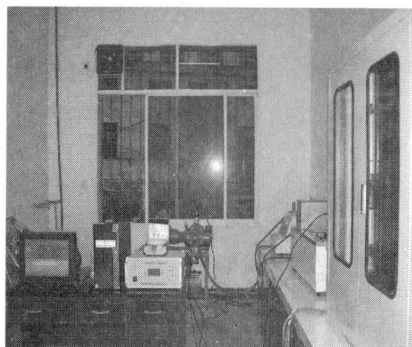

(a) HCA 型吸附实验装置　　　　　　　　(b) 吸附实验气路系统

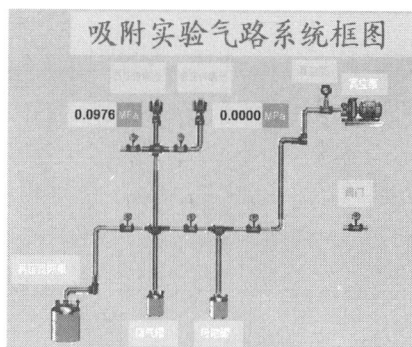

图 4.2　HCA 型吸附试验系统

实验方法：将处理好的干燥煤样装入吸附罐，真空脱气，测定吸附罐的死体积，向吸附罐中充入一定体积瓦斯，使吸附罐内压力达到平衡，部分气体被吸附，部分气体仍以游离状态处于死体积之中，已知充入的瓦斯量，扣除死空间的游离量，即为吸附量。重复这样的测定，可得到各压力段平衡压力与吸附体积量，连接起来即为吸附等温线。等温吸附试验步骤在众多文献中都有报道，不再赘述。

4. 实验结果分析

实验所用煤样取自重庆能源投资集团松藻煤电公司 8# 煤层。煤样工业分析数据如下：水分 1.00%，灰分 12.43%，挥发分 12.42%，真密度 1.49t/m³，视密度 1.35t/m³，孔隙率 9.40%。根据等温吸附试验，得出不同温度、不同瓦斯压力情况下瓦斯吸附试验结果见表 4.1 所示。

表 4.1　不同温度、不同压力情况下瓦斯吸附性能试验结果

温度/℃	压力/MPa	吸附量（按每克可燃物）/(m³/g)	拟合结果
	0.10	4.1532	
	1.03	16.8772	
	1.68	20.2098	$a=30.9184$
30	2.33	22.3240	$b=1.2114$
	3.04	23.9960	$r=0.998411$
	3.83	25.5958	
	4.67	26.6215	
	0.10	3.8268	
	1.03	15.9231	
	1.72	19.2445	$a=31.1141$
40	2.38	21.5633	$b=1.0338$
	3.10	23.2882	$r=0.996934$
	3.87	24.8432	
	4.68	26.4099	
	0.10	3.2610	
	0.97	14.0612	
	1.58	17.7436	$a=30.5337$
50	2.32	20.0494	$b=0.9170$
	3.07	22.1083	$r=0.997015$
	3.88	23.9637	
	4.72	25.2831	
	0.10	2.4917	
	1.02	12.3053	
	1.76	15.9029	$a=29.4450$
60	2.37	18.1827	$b=0.7278$
	3.15	20.1756	$r=0.995975$
	3.97	21.8812	
	4.71	23.3527	
	0.10	1.5153	
	1.01	10.2209	
	1.65	13.5354	$a=27.7230$
70	2.35	15.9698	$b=0.5782$
	3.14	17.8766	$r=0.996634$
	3.88	19.1755	
	4.72	20.2888	

根据以上实验结果，可得出不同温度、不同瓦斯压力下的瓦斯吸附等温曲线（图 4.3）。当温度一定时，煤对甲烷的吸附能力随瓦斯压力升高而增大，当瓦斯压力升到一定值时，煤的吸附能力达到饱和，往后再增加瓦斯压力吸附量不再增加；因温度对脱附起活化作用，温度越高，游离气越多，吸附气越少，故在瓦斯压力一定时，随着温度的升高，煤的瓦斯吸附量呈下降趋势，这一规律已得到共识。

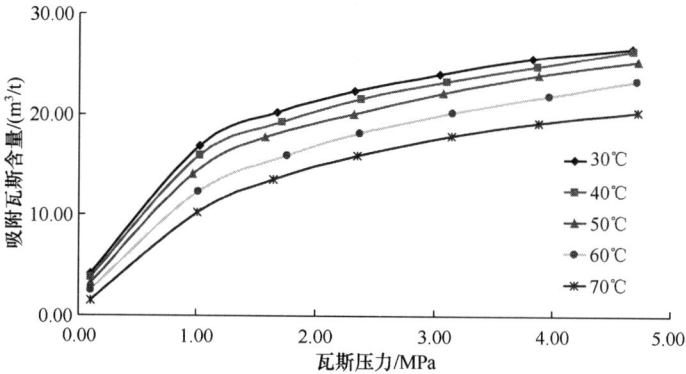

图 4.3　吸附瓦斯含量与温度的变化关系

根据吸附试验得到的不同温度时的瓦斯吸附常数，并绘出吸附常数 a、b 随温度 T 的变化曲线（图 4.4）。由图可知，随着温度的升高，吸附常数 a 值有逐渐降低的趋势，但不很明显，这是因为煤对瓦斯的吸附主要以物理吸附为主，吸附速率快，在规定的时间内易达到平衡，并且为放热过程，故出现饱和吸附量随温度升高而降低的现象；吸附常数 b 值反映吸附速率与解吸速率的关系，因解吸为吸热过程，温度越高解吸越易进行，b 值越小，故随温度的升高 b 值明显呈线性关系下降。考察图 4.4 可发现，吸附常数 a、b 与温度 T 的关系可分别用二次函数和线性方程表示：

$$\begin{cases} a = m_1 T^2 + m_2 T + m_3 \\ b = n_1 T + n_2 \end{cases} \tag{4.7}$$

式中，m_1、m_2、m_3、n_1、n_2 为实验拟合系数。针对本次试验，吸附常数 a、b 值与温度 T 的拟合方程为

$$\begin{cases} a = -0.0031 T^2 + 0.2297 T + 26.841 \\ b = -0.0157 T + 1.6798 \end{cases} \tag{4.8}$$

5. 修正的瓦斯含量方程

当不考虑温度对吸附常数的影响时，煤层瓦斯总含量方程为[136]

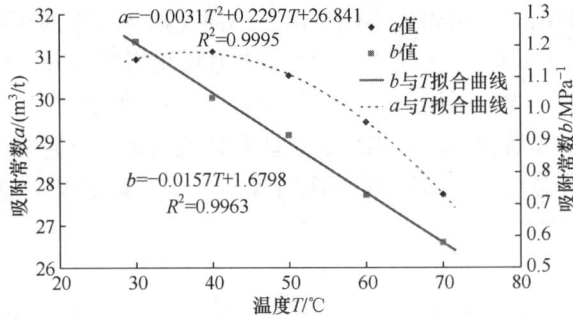

图 4.4　吸附常数 a、b 随温度 T 的变化关系

$$Q = \left(\frac{abcP}{1+bP} + \varphi \frac{P}{P_n} \right) \rho_n \qquad (4.9)$$

其中

$$c = \rho \frac{1}{1+0.31M} \frac{100-A-M}{100}$$

式中，Q 为单位体积含瓦斯煤的瓦斯含量，kg/m³；a 为单位质量可燃物在参考压力下的极限吸附量，m³/kg；b 为吸附常数，MPa⁻¹；c 为煤质校正参数，kg/m³；ρ 为煤的容重，kg/m³；A 和 M 为煤的灰分与水分，%；φ 为孔隙率。

根据以上分析，将式（4.7）代入式（4.9）可得到与温度耦合的修正的瓦斯含量方程：

$$Q = \left[\frac{(m_1 T^2 + m_2 T + m_3)(n_1 T + n_2)cP}{1+(n_1 T + n_2)P} + \varphi \frac{P}{P_n} \right] \rho_n \qquad (4.10)$$

4.1.4　基本假设

含瓦斯煤是孔隙-裂隙双重介质，瓦斯以游离与吸附两种状态赋存于煤层中，游离瓦斯主要赋存于裂隙、大孔及中孔中，而吸附瓦斯主要赋存于微孔隙与微裂纹表面。因此瓦斯在煤层中的运移也分为两种方式：①在毫米、微米级的孔隙-裂隙中游离瓦斯的渗流；②在微米级以下的孔隙-裂隙中吸附瓦斯的解吸（或游离瓦斯的吸附）扩散。前者遵循达西定律，后者遵循菲克扩散定律，这就是煤矿瓦斯研究为什么出现两个学派的根本分支点。本书仅从宏观角度来研究瓦斯的运移性态，因此，假设在一般的渗流速度下，当由于裂隙、孔隙中的游离瓦斯渗流而导致游离瓦斯压强降低时，吸附瓦斯在瞬间即可转化为游离瓦斯。在这一假设下，即可研究瓦斯的宏观渗流性态[62]。

为了对含瓦斯煤 THM 耦合作用的运动过程有一个整体认识，必须首先建立其运动过程的数学微分方程。但含瓦斯煤 THM 耦合作用是一个极其复杂的物理过程，要建立其数学微分方程并便于进行数值计算，须进行一定的简化假设。本书利用前人在建立数学微分方程时所依据的合理假设和定律，进行分析归纳，提出以下假设：

（1）含瓦斯煤为均质和各向同性的线弹性体，且煤体及瓦斯传热参数不随温度而变化。

（2）含瓦斯煤被单相的瓦斯所饱和。

（3）游离瓦斯渗流运动和煤体变形运动的惯性力、瓦斯的体积力忽略不计。

（4）含瓦斯煤骨架的有效应力变化遵循修正的 Terzaghi 有效应力规律：

$$\begin{cases} \sigma'_{ij} = \sigma_{ij} - \alpha P \delta_{ij} \\ \alpha = \dfrac{\sigma(1-\varphi)}{P} + \varphi \end{cases} \tag{4.11}$$

根据第 2 章有效应力分析结果，式（4.11）中

$$\sigma = E\varepsilon = \frac{2a\rho RT(1-2\upsilon)}{3V_{\mathrm{m}}}\ln(1+bP) + \frac{E\beta\Delta T}{3} - (1-2\upsilon)\Delta P \tag{4.12}$$

$$\varphi = 1 - \frac{(1-\varphi_0)}{1+e}\left[1 + \beta\Delta T - K_Y\Delta P + \frac{2a\rho RTK_Y\ln(1+bP)}{3V_{\mathrm{m}}(1-\varphi_0)}\right] \tag{4.13}$$

（5）饱和孔隙-裂隙介质的体积变形由两部分组成，即煤体骨架的变形与孔隙、裂隙变形[147]：

$$\alpha_{\mathrm{B}} = (1-\phi)\alpha_{\mathrm{S}} + \phi\alpha_{\mathrm{P}} \tag{4.14}$$

式中，α_{B} 为煤体总的体积变形；α_{S} 为本体体积变形率；α_{P} 为孔隙变形率。假设 $(1-\phi)\alpha_{\mathrm{S}} \ll \phi\alpha_{\mathrm{P}}$，因而饱和多孔介质的体积变形等于孔隙变形。

（6）瓦斯在煤层中的渗流规律符合达西定律：

$$\boldsymbol{q} = -\frac{k}{\mu}\nabla P \tag{4.15}$$

其中

$$k = \frac{k_0}{1+e}\left[1 + \frac{e}{\varphi_0} - \frac{(\beta\Delta T - K_Y\Delta P)(1-\varphi_0)}{\varphi_0} - \frac{\varepsilon_{\mathrm{P}}}{\varphi_0}\right]^3 \tag{4.16}$$

式中，$\boldsymbol{q}$ 为瓦斯渗流速度矢量，m/s；∇P 为煤层内的瓦斯压力梯度，Pa/m；μ 为气体动力黏度，cP 或 Pa·s。对于煤层瓦斯，在温度为 0～500℃，有下式：

$$\mu = 1.36 \times 10^{-4}(T-273)^{0.77}(\mathrm{cP}) \tag{4.17}$$

在煤矿现有开采深度条件下，根据温度梯度确定的煤层温度范围变化并不是很大，即使在温度 20～50℃ 的变化区间，μ 值取小数后五位，其最大和最小之间的数值差也仅为 0.000 09，其相对差值也才 8%。所以，通常情况下煤层瓦斯的动力黏度为 $\mu = 0.0108\mathrm{cP} = 0.010\,87 \times 10^{-3}\mathrm{Pa}\cdot\mathrm{s}$。

（7）煤体中吸附状态和游离状态的瓦斯分别服从修正的 Langmuir 吸附平衡方程和真实气体状态方程：

$$Q = \left(\frac{abPc}{1+bP} + \varphi\frac{P}{P_{\mathrm{n}}}\right)\rho_{\mathrm{n}} \tag{4.18}$$

$$\rho_g = \frac{\rho_n P}{P_n Z} \tag{4.19}$$

（8）煤体的变形是微小的，煤体处于线弹性变形阶段，遵守广义胡克定律[136]：

$$\sigma'_{ij} = \lambda \delta_{ij} e + 2G\varepsilon_{ij} \tag{4.20}$$

式中，λ 为拉梅（Lame）常数；G 为剪切模量；δ_{ij} 为 Kronecker 符号。

$$\delta_{ij} = \begin{bmatrix} 1 & 0 & 0 \\ 0 & 1 & 0 \\ 0 & 0 & 1 \end{bmatrix} \tag{4.21}$$

（9）应力应变的符号法则与弹性力学相同。压应力与压应变为负，拉应力与伸长应变为正；剪应变以直角变小为正，反之为负；位移以沿坐标轴正方向为正，反之为负。

4.2　含瓦斯煤耦合应力场方程

4.2.1　平衡方程

含瓦斯煤是由含分子尺度孔隙的煤粒组成的骨架及煤粒间裂隙共同组成的双重孔隙介质。煤体颗粒相互接触或胶结形成煤体骨架，而瓦斯流体则存在于骨架内的孔隙和裂隙中。在载荷作用下，煤体将产生应力，煤体骨架将发生变形或位移错动，而瓦斯流体在伴随煤体骨架运动的同时，还做相对于煤体骨架的渗流运动。

在游离瓦斯渗流和煤体变形运动的惯性力及瓦斯的体积力忽略不计假设的基础上，在含瓦斯煤内的任一点取一微小平行六面体单元，如图 4.5 所示。各棱边长分别为 dx、dy、dz。由于物体内力的相互作用，使微元体六个表面承受一定的应力，这些应力是坐标的连续函数，因此作用在微元体两个对面上的应力不相等。以 y 方向为例，作用在左面上的正应力为 σ_y，剪应力为 τ_{yx}、τ_{yz}，由于坐标变化了 dy，则作用在右面上相应的正应力和剪应力分量分别为 $\sigma_y + \frac{\partial \sigma_y}{\partial y}dy$、$\tau_{yx} + \frac{\partial \tau_{yx}}{\partial y}dy$ 及 $\tau_{yz} + \frac{\partial \tau_{yz}}{\partial y}dy$，其余两个对面以此类推。

微元体除了表面有应力作用外，还受到体积力的作用，因微元体体积很小，故可认为体积力均匀分布，并作用在微元体的形心上。单位体积上作用的体积力在 x、y、z 三坐标轴的分量分别以 X、Y、Z 表示。

以 x 方向为例，考虑单元体的力平衡条件，作用在 x 方向的合力为零，即 $\sum F_x = 0$，得到

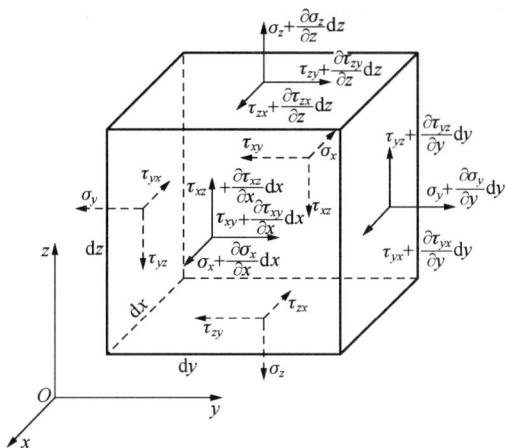

图 4.5　应力是坐标的连续函数

$$\left(\sigma_x + \frac{\partial \sigma_x}{\partial x}\mathrm{d}x\right)\mathrm{d}y\mathrm{d}z - \sigma_x\mathrm{d}y\mathrm{d}z + \left(\tau_{yx} + \frac{\partial \tau_{yx}}{\partial y}\mathrm{d}y\right)\mathrm{d}x\mathrm{d}z - \tau_{yx}\mathrm{d}x\mathrm{d}z$$
$$+\left(\tau_{zx} + \frac{\partial \tau_{zx}}{\partial z}\mathrm{d}z\right)\mathrm{d}x\mathrm{d}y - \tau_{zx}\mathrm{d}x\mathrm{d}y + X\mathrm{d}x\mathrm{d}y\mathrm{d}z = 0 \tag{4.22}$$

上式经化简并约去 $\mathrm{d}x\mathrm{d}y\mathrm{d}z$，便得到方程组（4.23）的第一式。同理，由 $\sum F_y = 0$ 及 $\sum F_z = 0$ 可得到方程组的第二、三式。因此

$$\begin{cases} \dfrac{\partial \sigma_x}{\partial x} + \dfrac{\partial \tau_{yx}}{\partial y} + \dfrac{\partial \tau_{zx}}{\partial z} + X = 0 \\[2mm] \dfrac{\partial \sigma_y}{\partial y} + \dfrac{\partial \tau_{zy}}{\partial z} + \dfrac{\partial \tau_{xy}}{\partial x} + Y = 0 \\[2mm] \dfrac{\partial \sigma_z}{\partial z} + \dfrac{\partial \tau_{xy}}{\partial x} + \dfrac{\partial \tau_{yz}}{\partial y} + Z = 0 \end{cases} \tag{4.23}$$

以上方程组中的三个方程即为含瓦斯煤空间问题的平衡微分方程，也即纳维叶方程。用张量符号表示为

$$\sigma_{ij,j} + F_i = 0 \quad (i,j = 1,2,3) \tag{4.24}$$

根据修正的有效应力公式：

$$\sigma'_{ij} = \sigma_{ij} - \alpha P \delta_{ij} \tag{4.25}$$

将式（4.25）代入式（4.24）得以有效应力表示的平衡微分方程：

$$\sigma'_{ij,j} + (\alpha P \delta_{ij})_{,j} + F_i = 0 \tag{4.26}$$

4.2.2　几何方程

在含瓦斯煤空间问题中，设 $u(x,y,z)$，$v(x,y,z)$，$w(x,y,z)$ 分别为 x,

y, z 方向的位移分量，它们是坐标的连续单值函数，则应变分量与位移分量应满足几何方程，即所谓的柯西方程，用张量符号表示为

$$\varepsilon_{ij} = \frac{1}{2}(u_{i,j} + u_{j,i}) \quad (i,j = 1,2,3) \tag{4.27}$$

4.2.3　热流固本构方程

含瓦斯煤的本构方程（也称物理方程）是描述煤体应力与应变之间关系的方程。在第 2、3 章分析的基础上，本章中本构关系的建立是基于线性热弹性的假设，即含瓦斯煤总应变是热应变、瓦斯压力压缩煤体引起的应变、吸附瓦斯膨胀引起的应变及应力导致的应变之和。

1. 热膨胀应变

煤体由无应力状态的温度 T_0 上升到 T 会发生热膨胀。根据第 2 章的分析，在各向同性和线性假设下，线热膨胀应变为

$$\varepsilon_T = \frac{\beta}{3}\Delta T = \frac{\beta}{3}(T - T_0) \tag{4.28}$$

2. 瓦斯引起的应变

因孔隙内瓦斯压力增大会引起煤体颗粒产生压缩应变，根据第 2 章的分析，对于各向同性的含瓦斯煤，应变沿三个轴向相等，而且不会引起切应变。其体积应变为 $-K_Y\Delta P$，则瓦斯压力引起的线压缩应变量为

$$\varepsilon_{PY} = -\frac{K_Y}{3}\Delta P = -\frac{K_Y}{3}(P - P_0) \tag{4.29}$$

因煤体颗粒吸附瓦斯引起的线吸附膨胀应变量为

$$\varepsilon_{PX} = \frac{2\rho RTaK_Y}{9V_m}\ln(1 + bP) \tag{4.30}$$

3. 地应力引起的应变

根据胡克定律，地应力引起的应变为

$$\varepsilon_w = \frac{1}{2G}\left(\sigma' - \frac{\upsilon}{1+\upsilon}\Theta'\right) \tag{4.31}$$

4. THM 耦合的本构方程

根据以上分析可得到含瓦斯煤总应变为

$$\begin{aligned}
\varepsilon &= \varepsilon_w + \varepsilon_T + \varepsilon_{PY} + \varepsilon_{PX} \\
&= \frac{1}{2G}\left(\sigma' - \frac{\upsilon}{1+\upsilon}\Theta'\right) + \frac{\beta}{3}\Delta T - \frac{K_Y}{3}\Delta P + \frac{2\rho aRTK_Y}{9V_m}\ln(1+bP)
\end{aligned} \tag{4.32}$$

由式（4.32）解出用应变表示应力的式子：

$$\sigma' = 2G\epsilon + \frac{\upsilon}{1+\upsilon}\Theta' - 2G\left[\frac{\beta}{3}\Delta T - \frac{K_Y}{3}\Delta P + \frac{2\rho aRTK_Y}{9V_m}\ln(1+bP)\right] \quad (4.33)$$

引入拉梅常数，上式经整理后可得出

$$\sigma' = 2G\epsilon + \lambda e - \frac{(3\lambda+2G)\beta}{3}\Delta T - \frac{(3\lambda-2G)K_Y\Delta P}{3}$$
$$- \frac{(3\lambda+2G)(2\rho aRK_Y)T}{9V_m}\ln(1+bP)$$
$$\sigma' = 2G\epsilon + \lambda e - \theta_T\Delta T - \theta_{PY}\Delta P - \theta_{PX}aT\ln(1+bP) \quad (4.34)$$

可将上式进一步用张量的形式表示为

$$\sigma'_{ij} = \lambda e\delta_{ij} + 2G\epsilon_{ij} - \theta_T\Delta T\delta_{ij} - \theta_{PY}\Delta P\delta_{ij} - \theta_{PX}aT\ln(1+bP)\delta_{ij} \quad (4.35)$$

式中，λ、G 为拉梅系数；e 为体积变形，$e=U_{i,i}$，U 为位移函数；θ_T、θ_{PY}、θ_{PX} 分别为热应力系数、瓦斯压力引起的应力系数、吸附瓦斯应力系数。其中

$$\begin{cases}
\lambda = \dfrac{E\upsilon}{(1+\upsilon)(1-2\upsilon)} = \dfrac{2G\upsilon}{1-2\upsilon} \\[2mm]
G = \dfrac{E}{2(1+\upsilon)} \\[2mm]
\theta_T = \dfrac{(3\lambda+2G)\beta}{3} \\[2mm]
\theta_{PY} = \dfrac{(3\lambda-2G)K_Y}{3} \\[2mm]
\theta_{PX} = \dfrac{(3\lambda+2G)(2\rho RK_Y)}{9V_m}
\end{cases} \quad (4.36)$$

式（4.35）即为考虑含瓦斯煤 THM 耦合效应的以应变表示有效应力的本构方程。

4.2.4　应力场方程

将几何方程式（4.27）代入考虑 THM 耦合的本构关系式（4.35）得到

$$\begin{cases}
\sigma'_x = \lambda e + 2G\dfrac{\partial u}{\partial x} - \theta_T\Delta T - \theta_{PY}\Delta P - \theta_{PX}aT\ln(1+bP) \\[2mm]
\sigma'_y = \lambda e + 2G\dfrac{\partial v}{\partial y} - \theta_T\Delta T - \theta_{PY}\Delta P - \theta_{PX}aT\ln(1+bP) \\[2mm]
\sigma'_z = \lambda e + 2G\dfrac{\partial w}{\partial z} - \theta_T\Delta T - \theta_{PY}\Delta P - \theta_{PX}aT\ln(1+bP) \\[2mm]
\tau'_{xy} = G\left(\dfrac{\partial v}{\partial x} + \dfrac{\partial u}{\partial y}\right) \\[2mm]
\tau'_{yz} = G\left(\dfrac{\partial w}{\partial y} + \dfrac{\partial v}{\partial z}\right) \\[2mm]
\tau'_{zx} = G\left(\dfrac{\partial u}{\partial z} + \dfrac{\partial w}{\partial x}\right)
\end{cases} \quad (4.37)$$

将式（4.37）代入平衡方程式（4.26）可得组成方程组（4.38）的三个式子：

$$\frac{\partial\left(\lambda e+2G\,\dfrac{\partial u}{x}-\theta_{\mathrm{T}}\Delta T-\theta_{\mathrm{PY}}\Delta P-\theta_{\mathrm{PX}}aT\ln(1+bP)\right)}{\partial x}$$

$$+\frac{\partial\left[G\left(\dfrac{\partial u}{\partial y}+\dfrac{\partial v}{\partial x}\right)\right]}{\partial y}+\frac{\partial\left[G\left(\dfrac{\partial u}{\partial z}+\dfrac{\partial w}{\partial x}\right)\right]}{\partial z}+\frac{\partial(\alpha P)}{\partial x}+X=0 \tag{4.38a}$$

$$\frac{\partial\left[G\left(\dfrac{\partial u}{\partial y}+\dfrac{\partial v}{\partial x}\right)\right]}{\partial x}+\frac{\partial\left(\lambda e+2G\,\dfrac{\partial v}{y}-\theta_{\mathrm{T}}\Delta T-\theta_{\mathrm{PY}}\Delta P-\theta_{\mathrm{PX}}aT\ln(1+bP)\right)}{\partial y}$$

$$+\frac{\partial\left[G\left(\dfrac{\partial v}{\partial z}+\dfrac{\partial w}{\partial y}\right)\right]}{\partial z}+\frac{\partial(\alpha P)}{\partial y}+Y=0 \tag{4.38b}$$

$$\frac{\partial\left[G\left(\dfrac{\partial u}{\partial z}+\dfrac{\partial w}{\partial x}\right)\right]}{\partial x}+\frac{\partial\left[G\left(\dfrac{\partial v}{\partial z}+\dfrac{\partial w}{\partial y}\right)\right]}{\partial y}$$

$$+\frac{\partial\left(\lambda e+2G\,\dfrac{\partial w}{z}-\theta_{\mathrm{T}}\Delta T-\theta_{\mathrm{PY}}\Delta P-\theta_{\mathrm{PX}}aT\ln(1+bP)\right)}{\partial z} \tag{4.38c}$$

$$+\frac{\partial(\alpha P)}{\partial z}+Z=0$$

将式（4.38）中的各式展开得

$$
\begin{cases}
\lambda\,\dfrac{\partial^{2}e}{\partial x^{2}}+2G\,\dfrac{\partial^{2}u}{\partial x^{2}}+G\,\dfrac{\partial^{2}u}{\partial y^{2}}+G\,\dfrac{\partial^{2}v}{\partial x\,\partial y}+G\,\dfrac{\partial^{2}u}{\partial z^{2}}+G\,\dfrac{\partial^{2}w}{\partial x\,\partial z}+\dfrac{\partial(\alpha P)}{\partial x}\\[2mm]
-\theta_{\mathrm{T}}\,\dfrac{\partial\Delta T}{\partial x}-\theta_{\mathrm{PY}}\,\dfrac{\partial\Delta P}{\partial x}-\theta_{\mathrm{PX}}\,\dfrac{\partial[aT\ln(1+bP)]}{\partial x}+X=0\\[2mm]
\lambda\,\dfrac{\partial^{2}e}{\partial y^{2}}+2G\,\dfrac{\partial^{2}v}{\partial y^{2}}+G\,\dfrac{\partial^{2}v}{\partial x^{2}}+G\,\dfrac{\partial^{2}u}{\partial x\,\partial y}+G\,\dfrac{\partial^{2}v}{\partial z^{2}}+G\,\dfrac{\partial^{2}w}{\partial y\,\partial z}+\dfrac{\partial(\alpha P)}{\partial y}\\[2mm]
-\theta_{\mathrm{T}}\,\dfrac{\partial\Delta T}{\partial y}-\theta_{\mathrm{PY}}\,\dfrac{\partial\Delta P}{\partial y}-\theta_{\mathrm{PX}}\,\dfrac{\partial[aT\ln(1+bP)]}{\partial y}+Y=0\\[2mm]
\lambda\,\dfrac{\partial^{2}e}{\partial z^{2}}+2G\,\dfrac{\partial^{2}w}{\partial z^{2}}+G\,\dfrac{\partial^{2}w}{\partial x^{2}}+G\,\dfrac{\partial^{2}u}{\partial x\,\partial z}+G\,\dfrac{\partial^{2}w}{\partial y^{2}}+G\,\dfrac{\partial^{2}v}{\partial y\,\partial z}+\dfrac{\partial(\alpha P)}{\partial z}\\[2mm]
-\theta_{\mathrm{T}}\,\dfrac{\partial\Delta T}{\partial z}-\theta_{\mathrm{PY}}\,\dfrac{\partial\Delta P}{\partial z}-\theta_{\mathrm{PX}}\,\dfrac{\partial[aT\ln(1+bP)]}{\partial z}+Z=0
\end{cases}
\tag{4.39}
$$

再将式（4.39）中各项分类整理得

$$\begin{cases}
\lambda \dfrac{\partial e}{\partial x} + G \dfrac{\partial \left(\dfrac{\partial u}{\partial x} + \dfrac{\partial v}{\partial y} + \dfrac{\partial w}{\partial z} \right)}{\partial x} + G \left(\dfrac{\partial^2 u}{\partial x^2} + \dfrac{\partial^2 u}{\partial y^2} + \dfrac{\partial^2 u}{\partial z^2} \right) + \dfrac{\partial (\alpha P)}{\partial x} \\
- \theta_{\mathrm{T}} \dfrac{\partial \Delta T}{\partial x} - \theta_{\mathrm{PY}} \dfrac{\partial \Delta P}{\partial x} - \theta_{\mathrm{PX}} \dfrac{\partial [aT\ln(1+bP)]}{\partial x} + X = 0 \\[2mm]
\lambda \dfrac{\partial e}{\partial y} + G \dfrac{\partial \left(\dfrac{\partial u}{\partial x} + \dfrac{\partial v}{\partial y} + \dfrac{\partial w}{\partial z} \right)}{\partial y} + G \left(\dfrac{\partial^2 v}{\partial x^2} + \dfrac{\partial^2 v}{\partial y^2} + \dfrac{\partial^2 v}{\partial z^2} \right) + \dfrac{\partial (\alpha P)}{\partial y} \\
- \theta_{\mathrm{T}} \dfrac{\partial \Delta T}{\partial y} - \theta_{\mathrm{PY}} \dfrac{\partial \Delta P}{\partial y} - \theta_{\mathrm{PX}} \dfrac{\partial [aT\ln(1+bP)]}{\partial y} + Y = 0 \\[2mm]
\lambda \dfrac{\partial e}{\partial z} + G \dfrac{\partial \left(\dfrac{\partial u}{\partial x} + \dfrac{\partial v}{\partial y} + \dfrac{\partial w}{\partial z} \right)}{\partial z} + G \left(\dfrac{\partial^2 w}{\partial x^2} + \dfrac{\partial^2 w}{\partial y^2} + \dfrac{\partial^2 w}{\partial z^2} \right) + \dfrac{\partial (\alpha P)}{\partial z} \\
- \theta_{\mathrm{T}} \dfrac{\partial \Delta T}{\partial z} - \theta_{\mathrm{PY}} \dfrac{\partial \Delta P}{\partial z} - \theta_{\mathrm{PX}} \dfrac{\partial [aT\ln(1+bP)]}{\partial z} + Z = 0
\end{cases} \tag{4.40}$$

由于体积应变 $e = \varepsilon_x + \varepsilon_y + \varepsilon_z = \dfrac{\partial u}{\partial x} + \dfrac{\partial v}{\partial y} + \dfrac{\partial w}{\partial z}$，再引入 Laplace 运算符号：$\nabla^2 = \dfrac{\partial^2}{\partial x^2} + \dfrac{\partial^2}{\partial y^2} + \dfrac{\partial^2}{\partial z^2}$。则式（4.40）可化简整理得到以下简明形式：

$$\begin{cases}
(\lambda + G) \dfrac{\partial e}{\partial x} + G \nabla^2 u + \dfrac{\partial (\alpha P)}{\partial x} - \theta_{\mathrm{T}} \dfrac{\partial \Delta T}{\partial x} \\
- \theta_{\mathrm{PY}} \dfrac{\partial \Delta P}{\partial x} - \theta_{\mathrm{PX}} \dfrac{\partial [aT\ln(1+bP)]}{\partial x} + X = 0 \\[2mm]
(\lambda + G) \dfrac{\partial e}{\partial y} + G \nabla^2 v + \dfrac{\partial (\alpha P)}{\partial y} \\
- \theta_{\mathrm{T}} \dfrac{\partial \Delta T}{\partial y} - \theta_{\mathrm{PY}} \dfrac{\partial \Delta P}{\partial y} - \theta_{\mathrm{PX}} \dfrac{\partial [aT\ln(1+bP)]}{\partial y} + Y = 0 \\[2mm]
(\lambda + G) \dfrac{\partial e}{\partial z} + G \nabla^2 w + \dfrac{\partial (\alpha P)}{\partial z} \\
- \theta_{\mathrm{T}} \dfrac{\partial \Delta T}{\partial z} - \theta_{\mathrm{PY}} \dfrac{\partial \Delta P}{\partial z} - \theta_{\mathrm{PX}} \dfrac{\partial [aT\ln(1+bP)]}{\partial z} + Z = 0
\end{cases} \tag{4.41}$$

在式（4.24）中，考虑体积力为含瓦斯煤的自身重力，即

$$F_j = \begin{bmatrix} 0 & 0 & ((1-\varphi)\rho)g \end{bmatrix}^{\mathrm{T}} \tag{4.42}$$

式中，ρ 为含瓦斯煤视密度，$\mathrm{t/m^3}$；g 为重力加速度。故式（4.41）可进一步化简为

$$
\begin{cases}
(\lambda + G)\dfrac{\partial e}{\partial x} + G\nabla^2 u + \dfrac{\partial(\alpha P)}{\partial x} \\[2mm]
-\theta_{\mathrm{T}}\dfrac{\partial\,\Delta T}{\partial x} - \theta_{\mathrm{PY}}\dfrac{\partial\,\Delta P}{\partial x} - \theta_{\mathrm{PX}}\dfrac{\partial\left[aT\ln(1+bP)\right]}{\partial x} = 0 \\[3mm]
(\lambda + G)\dfrac{\partial e}{\partial y} + G\nabla^2 v + \dfrac{\partial(\alpha P)}{\partial y} \\[2mm]
-\theta_{\mathrm{T}}\dfrac{\partial\,\Delta T}{\partial y} - \theta_{\mathrm{PY}}\dfrac{\partial\,\Delta P}{\partial y} - \theta_{\mathrm{PX}}\dfrac{\partial\left[aT\ln(1+bP)\right]}{\partial y} = 0 \\[3mm]
(\lambda + G)\dfrac{\partial e}{\partial z} + G\nabla^2 w + \dfrac{\partial(\alpha P)}{\partial z} \\[2mm]
-\theta_{\mathrm{T}}\dfrac{\partial\,\Delta T}{\partial z} - \theta_{\mathrm{PY}}\dfrac{\partial\,\Delta P}{\partial z} - \theta_{\mathrm{PX}}\dfrac{\partial\left[aT\ln(1+bP)\right]}{\partial z} + \left[(1-\varphi)\rho\right]g = 0
\end{cases}
$$

$$(4.43)$$

因 $\lambda + G = G/(1-2\upsilon)$，则式（4.43）可用张量的形式表示为

$$
Gu_{i,jj} + \frac{G}{1-2\upsilon}u_{j,ji} - \theta_{\mathrm{T}}(\Delta T)_{,i} - \theta_{\mathrm{PY}}(\Delta P)_{,i}
$$
$$
-\theta_{\mathrm{PX}}aT\left[\ln(1+bP)\right]_{,i} + \alpha P_{,i} + F_i = 0
$$

$$(4.44)$$

式（4.44）即为含瓦斯煤 THM 耦合应力场方程，它含有体现流体渗流场影响的耦合项 $\alpha P_{,i}$；体现有温度场变化影响的耦合项 $\theta_{\mathrm{T}}(\Delta T)_{,i}$ 和 $\theta_{\mathrm{PX}}aT\left[\ln(1+bP)\right]_{,i}$；并且 $\alpha P_{,i}$ 项同时耦合了渗流场和温度场。只有联立后续的渗流场方程和温度场方程才能求解。

4.3　含瓦斯煤耦合渗流场方程

4.3.1　连续性方程

因含瓦斯煤是一种孔隙-裂隙较为发育的天然材料，Mandebrot 创立的分形理论，使解决岩体结构尺度效应规律成为可能。分形几何学的核心思想就是尺度变化的不变性，即不同尺度的自相似性。所谓自相似性就是局部的形态与整体相似，或者说从整体中割裂出来的部分单元能体现整体的主要特征。根据已有的研究结果可知，煤体的裂纹分布尺度和裂纹分布形式均具有自相似性，也即，对于含瓦斯煤这种介质，虽然其本身具有孔隙-裂隙系统的自然复杂性，但若选择适当尺度的表征单元体的实验结论推而广之，并不会导致太大的误差[148]。因此，有关煤层瓦斯渗流的实验规律仍然符合煤层内瓦斯渗流的宏观规律，表征单元体的渗流数学模型也可以有效推广于描述现场煤层内瓦斯渗流的客观规律。在孔隙率为 φ 的含瓦斯煤系统中某点取一微小空间平行六面体（图 4.6），该体积元为"表征体积元"（REV），其边长分别为 $\mathrm{d}x$、$\mathrm{d}y$、$\mathrm{d}z$，并分别与各坐标轴平行。令 q_x、q_y、q_z 分别是瓦斯流速 q 在坐标轴上的分量，令 I 为源汇项的单位体积质

量源。

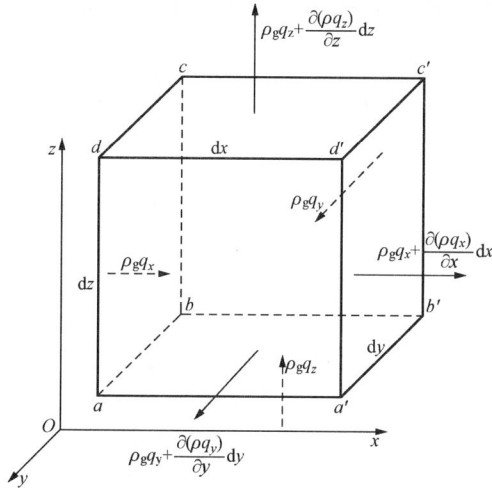

图 4.6　含瓦斯煤系统中微元体质量守恒

首先分析 x 方向上的流动。在微小六面体中微小面积 $abcd$ 上各点的流速可认为等于 q_x，瓦斯密度为 ρ_{g}，那么在 $\mathrm{d}t$ 时间内从 $abcd$ 微小面积上流入六面体的质量为 $\rho_{\mathrm{g}}q_x\mathrm{d}y\mathrm{d}z\mathrm{d}t$。由于 $\rho_{\mathrm{g}}q_x$ 是坐标和时间的函数，从微元面 $a'b'c'd'$ 流出的质量可按泰勒级数展开，并舍去高阶项得出 $\left[\rho_{\mathrm{g}}q_x+\dfrac{\partial(\rho_{\mathrm{g}}q_x)}{\partial x}\mathrm{d}x\right]\mathrm{d}y\mathrm{d}z\mathrm{d}t$，则在 $\mathrm{d}t$ 时间内沿 x 轴方向流入和流出六面体的瓦斯流体质量的差值为

$$\begin{aligned}\mathrm{d}m_x &= \rho_{\mathrm{g}}q_x\mathrm{d}y\mathrm{d}z\mathrm{d}t - \left[\rho_{\mathrm{g}}q_x+\frac{\partial(\rho_{\mathrm{g}}q_x)}{\partial x}\mathrm{d}x\right]\mathrm{d}y\mathrm{d}z\mathrm{d}t \\ &= -\frac{\partial(\rho_{\mathrm{g}}q_x)}{\partial x}\mathrm{d}x\mathrm{d}y\mathrm{d}z\mathrm{d}t\end{aligned} \tag{4.45}$$

同理，在 $\mathrm{d}t$ 时间内沿 y 轴和 z 轴方向流入和流出六面体的瓦斯流体质量的差值分别为

$$\mathrm{d}m_y = -\frac{\partial(\rho_{\mathrm{g}}q_y)}{\partial y}\mathrm{d}x\mathrm{d}y\mathrm{d}z\mathrm{d}t \tag{4.46}$$

$$\mathrm{d}m_z = -\frac{\partial(\rho_{\mathrm{g}}q_z)}{\partial z}\mathrm{d}x\mathrm{d}y\mathrm{d}z\mathrm{d}t \tag{4.47}$$

因此，在 $\mathrm{d}t$ 时间内流入和流出六面体的瓦斯流体质量的差值为

$$\begin{aligned}\mathrm{d}m &= \mathrm{d}m_x + \mathrm{d}m_y + \mathrm{d}m_z \\ &= -\left[\frac{\partial(\rho_{\mathrm{g}}q_x)}{\partial x}+\frac{\partial(\rho_{\mathrm{g}}q_y)}{\partial y}+\frac{\partial(\rho_{\mathrm{g}}q_z)}{\partial z}\right]\mathrm{d}x\mathrm{d}y\mathrm{d}z\mathrm{d}t\end{aligned} \tag{4.48}$$

根据质量守恒定律，各方向上单位时间流入流出微元六面体质量的总差值再

加上源汇项的单位体积质量源的生成量应等于单位时间内微元体内因瓦斯流体密度的变化引起的质量变化量 $\mathrm{d}m'$。若设单位体积内煤的瓦斯含量为 Q，则在 $\mathrm{d}t$ 时间段内微元体内的质量变化为

$$
\begin{aligned}
\mathrm{d}m' &= \left(Q + \frac{\partial Q}{\partial t}\mathrm{d}t\right)\mathrm{d}x\mathrm{d}y\mathrm{d}z - \rho_\mathrm{g}\phi\mathrm{d}x\mathrm{d}y\mathrm{d}z \\
&= \frac{\partial Q}{\partial t}\mathrm{d}x\mathrm{d}y\mathrm{d}z\mathrm{d}t
\end{aligned}
\tag{4.49}
$$

由 $\mathrm{d}m + I\mathrm{d}x\mathrm{d}y\mathrm{d}z\mathrm{d}t = \mathrm{d}m'$ 得

$$
-\left[\frac{\partial(\rho_\mathrm{g}q_x)}{\partial x} + \frac{\partial(\rho_\mathrm{g}q_y)}{\partial y} + \frac{\partial(\rho_\mathrm{g}q_z)}{\partial z}\right]\mathrm{d}x\mathrm{d}y\mathrm{d}z\mathrm{d}t + I\mathrm{d}x\mathrm{d}y\mathrm{d}z\mathrm{d}t
$$

$$
= \frac{\partial Q}{\partial t}\mathrm{d}x\mathrm{d}y\mathrm{d}z\mathrm{d}t - \left[\frac{\partial(\rho_\mathrm{g}q_x)}{\partial x} + \frac{\partial(\rho_\mathrm{g}q_y)}{\partial y} + \frac{\partial(\rho_\mathrm{g}q_z)}{\partial z}\right] + I = \frac{\partial Q}{\partial t}
\tag{4.50}
$$

或

$$
\frac{\partial Q}{\partial t} + \nabla \cdot (\rho_\mathrm{g}q) = I
\tag{4.51}
$$

当源汇项 $I = 0$ 时，则式（4.51）可化为

$$
\frac{\partial Q}{\partial t} + \nabla \cdot (\rho_\mathrm{g}q) = 0
\tag{4.52}
$$

式（4.51）和式（4.52）即为瓦斯在煤层内流动的连续性方程。

4.3.2　渗流场方程

根据本章前述"基本假设"的约定，瓦斯在煤层中的流动符合达西定律公式（4.15），瓦斯含量方程符合式（4.18），气体状态方程服从式（4.19）。将这三式联立代入式（4.51）可得

$$
\frac{\partial\left[\left(\dfrac{abcP}{1+bP} + \varphi\dfrac{P}{P_\mathrm{n}}\right)\rho_\mathrm{n}\right]}{\partial t} - \nabla \cdot \left(\frac{P}{P_\mathrm{n}}\frac{k}{\mu}\nabla P\right) = I
\tag{4.53}
$$

$$
\left[2\varphi + \frac{2abcP_\mathrm{n}}{(1+bP)^2} + \frac{2abcP_\mathrm{n}}{1+bP}\right]\frac{\partial P}{\partial t} + 2P\frac{\partial\varphi}{\partial t} - \nabla \cdot \left(\frac{k}{\mu}\nabla P^2\right) = I
\tag{4.54}
$$

根据前人研究可知[149]，式（4.54）中的孔隙变化 $\dfrac{\partial\varphi}{\partial t}$ 可用下式表示：

$$
\frac{\partial\varphi}{\partial t} = \left(1 - \frac{k'}{k_\mathrm{s}}\right)\frac{\partial e}{\partial t} + \frac{1-\varphi}{k_\mathrm{s}}\frac{\partial P}{\partial t}
\tag{4.55}
$$

其中

$$
k' = \frac{2G(1+\upsilon)}{3(1-2\upsilon)}
\tag{4.56}
$$

$$
\alpha = 1 - \frac{k'}{k_\mathrm{s}}
\tag{4.57}
$$

式中，k' 和 k_s 分别为含瓦斯煤整体体积模量和煤体骨架体积模量。将式（4.55）代入式（4.54）可得瓦斯渗流场方程：

$$2\alpha P \frac{\partial e}{\partial t} + \left[2\varphi + \frac{2(1-\varphi)}{k_s}P + \frac{2abcP_n}{(1+bP)^2} + \frac{2abcP_n}{1+bP} \right] \frac{\partial P}{\partial t} - \nabla \cdot \left(\frac{k}{\mu}\nabla P^2 \right) = I$$

(4.58)

式（4.58）即为含有源汇项 I 的含瓦斯煤耦合渗流场方程。因为有渗透率 k、孔隙率 φ 及吸附常数 a、b 的参与，根据本书研究可知，渗透率 k 和孔隙率 φ 为应变、温度、瓦斯压力的函数，即 $k = k(e, T, P)$，$\varphi = \varphi(e, T, P)$；而吸附常数 a、b 为温度 T 的函数，$a = a(T)$，$b = b(T)$。故而该渗流场方程体同时体现有含瓦斯煤应力场和温度场变化影响的耦合项。须同时联立应力场方程和温度场方程才能求解。

4.4　含瓦斯煤耦合温度场方程

4.4.1　能量守恒方程

由热力学第一定律可知，在 δt 时间内，外界对含瓦斯煤施加的变形功及热量等于其动能与内能增量之和，用下式表示为

$$dK + dU = \delta W + \delta Q_d$$

(4.59)

式中，dK 为 δt 时间内每单位体积的动能增量；dU 为 δt 时间内每单位体积的内能增量；δW 为 δt 时间外力对每单位体积煤所做的功；δQ_d 为 δt 时间内每单位体积所得到的热量。

因含瓦斯煤为弹性小变形物体，弹性变形可逆，力与温度随时间缓慢地变化，通常可当作准静态问题处理，故动能可以忽略。同时根据高斯公式可得到应力对单位体积含瓦斯煤所做的功为[150]

$$\begin{aligned}\delta W &= \sigma_x d\varepsilon_x + \sigma_y d\varepsilon_y + \sigma_z d\varepsilon_z + \tau_{xy} d\gamma_{xy} + \tau_{yz} d\gamma_{yz} + \tau_{zx} d\gamma_{zx} \\ &= \sigma_{ij} d\varepsilon_{ij}\end{aligned}$$

(4.60)

由热力学第二定律引入物体状态的单值函数"熵"，物体在某一状态时熵的值与物体到达这个给定状态所经过的途径无关。单位体积的熵称为比熵，以 s 表示，其定义为[150]

$$ds = \frac{\delta Q_d}{T}$$

(4.61)

由以上两式可将式（4.59）化为

$$ds = \frac{dU - \sigma_{ij} d\varepsilon_{ij}}{T}$$

(4.62)

4.4.2　自由能与体积内能

再引入热弹性体的另一个热力学状态函数[150]：赫姆霍兹（Helmholz）自由能 F，其函数表达式为

$$F = U - Ts \tag{4.63}$$

对式（4.63）微分得

$$dF = dU - Tds - sdT \tag{4.64}$$

将式（4.64）代入上式得

$$dF = \sigma_{ij} d\varepsilon_{ij} - sdT \tag{4.65}$$

因赫姆霍兹自由能 F 是一个状态函数，则 dF 必是全微分，若取 F 为 ε_{ij} 和 T 的函数，即 $F = F(\varepsilon_{ij}, T)$，则其全微分为

$$dF = \frac{\partial F}{\partial \varepsilon_{ij}} d\varepsilon_{ij} + \frac{\partial F}{\partial T} dT \tag{4.66}$$

比较上面两个式子可得

$$\begin{cases} \dfrac{\partial F}{\partial \varepsilon_{ij}} = \sigma_{ij} \\[2mm] \dfrac{\partial F}{\partial T} = -s \end{cases} \tag{4.67}$$

由于含瓦斯煤的热弹性物理方程为

$$\sigma_{ij} = \lambda e \delta_{ij} + 2G\varepsilon_{ij} - \theta_{\mathrm{T}} \Delta T \delta_{ij} - \theta_{\mathrm{PY}} \Delta P \delta_{ij} - \theta_{\mathrm{PX}} aT \ln(1 + bP)\delta_{ij} \tag{4.68}$$

对上式求偏导数：

$$\frac{\partial \sigma_{ij}}{\partial T} = -\theta_{\mathrm{T}} \delta_{ij} - \theta_{\mathrm{PX}} \left[T\ln(1 + bP)\frac{\partial a}{\partial T} + \frac{aTP}{1 + bP}\frac{\partial b}{\partial T} + a\ln(1 + bP) \right]\delta_{ij} \tag{4.69}$$

对式（4.63）两端求偏导数，同时联立式（4.67）可得

$$\begin{aligned} \frac{\partial U}{\partial \varepsilon_{ij}} &= \frac{\partial F}{\partial \varepsilon_{ij}} + T\frac{\partial s}{\partial \varepsilon_{ij}} = \sigma_{ij} - T\frac{\partial}{\partial \varepsilon_{ij}}\left(\frac{\partial F}{\partial T} \right) \\ &= \sigma_{ij} - T\frac{\partial^2 F}{\partial T \partial \varepsilon_{ij}} = \sigma_{ij} - T\frac{\partial \sigma_{ij}}{\partial T} \end{aligned} \tag{4.70}$$

由于单位体积内能 U 是状态函数，可以将其表示为状态参数 ε_{ij} 和 T 的函数，即 $U = U(\varepsilon_{ij}, T)$，则其全微分为

$$dU = \frac{\partial U}{\partial T} dT + \frac{\partial U}{\partial \varepsilon_{ij}} d\varepsilon_{ij} \tag{4.71}$$

将式（4.69）代入式（4.70），再代入式（4.71）可得

$$dU = \frac{\partial U}{\partial T} dT + \sigma_{ij} d\varepsilon_{ij} - T\frac{\partial \sigma_{ij}}{\partial T} d\varepsilon_{ij}$$

$$= \frac{\partial U}{\partial T}\mathrm{d}T + \sigma_{ij}\,\mathrm{d}\varepsilon_{ij} + \theta_\mathrm{T} T\delta_{ij}\,\mathrm{d}\varepsilon_{ij}$$

$$+ \theta_\mathrm{PX} T\Big[T\ln(1+bP)\frac{\partial a}{\partial T} + \frac{aTP}{1+bP}\frac{\partial b}{\partial T} + a\ln(1+bP)\Big]\delta_{ij}\,\mathrm{d}\varepsilon_{ij} \tag{4.72}$$

$$= \frac{\partial U}{\partial T}\mathrm{d}T + \sigma_{ij}\,\mathrm{d}\varepsilon_{ij} + \theta_\mathrm{T} T\mathrm{d}e$$

$$+ \theta_\mathrm{PX} T\Big[T\ln(1+bP)\frac{\partial a}{\partial T} + \frac{aTP}{1+bP}\frac{\partial b}{\partial T} + a\ln(1+bP)\Big]\mathrm{d}e$$

对于等容过程，物体的体积保持不变，故 $\mathrm{d}\varepsilon_{ij} = 0$，则联立式 (4.61)、式 (4.62) 及式 (4.72) 可知

$$T\mathrm{d}s = \mathrm{d}Q_\mathrm{d} = \mathrm{d}U = \frac{\partial U}{\partial T}\mathrm{d}T \tag{4.73}$$

故

$$\frac{\partial U}{\partial T} = \frac{\partial Q_\mathrm{d}}{\partial T} = \rho C_V \tag{4.74}$$

式中，C_V 为煤体的定容比热容，$\mathrm{J/(kg \cdot K)}$。将式 (4.74) 代入式 (4.72) 得

$$\mathrm{d}U = \rho C_V \mathrm{d}T + \sigma_{ij}\,\mathrm{d}\varepsilon_{ij} + \theta_\mathrm{T} T\mathrm{d}e$$

$$+ \theta_\mathrm{PX} T\Big[T\ln(1+bP)\frac{\partial a}{\partial T} + \frac{aTP}{1+bP}\frac{\partial b}{\partial T} + a\ln(1+bP)\Big]\mathrm{d}e \tag{4.75}$$

4.4.3　温度场方程

将式 (4.75) 及式 (4.62) 代入式 (4.61) 得到

$$\delta Q_\mathrm{d} = T\mathrm{d}s = \mathrm{d}U - \sigma_{ij}\,\mathrm{d}\varepsilon_{ij}$$

$$= \rho C_V \mathrm{d}T + T\theta_\mathrm{T}\mathrm{d}e + \theta_\mathrm{PX} T\Big[T\ln(1+bP)\frac{\partial a}{\partial T} + \frac{aTP}{1+bP}\frac{\partial b}{\partial T} + a\ln(1+bP)\Big]\mathrm{d}e$$

$$= \rho C_V \mathrm{d}T + T_0\Big(1 + \frac{\Delta T}{T_0}\Big)\theta_\mathrm{T}\mathrm{d}e + \theta_\mathrm{PX} T_0\Big(1 + \frac{\Delta T}{T_0}\Big)$$

$$\times \Big[T_0\Big(1 + \frac{\Delta T}{T_0}\Big)\ln(1+bP)\frac{\partial a}{\partial T} + T_0\Big(1 + \frac{\Delta T}{T_0}\Big)\frac{aP}{1+bP}\frac{\partial b}{\partial T} + a\ln(1+bP)\Big]\mathrm{d}e \tag{4.76}$$

因井下煤层温差变化不大，当 $\Delta T = T - T_0$ 与 T_0 相比很小时，可近似略去 $\Delta T/T_0$，则上式可化为

$$\delta Q_\mathrm{d} \approx \rho C_V \mathrm{d}T + T_0\theta_\mathrm{T}\mathrm{d}e + \theta_\mathrm{PX} T_0$$

$$\times \Big[T_0\ln(1+bP)\frac{\partial a}{\partial T} + T_0\frac{aP}{1+bP}\frac{\partial b}{\partial T} + a\ln(1+bP)\Big]\mathrm{d}e \tag{4.77}$$

上式也可写为

$$dQ_H \cdot dt = \rho C_V \frac{\partial T}{\partial t} dt + T_0 \theta_T \frac{\partial e}{\partial t} dt$$

$$+ \theta_{PX} T_0 \left[T_0 \ln(1+bP) \frac{\partial a}{\partial T} + T_0 \frac{aP}{1+bP} \frac{\partial b}{\partial T} + a\ln(1+bP) \right] \frac{\partial e}{\partial t} dt$$

$$(4.78)$$

式中，dQ_H 为单位时间内单位体积微元体与外界交换的热量，即热流量。

在含瓦斯煤的开采过程中，煤层变形和瓦斯在煤层中的流动都是固流耦合作用下的煤层变形和瓦斯流动。现场实际观察和实验研究表明，煤层中瓦斯的吸附、解吸和渗流都具有热效应，是一个非等温过程；含瓦斯煤在外力作用下发生的变形也同样产生热效应，所以含瓦斯煤耦合温度场方程应同时耦合应力场和渗流场的影响。

在含瓦斯煤开采过程中考虑煤层瓦斯的吸附/解吸热效应时，煤层的温度变化主要是由瓦斯的吸附/解吸引起的，瓦斯的吸附/解吸相当于一个内热源。故含瓦斯煤温度场求解问题即为有内热源的三维非稳定导热问题。热流量 dQ_H 包括两部分：①由煤层内瓦斯的热传导作用引起的热量；②煤解吸瓦斯的微分热能。在三维情况下，依据傅里叶定律，在单位时间内由瓦斯的热传导作用流进、流出单位体积的热量差值为 $\eta \nabla^2 T$；而煤解吸瓦斯的微分热能为 qQ。即

$$dQ_H = \eta \nabla^2 T + qQ \qquad (4.79)$$

式中，η 为煤体导热系数，$J/(m \cdot s \cdot K)$；Q 为瓦斯含量，t/m^3。

将式（4.79）代入式（4.78）得

$$\eta \nabla^2 T + qQ = \rho C_V \frac{\partial T}{\partial t} + T_0 \theta_T \frac{\partial e}{\partial t}$$

$$+ \theta_{PX} T_0 \left[T_0 \ln(1+bP) \frac{\partial a}{\partial T} + T_0 \frac{aP}{1+bP} \frac{\partial b}{\partial T} + a\ln(1+bP) \right] \frac{\partial e}{\partial t}$$

$$(4.80)$$

式（4.80）即为含瓦斯煤耦合温度场方程，左边第二项 qQ 为瓦斯解吸引起的附加项，即由于微元煤体瓦斯的解吸引起的温度降低，此附加项为渗流场和温度场的耦合项。右边第二项和第三项是由热弹性和瓦斯作用导致的变形功引起的附加项，也就是说，给予微元煤体的热量不仅引起温度上升，一部分还转变为变形功，此附加项为应力场、渗流场、温度场的耦合项。所以该温度场方程的求解必须联立渗流场方程和应力场方程才能求解。

4.5 定解条件

本章所建立的含瓦斯煤耦合温度场、渗流场、应力场模型，彼此之间通过多个耦合项相互耦合在一起，要获得它们的解，需要相应的定解条件才能求解，即

确定模型的边界条件和初始条件。在数值模拟计算中，边界条件和初始条件统称为定解条件。

4.5.1　应力场定解条件

1. 边界条件

（1）第一类：位移边界条件，即煤体的边界位移已知

$$u_i = \bar{u}_i \tag{4.81}$$

式中，$\bar{u}_i$ 为煤体边界处位移。

（2）第二类：应力边界条件，即煤体边界上的表面力已知。

设作用于边界面上的面力沿 x、y、z 三个方向的分量（以沿坐标轴的正向为正）分别为 F_x、F_y、F_z，该边界法向与 x、y、z 轴正向的夹角分别为 ξ、ψ、ω，方向余弦分别为 l、m、n（$l=\cos\xi$，$m=\cos\psi$，$n=\cos\omega$），则应力边界条件可表示为

$$\begin{cases} \sigma_x l + \tau_{yx} m + \tau_{zx} n = F_x \\ \sigma_y l + \tau_{zy} m + \tau_{xy} n = F_y \\ \sigma_z l + \tau_{xz} m + \tau_{yz} n = F_z \end{cases} \tag{4.82}$$

（3）第三类：混合边界条件，煤体骨架的部分边界的应力已知，部分边界的位移已知。

2. 初始条件

含瓦斯煤骨架应力场的初始条件一般就是当时间 $t=0$ 时，位移或质点的速度的初始值，即

$$u\big|_{t=0} \equiv \bar{u} \tag{4.83}$$

或者为

$$\frac{\partial u}{\partial x_i}\bigg|_{t=0} = F_i \quad (i = x, y, z) \tag{4.84}$$

4.5.2　渗流场定解条件

（1）第一类边界条件：边界上压力恒定，即

$$P_s = \text{const.} \tag{4.85}$$

（2）第二类边界条件：边界上流量恒定，即

$$q_s = \text{const.} \tag{4.86}$$

（3）第三类边界条件：混合边界条件，即一部分边界的流量给定，一部分边界的压力给定。

(4) 第四类边界条件：若模型存在内部边界，在分界面上的流量相等，即

$$\lambda_1 \left.\frac{\partial P_1}{\partial n_1}\right|_{L_1} = \lambda_2 \left.\frac{\partial P_2}{\partial n_2}\right|_{L_2} \tag{4.87}$$

4.5.3　温度场定解条件

1. 温度场的边界条件

(1) 第一类边界条件：煤体边界上各点温度 $(T)_\Gamma$ 随位置与时间的函数关系是已知的，在最简单的情况下 $(T)_\Gamma$ 等于定值 T_w，即

$$\begin{cases} (T)_\Gamma = f(x,y,z,t) \\ (T)_\Gamma = T_w \end{cases} \tag{4.88}$$

式中，T_w 为边界温度的已知常数值；$f(x,y,z,t)$ 为已知的边界温度随位置及时间的函数关系。

(2) 第二类边界条件：煤体边界上各点沿外法向的热流密度 $(q_n)_\Gamma$ 随位置与时间的函数关系是已知的，在稳定导热的情况下，$(q_n)_\Gamma$ 等于定值 q_w，即

$$\begin{cases} (q_n)_\Gamma = -\eta \left(\dfrac{\partial T}{\partial n}\right)_\Gamma = f(x,y,z,t) \\ (q_n)_\Gamma = -\eta \left(\dfrac{\partial T}{\partial n}\right)_\Gamma = q_w \end{cases} \tag{4.89}$$

式中，$f(x,y,z,t)$ 为代表已知的边界上某点热流密度随位置及时间的函数关系；q_w 为边界上已知的热流密度值；$(q_n)_\Gamma = -\eta \left(\dfrac{\partial T}{\partial n}\right)_\Gamma$ 为傅里叶定律的向量表达式；n 为边界上任意点的向外法线。$\left(\dfrac{\partial T}{\partial n}\right)_\Gamma$ 说明该点沿外法向的温度梯度是一个向量，因此热流密度 $(q_n)_\Gamma$ 也是一个向量，负号表示热流密度的方向总是与温度梯度的方向相反。若是绝热边界，由于边界上无热量传递，热流密度为零，因此有 $\left(\dfrac{\partial T}{\partial n}\right)_\Gamma = 0$。

(3) 第三类边界条件：当物体表面与流体发生对流换热时，流体介质的温度 T_f，以及边界表面传热系数 h 是已知的。按照能量守恒原理，单位时间内，瓦斯流体介质与煤体在传热表面的换热量应等于物体向表面传导的热量，即

$$-\eta \left(\frac{\partial T}{\partial n}\right)_\Gamma = h(T - T_f) \tag{4.90}$$

2. 温度场初始条件

对于非稳定温度场问题初始条件即为 $t=0$ 时刻的 T 值，它可以是某个常值，

也可以是空间的函数。即

$$
\begin{cases}
(T)_{t=0} = T_0 \\
(T)_{t=0} = f(x,y,z)
\end{cases}
\tag{4.91}
$$

式中，T_0 为某已知常数，表示开始时煤体的温度是均匀分布的；$f(x,y,z)$ 为某已知函数，表示煤体的初温随坐标而有不同的数值。

4.6　本章小结

常规的煤层瓦斯耦合研究大都是在等温假设条件下开展的煤层瓦斯流固耦合问题，舍弃了温度场对其的影响效果。然而随着采矿活动向纵深延伸，开采深度日益增大，井下作业环境温度逐渐升高，同时，瓦斯的吸附解吸也引发煤层温度场的变化，温度引起的热效应已成为影响煤层瓦斯渗流至关重要的因素之一。若想使瓦斯在煤层内的渗流规律研究更符合实际情况，必须开展考虑热效应的煤层瓦斯的三场耦合课题。借助温度对煤的瓦斯吸附特性试验研究，并在第 2、3 章分析的基础上，提出了建立含瓦斯煤 THM 耦合数学模型所需的物性参数耦合项方程，这些耦合项在含瓦斯煤温度场、渗流场、应力场三场之间起着关键的“纽带”作用。

在保证本章所建立的含瓦斯煤 THM 耦合模型能反映井下瓦斯在煤层中渗流规律的基础上，为使模型简化和便于后续数值模拟的进一步研究，经查阅大量相关文献，首先提出了建立 THM 耦合模型所需的九条基本假设。在此基础上，利用弹性力学、渗流力学、传热学等知识，以含瓦斯煤系统为研究对象，建立了含瓦斯煤应力场、渗流场、温度场完全耦合方程，并依据所建立的各场耦合数学方程提出了各场的定解条件，耦合方程和定解条件共同构成了含瓦斯煤三场完全耦合数学模型。之所以称为“完全”耦合数学模型，是因为所建立的各场耦合方程中都耦合有体现另外两场中的关键物性参数，这些耦合项的存在，使得每个场的数学模型都不能各自独立求解，必须联立另外两场数学模型才能求解。具体结论如下：

（1）采用高压容量法，利用 HCA 型高压容量法吸附装置，分别在温度为 30℃、40℃、50℃、60℃、70℃ 条件下进行了煤对瓦斯的等温吸附试验。结果表明，当温度一定时，吸附量随瓦斯压力的升高逐渐增加并趋于一稳定值；压力一定时，随着温度的升高，煤的瓦斯吸附量呈下降趋势。并且发现，随着温度的升高，吸附常数 a 值有逐渐降低趋势；而 b 值明显呈线性关系显著下降。吸附常数 a、b 与温度 T 的关系分别符合二次函数和线性方程：

$$
\begin{cases}
a = m_1 T^2 + m_2 T + m_3 \\
b = n_1 T + n_2
\end{cases}
\tag{4.92}
$$

在 Langmuir 吸附常数 a、b 值与温度函数关系研究成果的基础上，进一步修正了已考虑煤灰分与水分的瓦斯含量方程，修正后的瓦斯总含量方程为

$$Q = \left[\frac{(m_1 T^2 + m_2 T + m_3)(n_1 T + n_2)cP}{1 + (n_1 T + n_2)P} + \varphi \frac{P}{P_n} \right] \rho_n \quad (4.93)$$

（2）分析认为，含瓦斯煤总应变是热膨胀应变、游离瓦斯压力压缩煤体骨架引起的应变、吸附瓦斯膨胀引起的应变及外应力导致的煤体应变之和，在此基础上提出了修正的热流固本构方程：

$$\sigma'_{ij} = \lambda e \delta_{ij} + 2G\varepsilon_{ij} - \theta_T \Delta T \delta_{ij} - \theta_{PY} \Delta P \delta_{ij} - \theta_{PX} aT \ln(1 + bP) \delta_{ij} \quad (4.94)$$

（3）建立了含瓦斯煤 THM 耦合应力场方程（4.95），该方程中含有体现流体渗流场影响的耦合项 $\alpha P_{,i}$；体现有温度场变化影响的耦合项 $\theta_T(\Delta T)_{,i}$ 和 $\theta_{PX} aT[\ln(1 + bP)]_{,i}$；并且 $\alpha P_{,i}$ 项同时耦合了渗流场和温度场。只有联立渗流场方程（4.96）和温度场方程（4.97）才能求解。

$$G \sum_{j=1}^{3} \frac{\partial^2 u_i}{\partial x_j^2} + \frac{G}{1 - 2\upsilon} \sum_{j=1}^{3} \frac{\partial^2 u_j}{\partial x_j \partial x_i} - \theta_T \frac{\partial \Delta T}{\partial x_i} - \theta_{PY} \frac{\partial \Delta P}{\partial x_i}$$
$$- \theta_{PX} aT \frac{\partial \ln(1 + bP)}{\partial x_i} + \alpha \frac{\partial P}{\partial x_i} + F_i = 0 \quad (4.95)$$

（4）建立了含瓦斯煤 THM 耦合渗流场方程（4.96）。因该方程中的渗透率 k 和孔隙率 φ 为应变、温度、瓦斯压力的函数，即 $k = k(e, T, P)$，$\varphi = \varphi(e, T, P)$；而吸附常数 a、b 为温度 T 的函数，$a = a(T)$，$b = b(T)$。因此该渗流场方程同时体现有含瓦斯煤应力场和温度场变化影响的耦合项，须同时联立应力场方程（4.95）和温度场方程（4.97）才能求解。

$$2\alpha P \frac{\partial e}{\partial t} + \left[2\varphi + \frac{2(1 - \varphi)}{k_s} P + \frac{2abcP_n}{(1 + bP)^2} + \frac{2abcP_n}{1 + bP} \right] \frac{\partial P}{\partial t} - \nabla \cdot \left(\frac{k}{\mu} \nabla P^2 \right) = I$$
$$(4.96)$$

（5）建立了含瓦斯煤 THM 耦合温度场方程（4.97）。该方程中左边第二项 qQ 为瓦斯解吸引起的附加项，即由于微元煤体瓦斯的解吸引起的微分热能，此附加项为渗流场和温度场的耦合项；而右边第二项和第三项是由热弹性和瓦斯作用导致的变形功引起的附加项，该项为应力场、渗流场、温度场的耦合项。所以所建立的含瓦斯煤耦合温度场方程的求解必须联立渗流场方程（4.95）和应力场方程（4.96）才能求解。

$$\eta \nabla^2 T + qQ = \rho C_V \frac{\partial T}{\partial t} + T_0 \theta_T \frac{\partial e}{\partial t}$$
$$+ \theta_{PX} T_0 \left[T_0 \ln(1 + bP) \frac{\partial a}{\partial T} + T_0 \frac{aP}{1 + bP} \frac{\partial b}{\partial T} + a\ln(1 + bP) \right] \frac{\partial e}{\partial t}$$
$$(4.97)$$

本章所建立的含瓦斯煤 THM 耦合数学模型是后续章节中煤层瓦斯渗流规律

数值模拟研究的基础，有了含瓦斯煤 THM 耦合数学模型，再依据最新的有限元全耦合算法，利用 COMSOL Mutiphysics 多物理场耦合分析软件可模拟井下煤层瓦斯的运移情况，得出在井下同一矿区同一煤层中，分别当煤层埋深、温度及瓦斯压力一定时，煤层中的瓦斯含量、孔隙率、渗透率和瓦斯渗流速度等项的变化规律情况。

第5章　煤与瓦斯突出模拟试验台的研制及应用

煤与瓦斯突出是发生在煤矿井下的一种极其复杂的动力失稳现象[151~153]，即由突出煤体向巷道或采掘空间突然喷出大量的具有冲击波性质的煤和瓦斯，可造成煤岩击中或掩埋井下人员、摧毁井下设施等事故，甚至摧毁整个工作面或矿井。由于在现场对煤与瓦斯突出过程进行全方位实时跟踪研究的危险性太大，学者们大都依靠实验室模拟手段进行煤与瓦斯突出机制的研究与探索[96,154,155]。并针对地应力、瓦斯压力、煤的物理力学性质在突出过程中的作用机制进行了卓有成效的研究工作，同时也研制了相应的试验装置。

本章在综合同类煤与瓦斯突出试验装置和洛阳总参工程兵科研三所的岩土工程多功能试验装置[156]的基础上研制了全新的"煤与瓦斯突出模拟试验台"。该模拟试验台可以进行大尺寸煤样在不同地应力、不同瓦斯压力及不同突出口径等条件下的煤与瓦斯突出模拟试验；同时还可通过对突出煤样施加均布荷载和阶梯形荷载，模拟工作面前方造成突出的局部应力集中现象，有利于更深层次地探索煤与瓦斯突出机制。

5.1　煤与瓦斯突出机理

煤与瓦斯突出机理，是指煤与瓦斯突出发动、发展和终止的原因、条件及过程。煤与瓦斯突出发生的突然性和危险性使得直接观测突出的发生和发展过程极为困难。因而，目前对突出机理的研究只是根据突出统计资料、突出后的现场观测并辅助采用实验室模拟的方法加以认识，所以存在许多不同的假说。

国内外关于煤与瓦斯突出机理的认识基本上可归结为4类观点：地应力假说、瓦斯作用假说、化学本质假说和综合作用假说。其中前3种假说为单因素假说，但随着研究的深入，突出机理的认识由单因素逐渐向多因素方向发展，目前大多数学者趋向于综合作用假说。综合作用假说最早由前苏联学者聂克拉索夫斯基教授在20世纪50年代初提出，他认为煤与瓦斯突出是由地压和瓦斯的共同作用引起的。1958年，苏联学者斯柯钦斯基院士根据突出煤层的经验和当时的科研成果，进一步提出煤与瓦斯突出是地应力、包含在煤体中的瓦斯、煤的物理力学性质、煤的微观结构、宏观结构、煤层构造及煤的自重力等因素综合作用的结果。

综合作用假说中应用最为广泛的是前苏联学者霍多特提出的"能量假说"。该假说认为，突出是由煤的变形潜能和瓦斯内能引起的，当煤层应力状态发生突然变化时，潜能释放引起煤层高速破碎，在潜能和煤中瓦斯压力的作用下煤体发生移动，瓦斯由已破碎的煤中解吸、涌出，形成瓦斯流，把已破碎的煤抛向采掘空间。该假说将突出的过程分为三个阶段：在静、动载荷下的煤的破碎；在煤变形潜能和瓦斯压力作用下煤的移动；瓦斯由已破碎的煤中解吸、膨胀并带出悬浮于瓦斯流中的煤。

"能量假说"以实验研究为基础，并用弹性力学的观点系统地阐述了煤与瓦斯突出发生的原因、准备和发展的过程，并且首先对煤的弹性潜能、瓦斯潜能、瓦斯膨胀能、煤的破碎功等进行了工程计算，给出了突出发生条件的数学解析式。"能量假说"的出现，对突出机理的研究起到了促进作用，其中的许多观点、结论至今仍有积极的指导意义。

此外，众多国内外学者在煤与瓦斯突出的实验室模拟研究方面进行了有益的探索，并提出了各类假说，如"振动说"、"分层分离说"、"破坏区说"、"动力效应说"、"游离瓦斯压力说"、"应力分布不均匀说"、"发动中心说"、"流变说"及"球壳失稳说"等。但是由于大部分试验装置功能简单，实验煤样尺寸偏小，监测手段单一，数据采集方式落后，获取的数据偏少，不能很好地再现瓦斯、地应力、煤的物理力学性质等在煤与瓦斯突出发生、发展过程中的演化过程及其对突出的作用和影响。因此，迫切需要研制出一种更加先进的大型煤与瓦斯突出试验装备，以期更深层次地探索煤与瓦斯突出综合作用假说的作用机制。

5.2　模拟试验台的研制

5.2.1　研制思路及目的

1. 研制思路

尽管国内外相关科研机构已开展了大量的煤与瓦斯突出相似模拟试验研究工作，但仍存在一些不足，归纳起来有以下几点：

(1) 现有的突出模拟试验装置所模拟的实验突出煤样均为小尺寸和水平倾角，煤样尺寸不足会导致在突出过程中煤层应力与瓦斯压力等变化不能全面地反映出来，而现实情况井下水平倾角的煤层相对较少，井下现场所采煤层大部分也都是缓倾斜或倾斜煤层，发生突出事故频繁的石门揭煤所遇到的也往往是倾斜煤层。

(2) 现有的突出模拟试验装置基本都是利用材料试验机对突出煤样施加荷

载，对模型施加的荷载也都是均匀的，只能模拟均匀应力场，不能模拟工作面前方由于采矿活动造成的局部应力集中，而应力集中往往又是造成突出的重要因素。

（3）现有的突出模拟试验装置突出口打开方式为手动机械式，打开速度较慢，在一定程度上影响了煤与瓦斯突出的时间和强度。

（4）现有的突出模拟试验装置中突出煤样的充气源均为单一充气孔"点充气"，因井下煤体既是瓦斯的储存场所又是瓦斯的流动场所，煤体中任一单元体的瓦斯都不是从一点流入，而是从整个截面渗入，"点充气"会致使突出煤样内瓦斯吸附平衡时间延长，更可能人为造成煤体内瓦斯分布不平衡。

（5）现有的突出模拟试验装置主要部件均为机械式，测量与控制装置自动化程度不高，装置整体上未能充分利用计算机技术、自动化技术、光电技术、软件技术等先进技术，无法了解突出瞬间的细小变化。

为更好地解决现有煤与瓦斯突出试验装置中存在的弊端，在准备煤与瓦斯突出试验装置研制中要求：工作原理先进，结构构造简单，并尽量采用先进科学技术，使该模拟试验台更加完善。因此，特制定了以下基本研制思路：

（1）承载框架可立面旋转 360°，并分别能在水平和竖直位置固定，既方便向试验台内吊装突出模具，又不影响突出煤样在模拟试验台上直接成型和突出试验的照常进行。

（2）在模拟试验台许可的空间内，尽可能加大突出煤样尺寸，研制 5 种不同倾角的突出模具，使其能模拟井下石门揭煤时经常遇到的缓倾斜或倾斜煤层发生的突出灾害。

（3）开发一种加载系统，使其能对突出煤样施加均布和阶梯形荷载，模拟发生突出时工作面前方的局部应力集中。

（4）研制一种自动控制的快速释放机构，高速打开突出口以避免手动打开速度偏慢的问题。

（5）利用泡沫金属透气不透煤的特性避免充气孔与突出煤样直接接触，更真实地模拟井下煤层瓦斯源，实现突出煤样"面充气"功能。

（6）在试验台上增添瓦斯压力和温度传感器，并与计算机相连，通过试验控制软件实时显示并记录监测数据，同时借助高速摄像机对突出发生的瞬间进行全程录像，以方便对突出过程进行细微研究。

冲击地压和煤与瓦斯突出的发生均是由于煤岩体破坏而导致煤体与围岩组织的变形，有一定的相似性，其力学系统平衡被破坏时，释放的能量均大于消耗的能量，剩余能量则转化为使煤体抛出和围岩震动的动能；二者不同的是突出有瓦斯作用。故二者模拟方式的最大区别是在进行煤与瓦斯突出模拟时必须使突出煤样在突出发生前充分吸附瓦斯，并在突出时保持煤体内具有一定的瓦斯压力和含量。而井下瓦斯主要以吸附和游离两种状态赋存在煤层中，在外界条件不变的情况下处于动平衡状态。突出发生时，游离瓦斯首先放散并冲出煤体，然后是吸附瓦斯迅速加以补充。通常情况下，瓦斯压力越大、地应力越大、煤层透气性越低、煤层倾角越小的区域越易引起煤与瓦斯突出，且突出强度也越大。

因该试验台主要用于从宏观上模拟理想状态的煤与瓦斯突出而并非冲击地压，故而突出煤样在预定荷载下成型后进行试验时，须在保持一定瓦斯压力不变情况下使煤样充分吸附瓦斯，当其成为理想状态的含瓦斯煤时方可进行突出试验，以完成正常地质构造区域下的煤与瓦斯突出模拟。

2. 研制目的

本模拟试验台主要用于进行煤与瓦斯突出模拟试验研究。利用所研制的 5 套突出模具在模拟试验台上装配后，可使突出煤样呈现出 5 种不同倾角，分别考察 5 种倾角煤样在不同成型压力、不同荷载大小、不同瓦斯压力、不同荷载形式（分均布和阶梯形两种）和不同突出口径等条件下的突出情况。考察指标主要有突出强度、突出前与突出过程中煤样的温度变化、模具内的瓦斯压力分布情况、发生突出时的瓦斯压力与地应力临界值以及不同瓦斯压力条件下突出煤的粉碎性、分选性及分布特征等。其最终目的在于进一步研究地应力、瓦斯压力与煤的物理力学性质之间的相互耦合作用及其对突出的综合作用机制，以期在综合作用假说的基础上更深层次地揭示煤与瓦斯突出机制[157~159]，为形成煤与瓦斯突出力学演化机制及预测煤与瓦斯突出的基础理论提供量化支撑。

5.2.2　模拟试验台的结构方案设计

依据所制定的研制思路和目的，煤与瓦斯突出模拟试验台主要由煤与瓦斯突出模具、快速释放机构、承载框架、电流伺服加载系统、翻转机构、主机支架、煤样成型装置、附属装置组成。煤与瓦斯突出模拟试验台的结构和实物图分别如图 5.1 和图 5.2 所示。

1. 煤与瓦斯突出模具

本模拟试验台共开发煤与瓦斯突出模具 5 套，分别用来模拟倾角为 0°、15°、30°、45° 及反 45° 煤层的煤与瓦斯突出试验。其中，模拟煤层倾角为 0°、15° 和 30° 时的模具均为六面体，倾角为 45° 与反 45° 时的模具为七面体。所有模具左右壁均采用 40mm 厚的 Q235 钢板焊接而成，突出端设有圆形开口以便煤样在瓦斯压力和外力作用下从模具中突出。

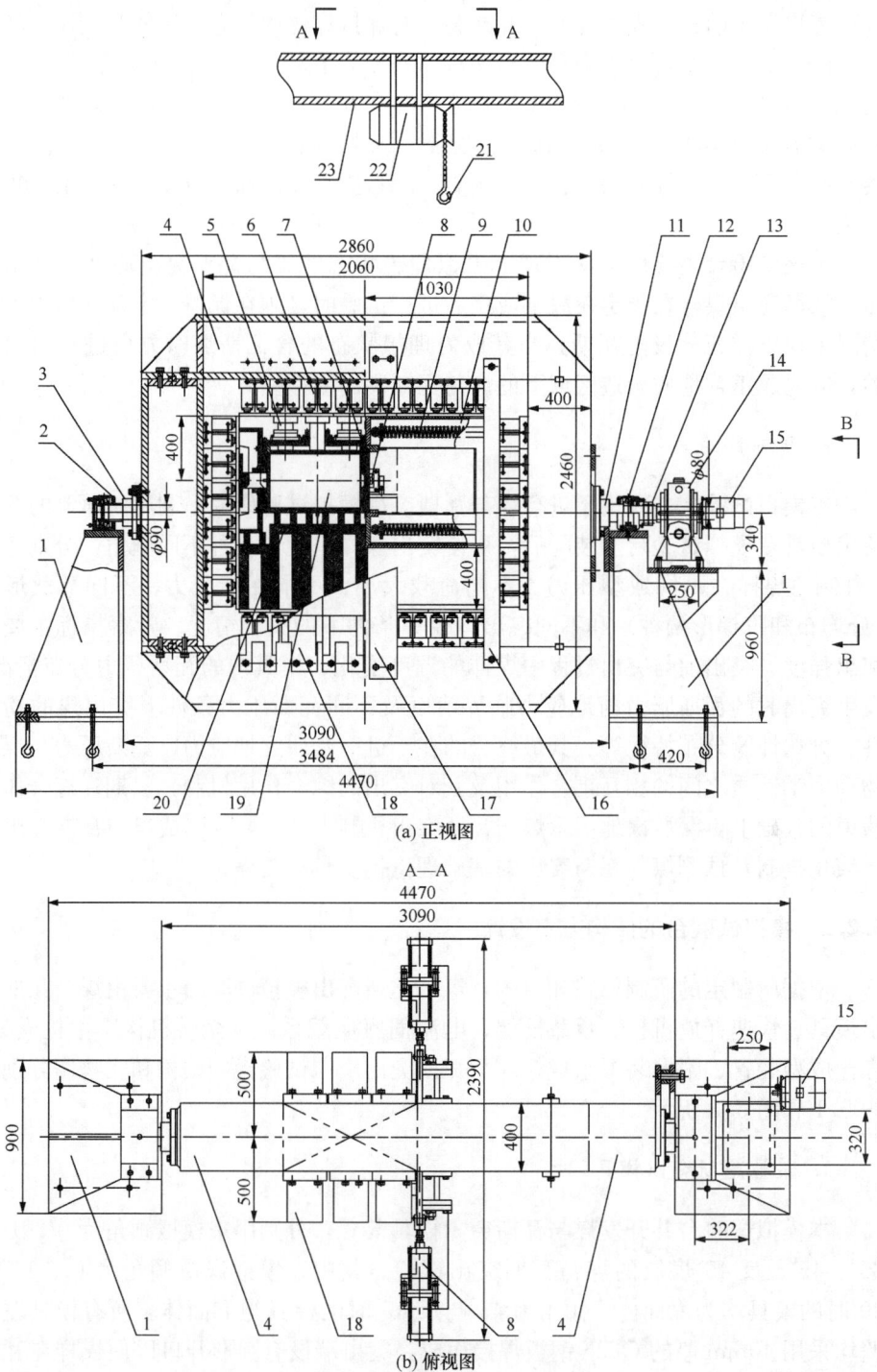

(a) 正视图

(b) 俯视图

图 5.1　煤与瓦斯突出模拟试验台结构图

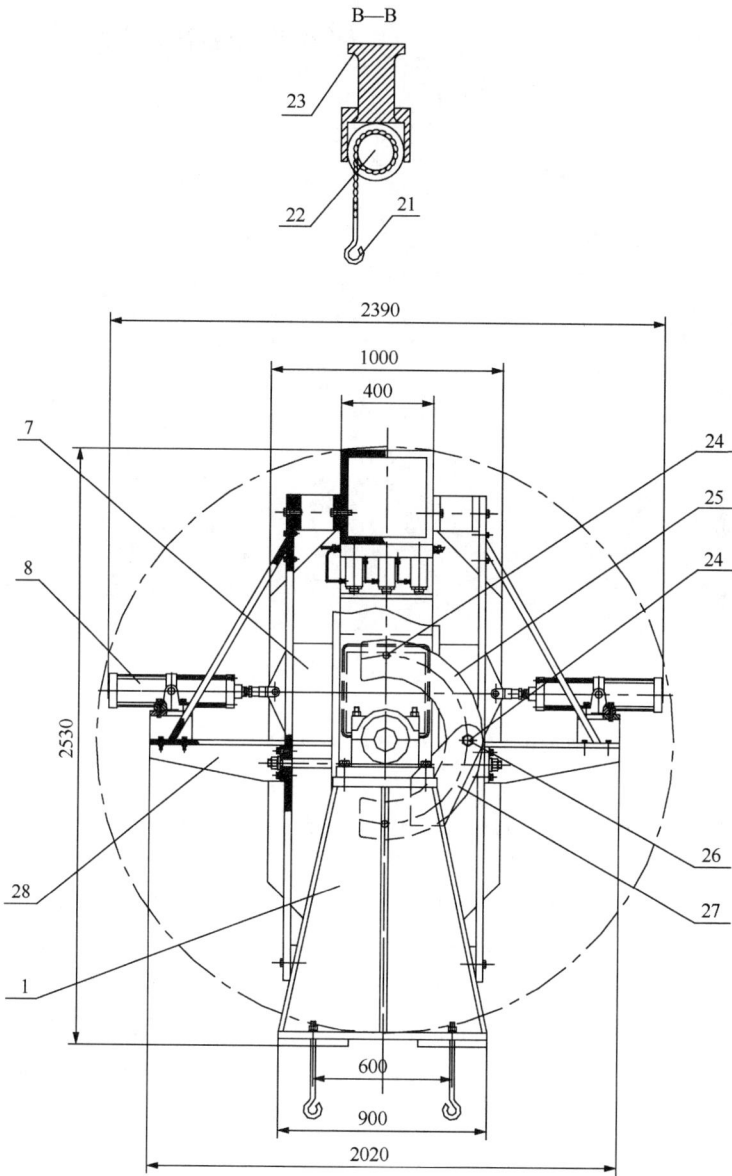

(c) 侧视图

图 5.1　煤与瓦斯突出模拟试验台结构图（续）（单位：mm）

1—主机支架；2—左轴承座；3—左转轴；4—承载架；5—上压活塞；6—液压千斤顶；7—突出口
密封板；8—气压缸；9—强力弹簧；10—支撑块；11—右转轴；12—右轴承座；13—联轴器；
14—减速器；15—步进电机；16—固定梁；17—气压缸支撑梁；18—侧封梁；19—突出模具；
20—承载支块；21—吊钩；22—电动葫芦；23—滑轨；24—定位螺孔；25—定位调节环；
26—定位支耳螺孔；27—定位支耳；28—气压缸支架

图 5.2　煤与瓦斯突出模拟试验台实物图

　　本章主要以水平倾角的模具为例展开详细介绍，其突出模具结构示意图及其实物图如图 5.3 和图 5.4 所示。该突出模具内腔尺寸为 570mm×320mm×385mm，模具各面材料均为 Q235 钢，底板与突出端厚 30mm，左右两侧厚40mm，后壁厚 50mm。其中，突出模具上盖板和后壁共布设有四组 ϕ95mm 的圆柱形活塞压头 [图 5.3（a）]，活塞座与盖板之间通过 O 型圈密封，而四组活塞压头滑动时均依靠在环向布置的轴用 YX 型唇形密封圈密封，在瓦斯压力作用下该密封圈会发生膨胀从而紧贴压头环面，产生良好的密封效果，安全可靠。另外，在其每个活塞前段压头内部均连接有一块 Q235 钢的加压板用于向成型煤试件施加垂直应力和水平应力。三块施加垂直应力的加压板中尺寸为 200mm×320mm×20mm 的两块，尺寸为 166mm×320mm×20mm 的一块；而施加水平应力的加压板尺寸为 305mm×320mm×20mm。上盖板与突出模具壁间的密封依靠 704 硅橡胶、硅胶板和 34 颗密封螺钉 [图 5.3（b）] 共同完成。突出口处的密封则由聚酯密封板、704 硅橡胶、突出口侧封板、支撑块及液压千斤顶配合完成，其装配结构如图 5.5 所示。通过全方位密封后，经检测本模具可在 2.0MPa瓦斯压力下保持 12h 的良好密封效果。

　　突出模具还考虑了直径分别为 ϕ30mm、ϕ60mm、ϕ100mm、内侧锥度均为65°圆锥面的三种圆形突出口（其实物如图 5.6 所示），以便通过不同突出口径的模拟试验，探讨石门揭煤时揭开尺度对煤与瓦斯突出的影响效果。其中突出模具

自带直径为 $\phi100mm$ 的突出口，但若根据实验内容要求需更换直径为 $\phi60mm$ 或 $\phi30mm$ 的突出口时，可方便地将直径为 $\phi60mm$ 或 $\phi30mm$ 的突出口外圆锥面与模具自带的 $\phi100mm$ 突出口内圆锥面用硅橡胶黏结并凝固 12h 即完成安装，图 5.3（f）和图 5.3（g）具体给出了突出口装配结构示意图。

为能达到模拟井下煤层中任一单元体的瓦斯源均是从整个单元体截面渗入的目的，在每套模具底板上均刻有 5mm 深 6mm 宽纵横交错的网状刻槽 [图 5.3（b）]，并在刻槽之上焊有 10mm 厚的泡沫不锈钢材料以隔离进气孔和煤样 [图 5.3（d）]，该泡沫不锈钢强度高、孔隙孔径小，透气而不透粉尘，可保证煤样成型时煤粉不进入底板刻槽及进气孔中堵塞进气通道。对模型进行充气时，瓦斯气体首先从底板进气孔流入底板刻槽，再通过泡沫不锈钢渗入煤样。因此，本模拟试验台所研制的配套突出模具，不仅能有效解决同类设备只能模拟水平倾角煤层的煤与瓦斯突出试验的技术难题，还真实再现了石门揭倾斜煤层时的煤与瓦斯突出灾害；同时，利用泡沫不锈钢材料隔离突出煤样和进气孔，既避免了现有

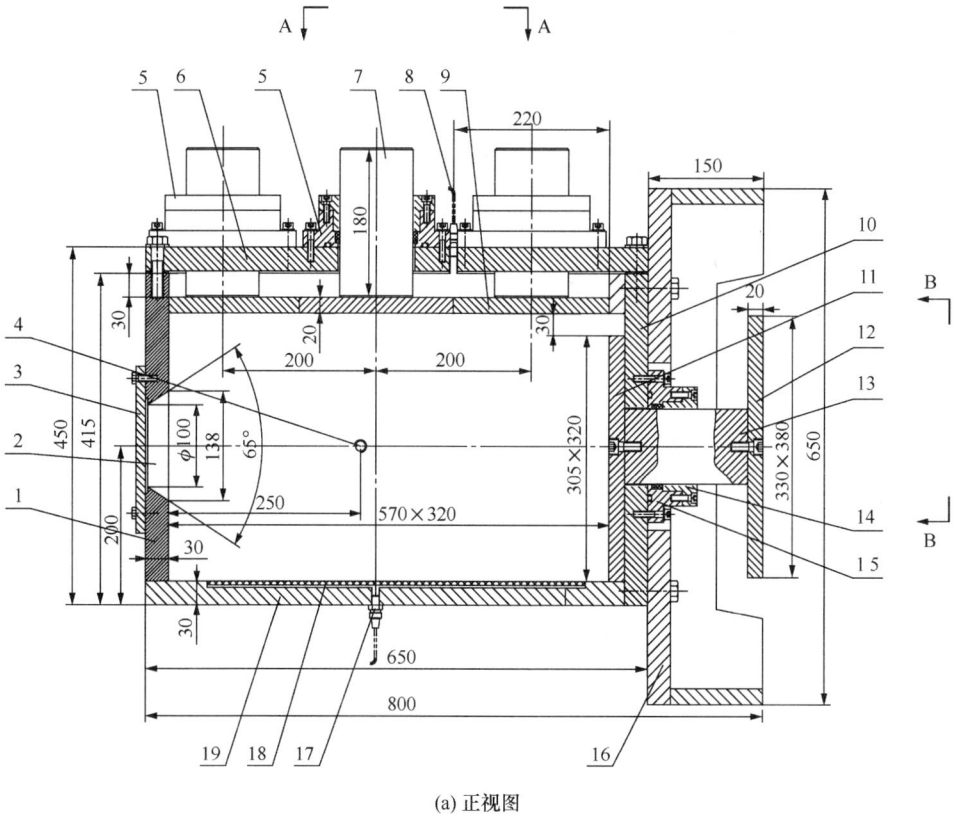

(a) 正视图

图 5.3　煤与瓦斯突出模拟模具结构图

A—A

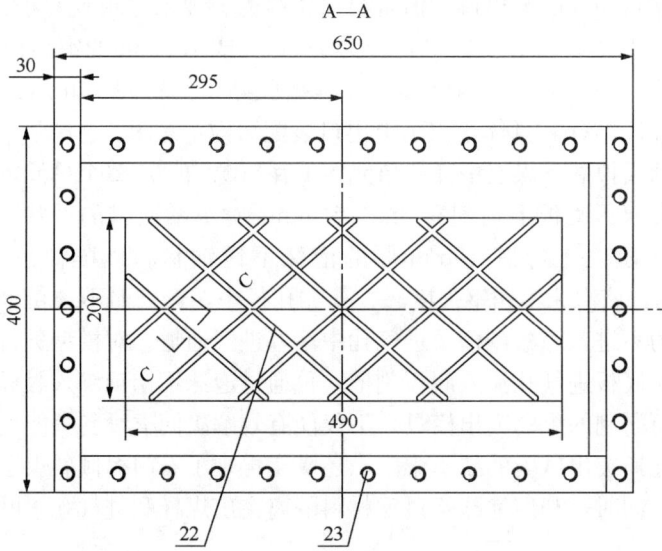

(b) 俯视图

B—B

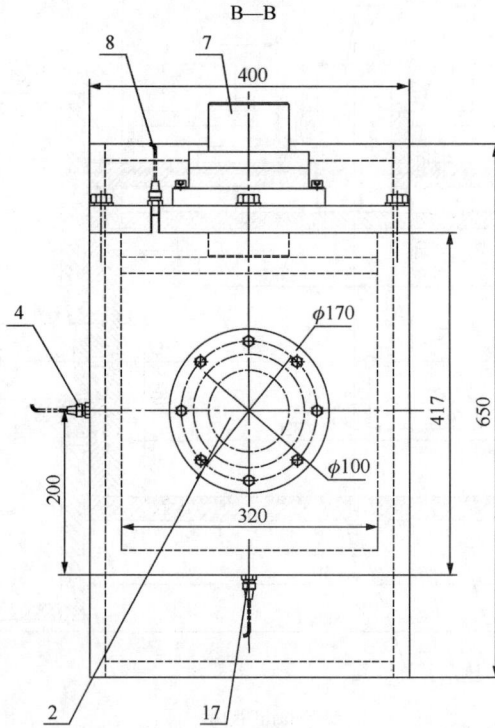

(c) 侧视图

图 5.3　煤与瓦斯突出模拟模具结构图（续）

(d) 底板刻槽局部放大图　　　　　　(e) 活塞密封局部放大图

(f) 30mm突出口　　　　　　(g) 60mm突出口

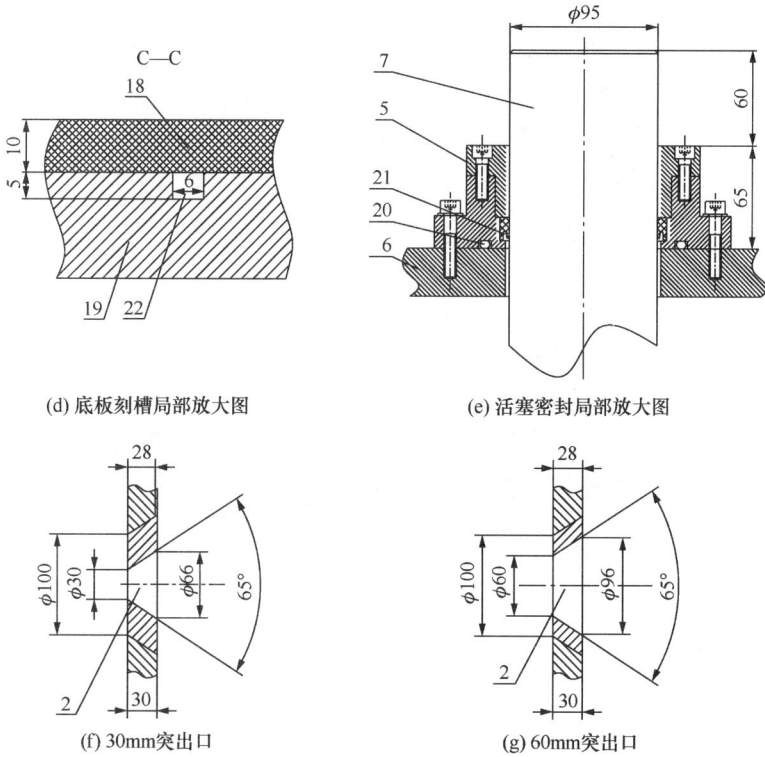

图 5.3　煤与瓦斯突出模拟模具结构图（续）（单位：mm）

1—模具前壁；2—突出口；3—突出口密封板；4—测温孔；5—上压活塞座；6—上盖板；
7—上压活塞；8—出气孔；9—上压板；10—模具后壁；11—后压板；12—后压垫板；
13—后压活塞；14—后压盖；15—后压活塞座；16—定位垫板；17—进气孔；18—泡沫金属；
19—模具底板；20—O型密封圈；21—YX型密封圈；22—底板刻槽；23—密封螺孔

同类设备中因"点充气"使突出煤样内瓦斯吸附平衡时间延长和人为造成煤体内瓦斯分布不平衡的问题，又实现了对突出煤样实施均匀"面充气"，更加逼真地模拟了实际煤层瓦斯来源。

　　为了监测煤与瓦斯突出过程中煤试件内的瓦斯压力及温度变化，在每套模具的上盖板上均匀布设有 1 个瓦斯压力监测孔［图 5.3（a）和图 5.3（c）］，通过快速气接头连接有最大测量压力范围为 4MPa 的乙炔压力表，用于监测突出过程中煤试件内的瓦斯压力变化情况，同时将瓦斯压力传感器通过三通阀实时采集、记录管道内瓦斯压力数据并显示在计算机上。为监测突出发生前与突出过程中煤试件的温度细微变化，以期开展利用温度变化来预测井下煤与瓦斯突出灾害发生与否的课题研究，在模具右侧壁设有温度监测孔用于安装温度传感器于煤体中

图 5.4　煤与瓦斯突出模拟模具实物图

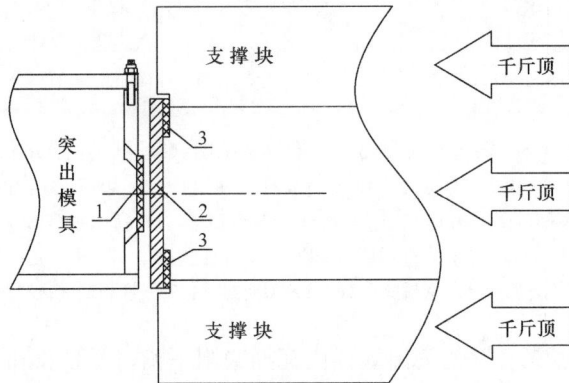

图 5.5　突出口密封示意图

1—聚酯密封板；2—突出口密封板；3—非金属垫块

[图 5.3（a）和图 5.3（c）]，并与瓦斯压力传感器数据一样通过 MaxTest-Load
试验控制软件实时显示在计算机上并记录下来。

2. 快速释放机构

快速释放机构主要由空气压缩机、气压缸、气压缸支撑梁、气压缸支架、突
出口侧封板组成。空气压缩机型号为 Y132S2-2，其上的气压自动开关型号为

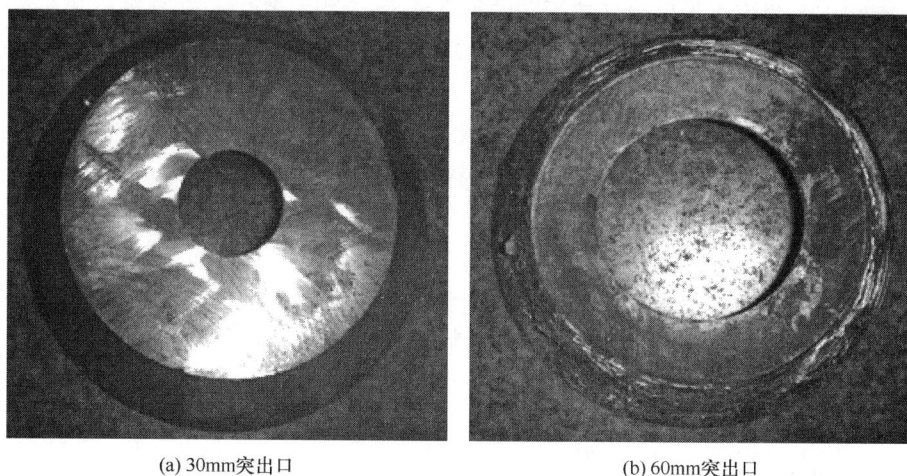

(a) 30mm突出口　　　　　　　　　　　　　(b) 60mm突出口

图 5.6　突出口实物图

GYD20-20/C，调压范围为 0.6～1.5MPa；气压缸型号为 KKP-15，压力范围为 0.05～0.80MPa；突出口双面侧封板最大行程 170mm，厚 28mm，表面加工精度≤0.01mm。侧封板通过气压缸活塞杆与气压缸相连，实验前，先用 704 硅橡胶将聚酯密封板粘贴于突出口密封环面上，然后将两块突出口密封板再对接于突出口正中心，此时突出口前端的液压千斤顶施加荷载并通过突出口前面的支撑块作用于两块密封板上，由于聚酯密封板略高于模具突出口所在的平面（图 5.5），因此聚酯密封板会被紧紧压住，确保密封效果。实验时，由空气压缩机供给气压缸预定的压力，此时突出口前端的液压千斤顶瞬间卸压，由于摩擦力迅速减小，两块突出口密封挡板可通过气压缸活塞杆快速收回而突然打开突出口，相当于井下煤体中起阻碍突出作用的"应力墙"瞬时破坏，使突出区域煤样应力平衡状态突然破坏以完成实验。本装置实现了机械气动式自动高速地打开突出口，有效解决了同类试验装置中由于手动打开突出口速度偏慢而影响突出强度的技术难题，可更真实地模拟石门揭煤时发生的动力灾害现象。

3. 电流伺服加载系统

电流伺服加载自动控制系统主要由液压千斤顶、伺服液压站、计算机、MaxTest-Load 试验控制软件、16＋1 台联网的 MaxTC 测控仪以及测量传感器等组成（图 5.7），可实现实验过程全程自动化控制，安全可靠。MaxTest-Load 软件具有控制液压千斤顶出力、实验数据的测量与屏显、实验曲线屏显、实验报表的打印等功能。伺服液压千斤顶共 28 套，每套由 6 个小液压千斤顶组成，呈 2 排 3 列布置；单套液压千斤顶最大顶出力 300kN；千斤顶活塞杆最大行程

100mm。28 套液压千斤顶又按不同的组合分为 18 组，其中，进行煤与瓦斯突出试验时主要由第 4、5、6、8、9、10、15 组液压千斤顶对突出煤样施加荷载，各组位置见电流伺服多点加载系统如图 5.7 所示。每组千斤顶压板均为矩形，尺寸为 400mm×200mm×20mm，荷载测量精度为 ±1.0%。液压千斤顶结构如图 5.8 所示[156]，其优点是结构合理、原理先进、性能优良、活塞行程大、荷载集度高等，对模型表面不均匀变形的适应能力强，可在模型块体内产生大范围的应变场。每套液压千斤顶均可通过 MaxTest-Load 软件编程控制使其出力不同，从而对突出煤样施加阶梯形荷载。伺服液压千斤顶的使用，有效解决了同类试验装置只能施加均布荷载的弊端，通过施加阶梯形荷载，可模拟井下采煤工作面前方由于采矿活动造成突出的局部应力集中现象。

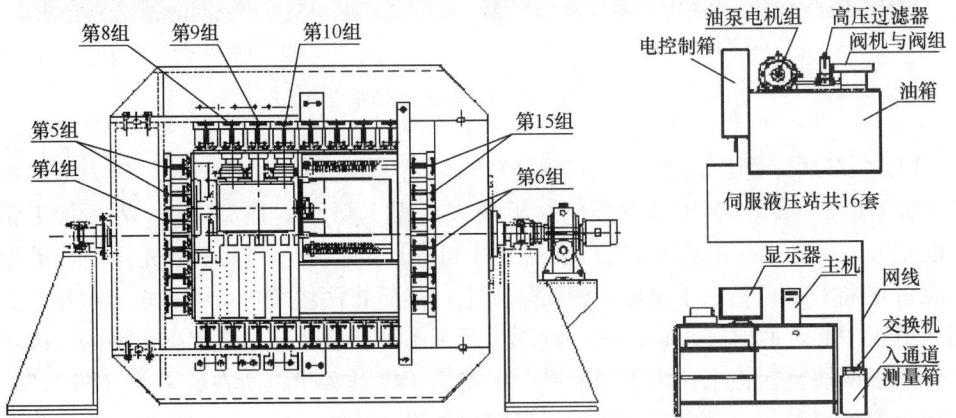

图 5.7　电液伺服多点加载系统

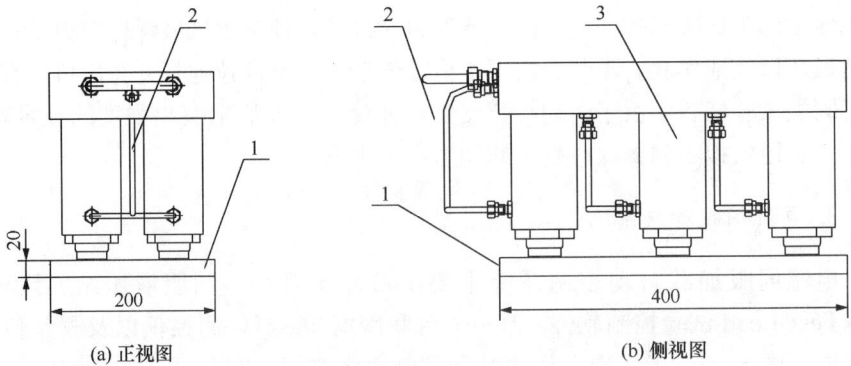

(a) 正视图　　　　　　　　　　　　　　(b) 侧视图

图 5.8　液压千斤顶结构图（单位：mm）

1—压板；2—供油管路；3—液压油缸

液压千斤顶的液压动力由 16 台独立的压差式伺服液压站通过 16 道供油管路供给。液压站型号为 YTY100L1-4PA（图 5.9），额定流量 4.5L/min，额定压力 21MPa。每台液压站控制不同数量的液压油缸，计算机与伺服测量控制单元、压力与温度测量单元通过交换机实现连接。

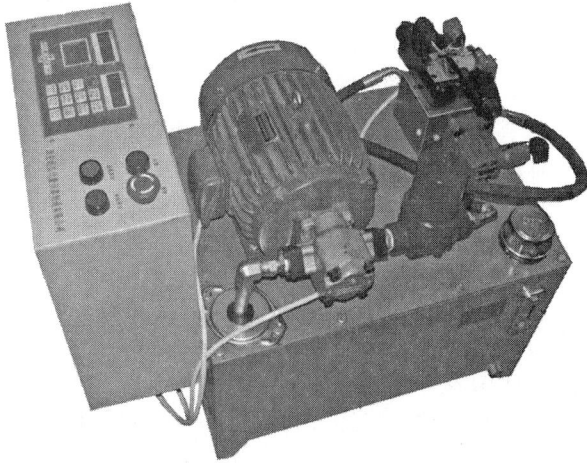

图 5.9 　伺服液压站

4. 承载框架

承载框架整体为四条钢柱围成的矩形（图 5.1），外观尺寸 2860mm × 2460mm，置于竖直状态时，上下两条钢柱外形尺寸为 400mm × 400mm × 2860mm，左右两条钢柱尺寸为 400mm × 400mm × 2460mm；4 条钢柱均由 40mm 厚的 Q235 钢焊接而成，框架四角通过 16 根 ϕ45mm 的螺杆和 4 根 20mm × 40mm × 400mm 的销子连接并做成倒角。框架在半幅加载 2000kN 的情况下，主框架最大挠度≤1mm。框架四周共设置 28 套活塞式液压千斤顶（上下各 8 套，左右各 6 套），可对突出模具中的型煤施加均布荷载和阶梯形荷载。

5. 翻转机构

翻转机构主要由步进电机、减速器、轴承、联轴器、定位支耳、定位调节环等部件组成。减速器为二级蜗轮蜗杆减速器，型号为 WPEDKA；步进电机型号为 YE2100L1-4，制动力矩 30N·m。翻转机构工作时，步进电机的驱动力经减速器减速后，通过联轴器由转动轴承带动承载框架转动可进行立面 360°旋转。定位调节环和定位支耳上设有定位螺孔与支耳螺孔，在突出煤样安装状态时，通过定位支耳螺孔与定位调节环上的中定位螺孔相连，使承载框架保持在水平位置，便于吊装突出模具；在进行突出试验状态时，通过定位支耳螺孔与定位调节环上的上定位螺孔相连，这样可使得承载框架位于竖直位置（图 5.2）。通过翻转机构将承载框架旋转至水平和竖直位置，即可达到安装煤样方便又不影响突出试验时的工作状态目的。

6. 主机支架

主机支架由 40mm 厚的 Q235 钢焊接而成的左右两支架构成，高 1300mm，从侧面看呈梯形，上窄下宽，底端由 8 根 ϕ45mm 的地脚螺钉锚固在用 C30 混凝土固结的地基上，每根螺钉锚深 320mm。支架的作用主要用于安设翻转机构的转轴及承载框架，并保证承载框架旋转时模拟试验台的稳定性。

7. 煤样成型装置

成型装置主要由预压紧模、100t 液压千斤顶、支撑框架、叉车等组成，实验煤样分数次成型。成型装置结构图和实物图分别见图 5.10 和图 5.11 所示。利用煤样成型装置可在实验前预先将经过粉碎机和振动筛筛好的煤粉，按照预定粒径配比和预定成型压力在突出模具内预先成型，这样可减轻第 8、9、10 组液压千斤顶的工作量，延长其使用寿命。成型装置外形宏观尺寸高 1800mm，宽420mm；支撑框架主要分为机架和 4 根 ϕ92mm 的钢柱组成；预压模为 150mm×566mm×316mm 的长方体；100t 液压千斤顶为电动分离式，由泰州市泰鼎机械制造有限公司生产，千斤顶活塞行程 200mm。

8. 其他附属装置

本模拟试验台的附属装置主要包括突出模具夹持装置、单轨电动葫芦和高速摄像机等。

模具夹持装置主要由液压千斤顶、下承载块、支撑块、左右侧封梁组成。左右侧封梁各 3 个，均为 4 块 30mm 厚的 Q235 钢板焊接而成的钢柱。实验时[图 5.1（a）]，突出模具左端钢板直接与左排千斤顶抵接，突出端利用右排千斤顶施压于支撑块上将模具左右夹紧，承载框架上的上下两排千斤顶分别施压于上、下压块上使之分别与突出模具的上压板和底板抵接，将模具左右、上下固定并夹紧，便可进一步对煤样施加压力。左右侧封梁的作用在于挡住模具的左右侧壁，保证在对煤样充一定瓦斯压力的情况下使其不发生横向应变而影响突出模具的气密性。

因模拟试验台所用的突出模型尺寸较大，突出模具和突出煤样的总重量过大，需设单轨电动葫芦提升方可完成突出模具的更换与安装。单轨电动葫芦主要有滑轨和电动葫芦组成，位于突出模拟试验台正上方，额定起重

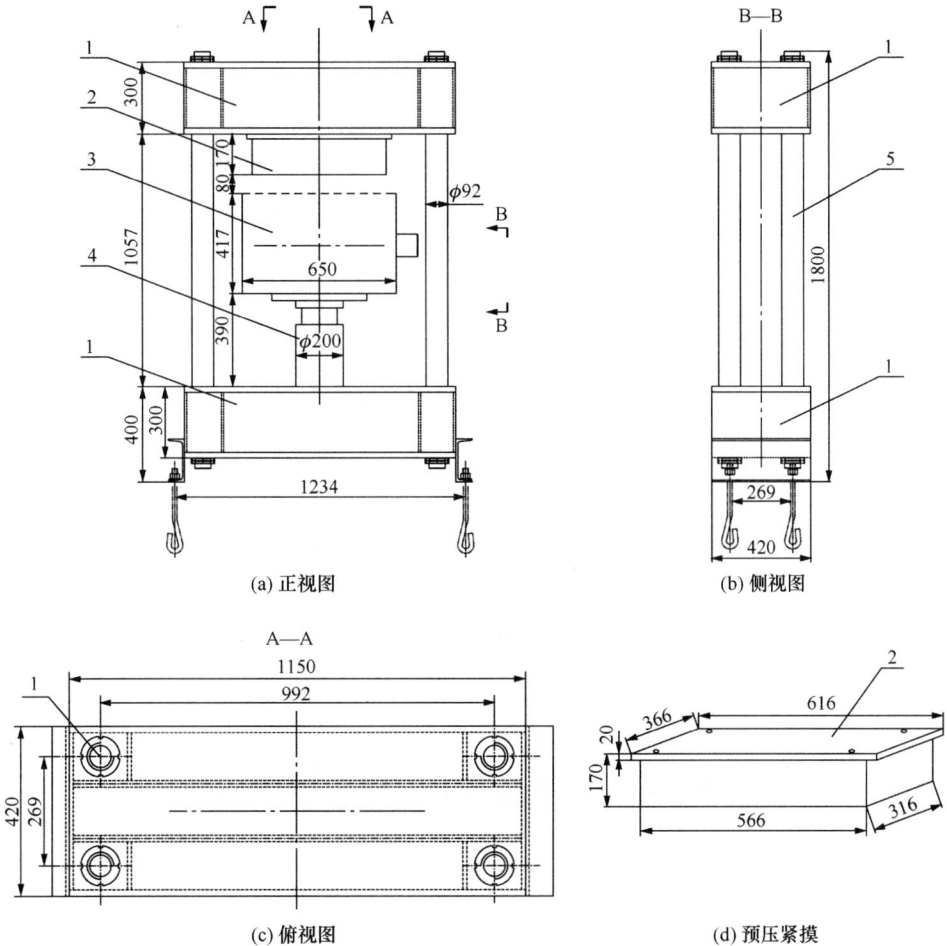

图 5.10　突出煤样成型装置结构图（单位：mm）

1—机架；2—预压紧模；3—突出模具；4—电动分离式液压千斤顶；5—支撑钢柱

量 30kN。

本模拟试验台配套的高速摄像机由美国 RCDIAKE MASD 生产，型号为 HG100K（图 5.12）。该摄像机具有不同的前/后能发连续记录模式，全幅分辨率为 1504×1128，记录速率可达 100000f/s，可耐 100G 值，使用 1000 Base-T 以太网通信，电子快门可达 10ms，镜头与 C/FK 兼容。同时该机可方便安装在恶劣场合，具有研究快速运动特性、快速反应特性等优点，特别适合煤与瓦斯突出过程的全程录像。

图 5.11　突出煤样成型装置实物图

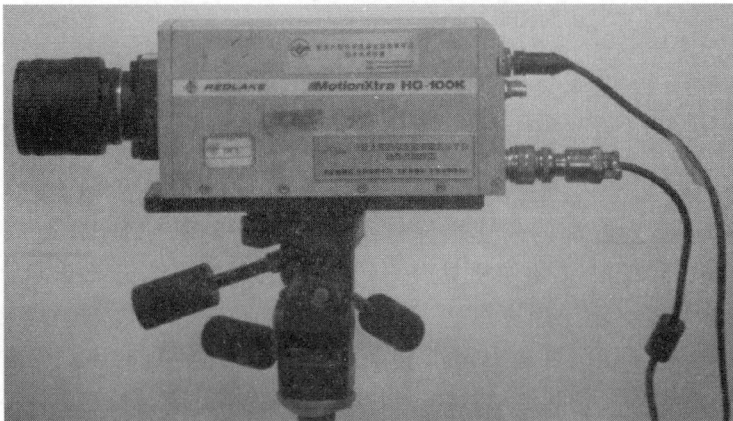

图 5.12　HG100K 高速摄像机

5.2.3　模拟试验台操作系统

本模拟试验台的应力加载、传感器数据的采集与存储采用多管道加压试验控制软件 MaxTest-Load，它集试验的显示、控制输出功能于一身，专门应用于由 16＋1 路 MaxTC 测控仪联网组成的微机控制多功能试验装置电源伺服控制系统。该控制系统主要由计算机、MaxTest-Load 试验控制软件、16＋1 台联网的 Max-TC 测控仪、测量传感器以及液压伺服阀组等组成。在该系统中，MaxTest-Load 试验控制软件通过网络集中控制 16＋1 台联网的 MaxTC 测控仪，实现多管道试验的测力与控制，并通过交换机采集瓦斯压力传感器与温度传感器的数据。

MaxTest-Load 具有以下特点：实验过程实时记录和显示实验曲线，高速采样；试件信息由用户自行定义，个数不限，采用信息模板方式新建实验记录，方便快捷；全程序化自动完成试验控制过程、判断破型，自动记录和保存实验数据；所有的实验数据均以国际通用的 XML 格式保存；为用户提供了面向图形排版的专用报表编辑工具，其有操作灵活、简单易学的特点，能方便地制作出打印实验曲线及相关图片、文字的模板；高效的实验数据管理功能，能按多种方式实现实验数据的快速查询、加载与删除。

本控制系统的主程序界面如图 5.13 所示，主程序的运行界面主要由以下几部分组成：软件标题栏、软件菜单栏、数据显示区和用户操作区。

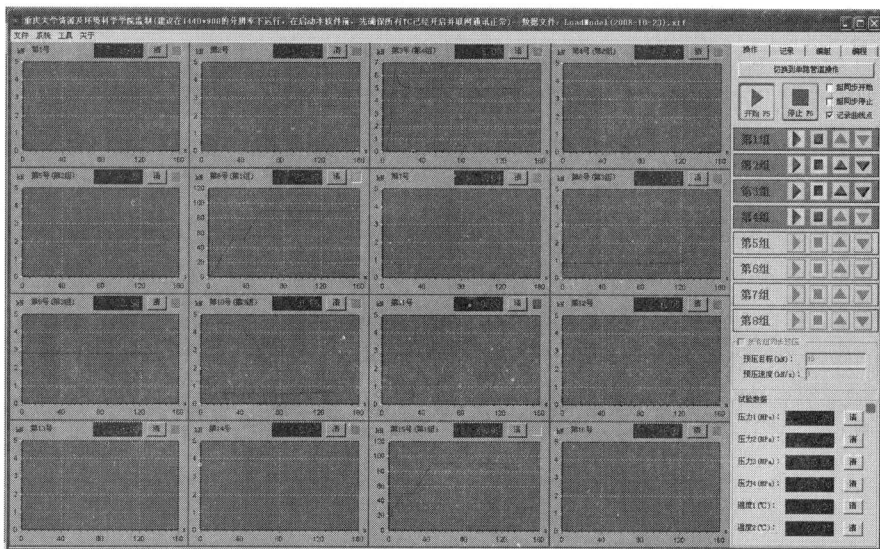

图 5.13　MaxTest-Load 控制系统主程序界面

实验时，先启动伺服液压站，打开实验操作软件即可控制伺服液压站，然后编制数个加载程序，并与相应的伺服液压站绑定，采用组管道操作时可按照需要将伺服液压站编为多个不同的组。本实验各组千斤顶并不是同时启动与停止，因此本实验不采用组同步模式，各组可独立操作互不干扰。

实验开始后，点击数据记录"开始"按钮，软件开始记录数据并显示加载曲线，然后按照需要分别点击各组对应的操作按钮，实现加载、停止、卸压、快升等操作。点击"加载"时，伺服液压站将按照绑定的加载程序工作，实验完成后，点击数据记录"停止"按钮，软件将保存数据，数据保存完毕后，关闭伺服液压站即可退出控制软件。

5.2.4　模拟试验台千斤顶精度检测

突出模具内煤样所承受的荷载大小，关系着突出煤样是否能准确模拟在预定地应力下发生煤与瓦斯突出，所以必须对模拟试验台上的液压千斤顶进行精度检测，检测内容为 MaxTest-Load 软件中所显示的千斤顶出力数值是否与其真实出力一致。检测仪器为 0.3 级标准测力仪，型号为 EHB-600B，最大可测力600kN，精度为 0.30%。

检测时，利用强度较高的实体钢块将测力仪固定在承载框架中，如图 5.14 所示，通过 MaxTest-Load 软件设定每套液压千斤顶 8 个级别的出力值（表 5.1）。由测力仪对千斤顶的每个出力级别进行逐级检测，且每个级别出力进行三次测量取平均值，将软件中显示的千斤顶出力数据与测力仪实测数值进行比较，以验证液压千斤顶出力精度是否满足实验要求。这里只列出在进行煤与瓦斯突出试验时对煤样施加荷载作用的 3 组千斤顶中的两组，它们在伺服加载系统中的标号分别为第 8、9 组液压千斤顶。由表 5.1 可知，MaxTest-Load 软件中显示的两组千斤顶出力与实际出力值相比，第 8 套千斤顶最大满量程误差 0.27%，最大逐点相对误差为 0.81%，满足模拟试验台精度要求；第 9 套千斤顶最大满量程误差 1.87%，最大逐点相对误差为 2.09%。

表 5.1　千斤顶精度检测数据表

测试强度 /kN	标准值/mm	第 8 套			第 9 套		
		平均值/mm	满量程误差/%	相对误差/%	平均值/mm	满量程误差/%	相对误差/%
30	1.430	1.427	0.08	0.81	1.421	0.21	2.09
50	1.711	1.710	0.02	0.14	1.704	0.17	1.05
80	2.142	2.140	0.05	0.18	2.137	0.13	0.48
100	2.427	2.429	0.03	0.11	2.430	0.06	0.18
150	3.145	3.150	0.12	0.23	3.169	0.56	1.12

续表

测试强度 /kN	标准值/mm	第8套			第9套		
		平均值/mm	满量程误差/%	相对误差/%	平均值/mm	满量程误差/%	相对误差/%
200	3.860	3.869	0.21	0.31	3.876	0.36	0.54
250	4.580	4.589	0.21	0.25	4.540	0.93	1.12
300	5.302	5.314	0.27	0.27	5.222	1.87	1.87

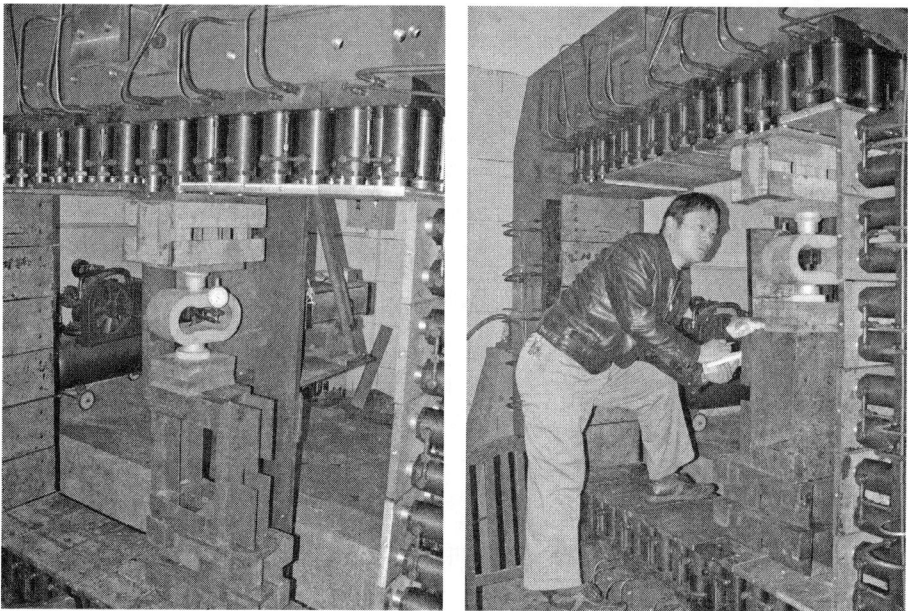

图 5.14　千斤顶精度检测

5.2.5　模拟试验台优点

本次研制的煤与瓦斯突出模拟试验台与同类设备相比，具有以下独特优势：

（1）突出煤样的纵向荷载由计算机软件控制多组液压千斤顶施加均布和阶梯形荷载，可模拟井下采煤工作面前方造成突出的局部应力集中。

（2）与同类装置相比，煤样尺寸较大，并可模拟多种不同倾角煤层在不同地应力、不同瓦斯压力下的煤与瓦斯突出，有效解决了以往突出试验中仅能模拟水平倾角煤层突出的缺陷，真实再现了不同实验条件下的煤与瓦斯突出情形。

（3）利用多孔介质材料泡沫不锈钢隔离煤样与进气孔，既有效解决了同类装置中与实际情况有所偏差的仅能对突出煤样进行"点充气"的弊端，又实现了对突出煤样均匀"面充气"，更加逼真地模拟了井下煤层瓦斯来源。

（4）突出口密封板由快速释放机构实施机械化自动控制高速打开，较好地解决了同类装置中煤样突出端卸压速度偏慢而影响突出强度的技术难题。

（5）采用高速摄像机录像，首次实现了突出全程回放，通过录像可分析突出能量衰减程度及声发射传播衰减机制随突出阶段（或时间）的变化关系。

5.3　模拟试验相似设计及其试验方法

5.3.1　相似设计

1. 相似理论基本内容

自远古以来，人们就逐步认识并建立了相似的概念。应该说相似现象是自然界的一种普遍规律，并广泛存在于工程及科学研究的各个方面。相似方法是科学研究的一种方法论，应用相似方法，旨在将个别现象（模型）的研究结果推广到相似现象（原型）中，在以往的研究中，相似方法多用于模拟试验的相似设计[160~166]，以相似理论为指导。相似理论是实验的理论，用以指导实验的根本布局问题，它为模拟试验提供指导、尺度的缩小或放大、参数的提高或降低和介质性能的改变等，目的在于以最低的成本和在最短的运转周期内摸清所研究模型的内部规律性，其在现代科技中的最主要价值在于它指导模型试验上。

相似模拟试验之所以能够成功[167]，一是因为它能够抓住研究问题的本质，有明确的科研思路及实验目的，能避开次要、随机因素对研究对象的影响，突出其主要矛盾；二是因为相似模拟试验以相似理论为根据，尤其能使在研究过程中起决定作用的参数充分反映在相似准则中，尽可能满足边界、初始等单值条件；三是配有相应的试验设备作基础，包括试验台及测试仪器等装置。

相似理论的中心内容有 3 个基本定理组成，分别为第一、第二、第三相似定理[168]。它们说明了现象相似的必要和充分条件，若没有这 3 个基本定理相似理论也就不复存在，根据前人研究可知，相似理论中的 3 个基本定理赖以生存的基础分别为：①自然界中存在的现象所涉及的各物理量的变化受制于主宰现象的各种客观规律，没有任意变化的自由；②现象中所涉及的各物理量的大小是客观存在的，与所采用的测量单位的大小无关，进而表征各物理量变化客观规律的数学表达式也不应受测量单位制的选择而发生变化；③现象相似的定义，即对于同类现象，如果单值性条件相似，并且由单值性条件量所组成的准则相等，则这些现象相似。所谓单值条件量，是指单值条件中的物理量，而单值条件是将一个个别现象从同类现象中区分开来，即将现象的通解（由分析表征该现象群的微分方程组得到）转变为特解的具体条件。单值条件一般包括几何条件（或称空间条件）、介质条件（或称物理条件）、边界条件和起始条件（或称时间条件）。以上这几类单值条件并不是独立存在的，单值条件式既可以是一般代数式，也可以是微分方程式。

相似第一定理为相似现象的性质定理（或称正定理），由法国科学家 Bertrand（贝特朗）以力学方程的分析为基础，于 1848 年首次提出，其具体语言描述为：凡是相似的现象其各相似指标为 1。

相似第二定理即 π 定理，由俄国学者 ФеЛерМаН（费捷尔曼）和美国学者 Buckingham（波根汉）在 1911～1914 年提出：描述相似现象的物理方程均可编成相似准则组成的综合方程，现象相似，其综合方程必须相同。

相似第三定理为判定定理（或称逆定理），由苏联学者基尔皮契夫和古赫曼于 1930 年提出，它描述的是相似现象的充分条件，具体可表述为：对于同类现象，凡是单值条件相似，并且由单值条件量组成的相似准则相等，则这些现象相似。

2. 相似指标

对于煤与瓦斯突出模拟试验而言，煤在破坏前可看成阶段符合线弹性，处于弹性工作范围内，所谓弹性工作范围是指突出煤样的应力 σ、应变 ε 关系处于一个线性变化条件下，可近似地用胡克定律 $\sigma = E\varepsilon$ 加以表述。同时影响应力 σ 的量有外载荷、模具几何尺寸、突出煤的弹性模量和泊松比等，它们之间的关系受到相关的数理方程的制约。这样的数理方程表述形式很多，基本可归结为平衡方程、本构方程、几何方程及相容方程，也即弹性力学的基本方程。根据相似理论的基本定理，则可由这样的数理方程求出模拟试验所需遵循的相似条件。

根据相似理论可知，相似判据或相似准则的导出方法主要有三种，即定律导出法、方程分析法和量纲分析法，其中以方程分析法和量纲分析法最为常用。因突出煤可近似认为是阶段线弹性体，讨论现象所遵循的数理方程为已知的弹性力学基本方程，故而采用方程分析法对弹性力学基本方程进行相似变化，即可得到相应的相似准则或相似判据和相似指标方程[103,104]，如：

由平衡方程，考虑体积力得相似判据 K_1，即

$$K_1 = \frac{\sigma}{L\gamma} = \text{idem} \tag{5.1}$$

式中，σ 为应力；L 为长度；γ 为容重；idem 为不变量。

相似指标 C_1 为

$$C_1 = \frac{C_\sigma}{C_L C_\gamma} = 1 \tag{5.2}$$

式中，C_σ 为应力相似常数，$C_\sigma = \dfrac{\sigma_\text{p}}{\sigma_\text{m}}$，其中 σ_p 和 σ_m 为原型和模型应力；C_L 为几

何相似常数，$C_L = \dfrac{L_p}{L_m}$，其中 L_p 和 L_m 为原型和模型长度；C_γ 为容重相似常数，

$C_\gamma = \dfrac{\gamma_p}{\gamma_m}$，其中 γ_p 和 γ_m 为原型和模型容重。

由几何方程可得相似判据 K_2，即

$$K_2 = \frac{\varepsilon L}{\delta} = \text{idem} \tag{5.3}$$

式中，ε 为应变；δ 为位移。

相似指标 C_2 为

$$C_2 = \frac{C_\varepsilon C_L}{C_\delta} = 1 \tag{5.4}$$

式中，C_ε 为应变相似常数，$C_\varepsilon = \dfrac{\varepsilon_p}{\varepsilon_m}$，其中 ε_p 和 ε_m 为原型和模型应变；C_δ 为位移

相似常数，$C_\delta = \dfrac{\delta_p}{\delta_m}$，其中 δ_p 和 δ_m 为原型和模型位移。

由本构方程可得相似判据 $K_{3,4}$，即

$$K_{3,4} = \frac{\varepsilon E}{\sigma} = \text{idem} \tag{5.5}$$

式中，E 为弹性模量。

相似指标 C_3 和 C_4 为

$$C_3 = \frac{C_\varepsilon C_E}{C_\sigma} = 1 \tag{5.6}$$

$$C_4 = \frac{C_\varepsilon C_E}{C_\upsilon C_\sigma} = 1 \tag{5.7}$$

式中，C_E 为弹性模量相似常数，$C_E = \dfrac{E_p}{E_m}$，其中 E_p 和 E_m 为原型和模型弹性模

量；C_υ 为泊松比相似常数，$C_\upsilon = \dfrac{\upsilon_p}{\upsilon_m}$，其中 υ_p 和 υ_m 为原型和模型泊松比。

突出模型采用面力边界条件，由边界条件求得相似判据 K_5，即

$$K_5 = \frac{q}{\sigma} = \text{idem} \tag{5.8}$$

式中，q 为边界单位面积分布载荷。

相似指标 C_5 为

$$C_5 = \frac{C_q}{C_\sigma} = 1 \tag{5.9}$$

式中，C_q 为单位面积分布载荷相似常数，$C_q = \dfrac{q_p}{q_m}$，其中 q_p 和 q_m 为原型和模型

单位面积分布载荷。

3. 相似常数及模拟能力

根据上述相似指标和相似定理，在相似常数 C_L、C_γ、C_v、C_ε、C_δ、C_E 和 C_q 中，泊松比相似常数 C_v 和应变相似常数 C_ε 为无量纲相似常数，其值恒为 1。则由相似指标 C_1、C_2、C_3、C_4 和 C_5 等于 1 可得出以下关系式：

$$C_\sigma = C_L C_\gamma \tag{5.10}$$

$$C_\sigma = C_E \tag{5.11}$$

依据相似理论在确定相似常数时，应根据研究现象所属的研究领域，首先需确定其基本相似常数，并从研究现象的基本量和导出量的关系中导出此现象的导出相似常数。由于煤与瓦斯突出模拟试验属于力学问题，开展该相似模拟试验的主要目的是为了弄清楚在多大的应力和瓦斯压力条件下能发生突出以及突出的强度大小等，重点是在不同应力和瓦斯压力条件下的突出过程，所以应将应力相似常数或弹性模量相似常数作为最基本和最重要的相似条件。

根据尹光志等[139]进行的打通一矿 8# 煤层含瓦斯型煤和原煤煤样变形特性实验研究可知，在围压为 6MPa 和瓦斯压力为 2.5MPa 时，原煤弹性模量是型煤的 4.5 倍；在围压为 6MPa 和瓦斯压力为 1.5MPa 时，原煤弹性模量是型煤的 6.7 倍；而在同样的标准型煤制作条件下，作者试验测得打通一矿 8# 煤层型煤弹性模量为 17.56MPa，谢晓佳[169]所测打通二矿 6# 层原煤弹性模量为 240MPa，两煤层同属一个煤系地层，原煤弹性模量则是型煤的 13.6 倍。为使模拟试验按照相似原理进行，综合考虑，取三个比值的平均值 8.3 作为煤与瓦斯突出模拟的弹性模量相似常数，即 $C_E = 8.3$。由于原煤的密度为 1500kg/m³，而作者在进行煤与瓦斯突出模拟试验时，成型突出煤样是在除了少许水分外不加任何添加剂的情况下压制而成的，成型煤样密度为 1350kg/m³，原煤密度为型煤的 1.1 倍，故取容重相似常数 1.1。将弹性模量和容重相似常数取值代入式（5.10）和式（5.11）可得应力相似常数和几何相似常数分别为

$$C_\sigma = C_E = 8.3 \tag{5.12}$$

$$C_L = C_\sigma / C_\gamma = 7.5 \tag{5.13}$$

根据煤与瓦斯突出模拟试验台的限制，在进行突出模拟试验时，突出煤样尺寸 570mm×320mm×365mm，由几何相似常数为 7.5 可推知本模拟试验台可模拟宽 2.4m，高 2.7m 的煤层，而现场打通一矿 8# 煤层平均厚 2.75m，达到了模拟煤层厚度的要求。同时，因在垂直方向由千斤顶施加了 4MPa 的应力，水平方向施加了 2.4MPa 的应力，由应力相似常数值取为 8.3 可推知本模拟试验台可模拟到 33.2MPa 垂直应力和 19.92MPa 水平应力煤层埋藏深度，这个深度对重庆地区来说已满足要求，若想继续模拟埋藏更深的煤层可通过更换出力更大的液压千斤顶来实现。

5.3.2　试验方法

利用此次所研制的试验台进行煤与瓦斯突出模拟试验时涉及的环节较多，实验工序主要包括粉煤与筛煤、含水率与煤粒配比、煤样成型、模具安装、模具吊装、侧封梁吊装、突出口密封、煤样充气与吸附、完成突出、数据采集 10 个工序。整个突出模拟试验流程图如图 5.15 所示，下面按照实验流程简要介绍各实验操作工序。

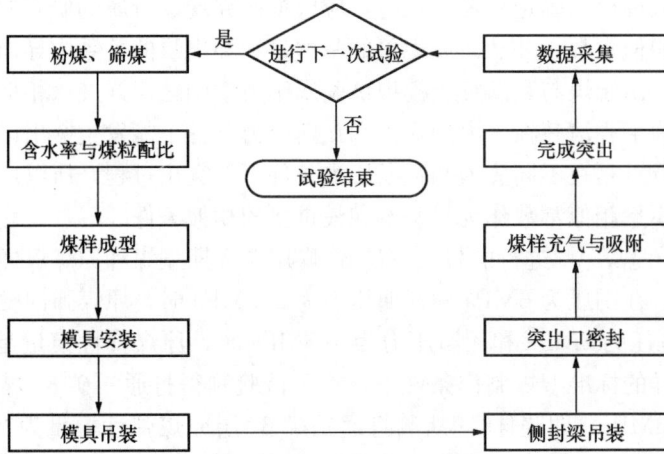

图 5.15　煤与瓦斯突出试验流程图

1. 粉煤与筛煤

本次煤与瓦斯突出模拟试验均采用重庆能源投资集团松藻煤电公司 8# 煤层煤样，由于从现场直接采集的原煤块度较大，首先需将原煤中的较大煤块采用人工粉碎，再用粉碎机进行粉碎，粉碎后的原煤置入振动筛内筛分 30min 后按不同粒径级别收集好，待实验时根据需要进行粒径配比。振动筛可筛分出小于 5目、5~10 目、10~20 目、20~40 目、40~60 目、60~80 目、80~100 目七个粒径级别。

2. 含水率与煤粒配比

不同粒径的煤样制作完毕后，根据既定实验方案进行粒径配比，本书在进行不同瓦斯压力和不同突出口径下的模拟试验时均采用经粉碎机一次粉碎后的原始配比，在 3 次不同粒径煤样的突出模拟试验时分别采用了 3 种配比方案，煤样粒径配比如表 5.2 所示。每次实验时需准备 100kg 左右的煤样，取少许（约 2kg）干燥 6h 并冷却，称量干燥后煤样的质量，确定煤样中已含水率，然后根据实验方案调整含水率，为了便于煤样成型，本书所有突出模拟试验均采用含水率为 4% 的煤样。

表 5.2　煤样粒径分布

不同瓦斯压力与不同突出口径突出模拟试验	粒径/目	≤10	10~20	20~40	40~60	60~80	≥8
	占比/%	22.23	5.25	26.82	19.04	8.90	17.76
不同粒径配比突出模拟试验	粒径/目	5~10		10~40		40~80	
	方案 1　占比/%	100.00		0.00		0.00	
	方案 2　占比/%	0.00		100.00		0.00	
	方案 3　占比/%	0.00		0.00		100.00	

3. 煤样成型

煤样含水率达到要求后即可利用煤样成型装置按预定压力加压成型，在成型过程中需记录所用煤样质量。本次各实验煤样成型压力均为 4MPa，每次使用煤样 90kg 左右。成型时需用胶带封住突出模具四周的螺孔，以免煤粉进入而影响后期模具密封效果。试验台配备有专用的成型装置，煤样成型流程示意图见图 5.16。煤样分数次成型，成型前需用圆形挡板封住突出口，最后一次成型时需安放三块上压板，较短一块加压板（170mm）应位于突出口一侧，其他两块加压板（200mm）没有顺序要求，成型完毕后上压板不得高于模具水平面，低于模具水平面 2~5mm 即可。100t 电动分离式液压千斤顶停止工作时，需置于中位阀。

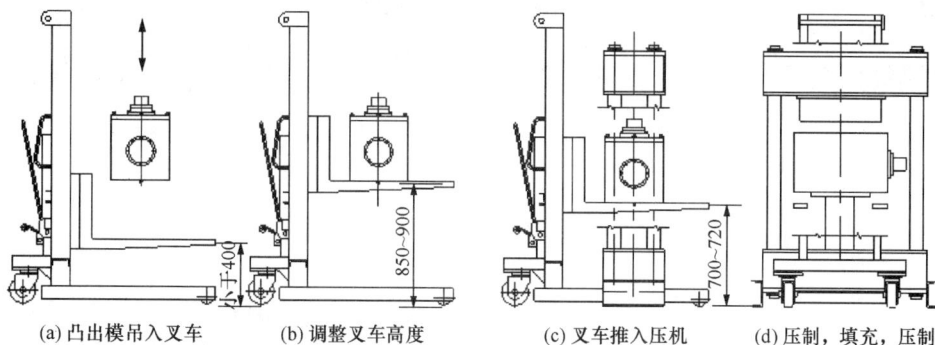

(a) 凸出模具吊入叉车　(b) 调整叉车高度　(c) 叉车推入压机　(d) 压制，填充，压制

图 5.16　煤样成型操作步骤

4. 模具安装

煤样成型完毕，即可安装密封垫，密封垫用于模具与上盖板之间的密封。本

装置可使用两种密封垫：硅胶板与石棉纸，二者均可达到密封要求，硅胶板较贵，可以重复使用数次；石棉纸便宜，但为一次性使用，硅胶板密封垫见图 5.17。由图 5.17 可以发现，模具四周布有 34 个密封螺孔，螺孔深 30mm，三组上压头并不是均匀布置的，其中一组更偏向于突出口一侧，因此密封垫亦具有方向性，安装时应特别注意。在擦拭干净模具密封面与上盖板密封面后，即可在密封垫上涂抹一层 704 硅橡胶（内外侧均需涂抹）进行密封垫安装。待密封垫安装完毕再行吊装上盖板（上盖板亦具有方向性）并固紧螺栓，所有螺栓应反复旋紧确保密封性；螺栓旋紧后再安装 3 组上压活塞，安装过程中不得敲击活塞压头环面，以免破坏环面密封性能。

待上压活塞安装工序结束后即可进行水平定位垫板、后压活塞及后压垫板安装，安装过程中需借助电动葫芦，完毕后即如图 5.18 所示。如果实验过程中需要测定煤样在突出前后的温度变化，这时即可在模具右侧面测温孔处对成型后的突出煤样掏孔，孔洞长度不得少于 200mm，直径约 10mm，能插入温度传感器即可，温度传感器亦可在模具吊装后安装。本实验用温度传感器如图 5.19 所示，图中导线左端即为测温部件，为了确保密封性，传感器导线经由特殊处理的螺栓引出后并入试验控制软件。

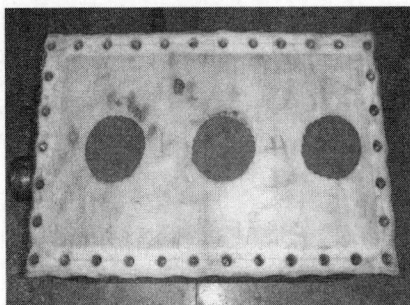

图 5.17　密封垫

图 5.18　模具水平定位垫板

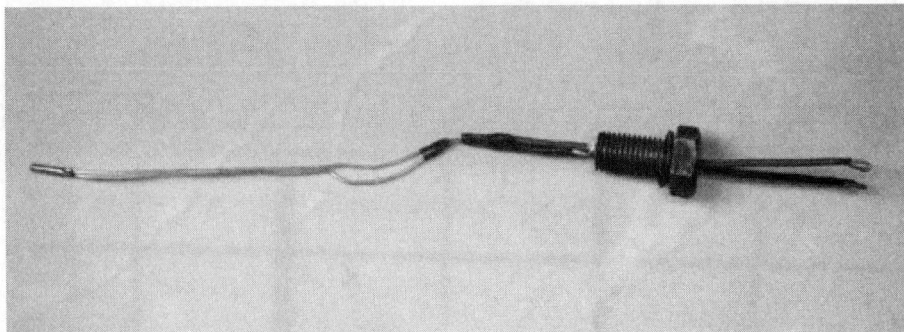

图 5.19　温度传感器

5. 模具吊装

模具安装完毕即可进入模具吊装工序，模具吊装前需调整旋转机构使承载框架处于水平位置，并利用定位支耳和定位螺孔将其锁紧。模具吊装时需谨慎操作，在模具置入框架三分之一部分时需安装快速进气嘴接头，并安装充气管线。最后在确认模具的突出口一侧完全安放到位后，电动葫芦才可完全放下模具。试验台和电动葫芦控制面板如图 5.20 所示，模具吊装如图 5.21 所示。

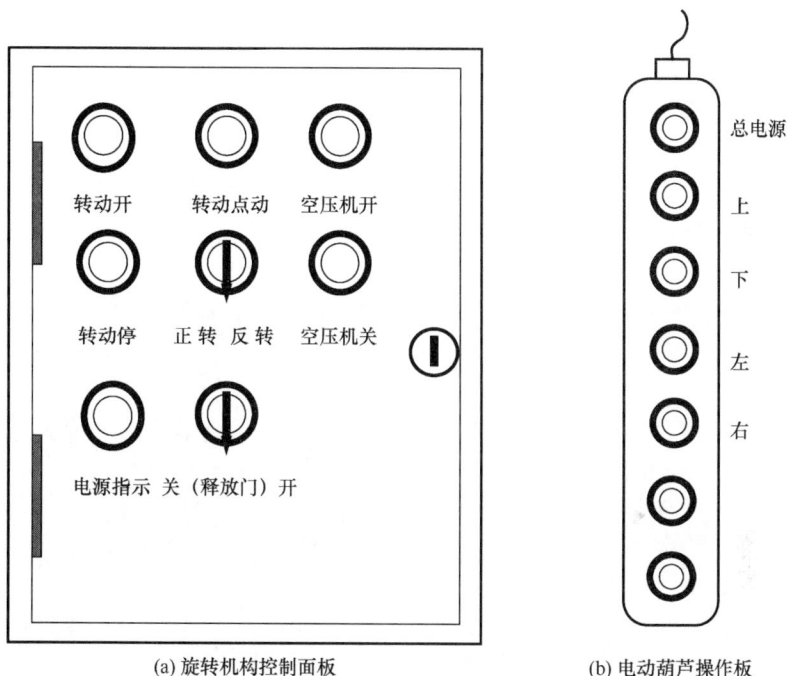

(a) 旋转机构控制面板　　　　　　　　　　　(b) 电动葫芦操作板

图 5.20　控制面板

(a) 模具吊装过程中　　　　　　　　　　(b) 模具吊装完成后

图 5.21　模具吊装

6. 侧封梁吊装

模具吊装完成后才可吊装侧封梁，每侧三根侧封梁，吊装时液压管线与侧封梁不得发生碰撞。侧封梁主要用于固定突出模具，并防止模具在实验时发生侧向应变，影响其密封效果。侧封梁吊装后，才可安装左侧快速释放机构，安装时，应在快速释放机构挡板伸向突出口的位置放置一块钢板，以免挡板封住突出口，影响后续突出口密封操作，该钢板在承载框架旋转至垂直位置时需及时取出。

7. 突出口密封

松开定位支耳的螺杆，旋转承载框架至垂直位置，利用定位支耳和定位螺孔将其锁紧并固定。然后卸掉突出口的圆形挡板，清理突出口，保证突出口的煤样平整，在突出口密封环面涂抹 704 硅橡胶后粘贴聚酯密封板，为保证快速释放机构挡板能更好地压住密封板，可以在聚酯密封板外面粘贴一层石棉纸，突出口的密封操作见图 5.22。

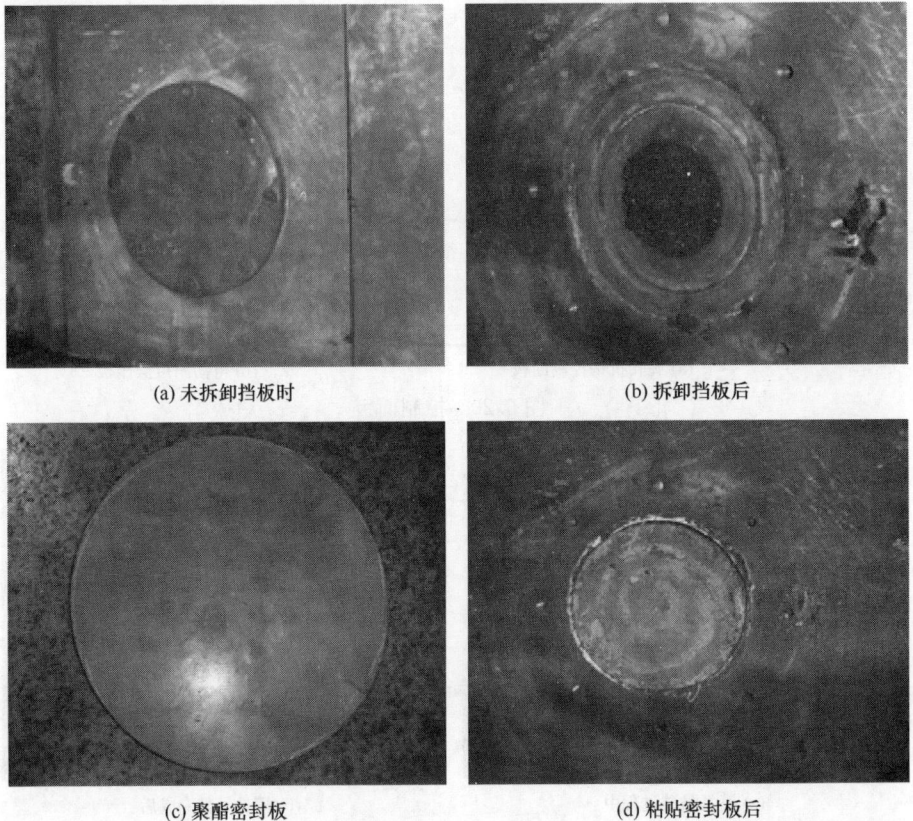

(a) 未拆卸挡板时

(b) 拆卸挡板后

(c) 聚酯密封板

(d) 粘贴密封板后

图 5.22 突出口密封

在粘贴好密封挡板后，即可启动空气压缩机，在压力达到 0.8MPa 左右后，打开快速释放机构的气压缸，使快速释放机构的两侧突出口密封板对接于突出口正中心，然后启动第 6 组与第 15 组千斤顶施加 100kN 的压力，使突出口前方的支撑块抵住突出口密封板，此时密封板将被紧紧地压住。待突出口涂抹的硅橡胶固结 12h 后才能进行下一实验工序。

8. 煤样吸附瓦斯

充气前，应先接好充气管与测气压管，连接好温度传感器与瓦斯压力传感器，并检查装置的气密性。充气时，伺服液压千斤顶、传感器、MaxTest-Load 试验控制软件均将开始工作，因此在充气时应先编制好加载程序，确认数据读取与记录正常。充气时，先将突出口前方支撑块对应的第 6 组与第 15 组千斤顶分别施加 100kN 的力，第 6 组与第 15 组千斤顶分别控制两组液压缸，因此突出口前方支撑块将承受 400kN 压力，从而确保突出口密封板的密封性。模具竖直方向对应的是第 8 组、第 9 组、第 10 组千斤顶，水平方向对应的是第 4 组、第 5 组千斤顶。由于充气阶段耗时长，也可先在充气前将第 4 组、第 5 组、第 8 组、第 9 组、第 10 组千斤顶施加至突出试验预定的压力后，停止油泵工作，由于本装置采用的伺服液压千斤顶采用力控制，油泵工作停止工作后液压千斤顶活塞杆并不会回缩，这样可以保护液压千斤顶，在煤样吸附平衡后可再将第 4 组、第 5 组、第 8 组、第 9 组、第 10 组千斤顶施加至预定压力并稳定 30min。

充气开始前，MaxTest-Load 试验控制软件应开始记录数据，实验采用组管道模式，因为不同千斤顶的启动顺序、停止顺序和绑定的加载程序不同，所以可以对突出试验需要使用的千斤顶进行编组，同一组的千斤顶可以分别绑定不同的加载程序。

本书模拟试验均采用同一种应力加载模式，将相关液压千斤顶编成三组，即第一组：第 6 组与第 15 组千斤顶分别加载 100kN；第二组：第 8 组与第 9 组分别加载 260kN，第 10 组千斤顶加载 220kN，即对煤层施加垂直应力 4.0MPa；第三组：第 4 组与第 5 组千斤顶分别加载 150kN，即对煤层施加水平应力 2.4MPa。

为保护液压千斤顶，一般在加载过程中采用阶梯形加载模式，各个千斤顶相应的加载曲线见图 5.23。液压千斤顶应力加载至预定值并稳定后，即可充气。充气时，先打开瓦斯气瓶，然后打开减压阀并迅速调整至预定值，此时温度与瓦斯压力传感器将同步记录数据。本次模拟试验均采用 CH_4 纯度为 99.99% 的高压瓦斯气体。

9. 完成突出

煤样充分吸附后，就可进行突出实验。在突出实验开始前需进行一些预备工

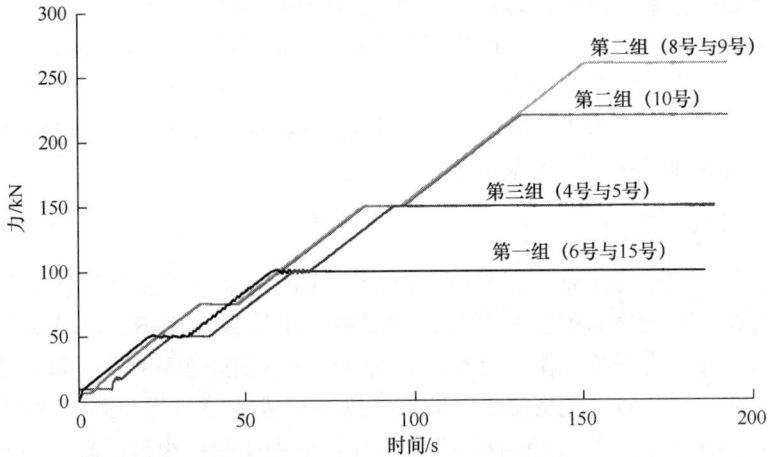

图 5.23　液压千斤顶加载曲线

作,首先启动空气压缩机,启动空气压缩机前应先关闭空气压缩机输气阀门,当空气压缩机气体压力达到 0.8MPa 左右时,立即关闭空气压缩机,然后关闭高压瓦斯气瓶停止充气,保证突出时瓦斯气体仅来源于突出模具内部的游离与吸附瓦斯。

上述步骤完成后,软件操作员与突出录像拍摄人员亦需同时准备就绪,此时突出试验操作员打开空气压缩机输气阀门,并将快速释放机构气动阀控制旋钮置于"开门"状态。由于快速释放机构的突出口密封板受到摩擦力作用,此时突出口密封板并不会缩回,因此突出前操作人员可及时撤离,确保人身安全,而软件操作员处于操作间,突出录像拍摄人员位于窗外,人身安全有保障。

突出区域人员撤离后,一切准备就绪,软件操作员应首先停止第一组管道运行,迅速点击第一组管道对应的"下降"按钮,使第 6 组与第 15 组千斤顶瞬间卸压并快速回缩,1~2s 后突出口密封板会瞬间回缩,此时突出口将暴露出来,如果能发生突出则一般 0.5s 左右突出即会发生,一般突出过程仅持续 1~2s。突出结束后,应迅速停止第 2 组、第 3 组管道运行,并置于"下降"状态。由于实验配备的液压千斤顶采用的是力控制并非位移控制,为了保存好突出孔洞的形态,第 2 组与第 3 组管道必须及时卸压,否则第 2 组与第 3 组管道会继续施加应力从而导致孔洞变形坍塌。突出停止后,软件记录程序可继续运行一段时间,以便获取突出结束后温度与瓦斯压力的变化曲线。

10. 数据采集

待突出实验室内的瓦斯气体充分逸散后,方可进入突出区域采集相关数据。

如果发生了煤与瓦斯突出，则可记录突出煤样的分布、突出孔洞的形状、突出煤样的质量、突出煤样的粒径分布，若有必要还可利用石膏拓取孔洞的模型。拓取孔洞需在拆卸模具后进行，拓孔前需先清理突出孔洞中遗留的垮落煤样，并做好记录，然后采用石膏拓取孔洞，待石膏固结后即可取出。

上述步骤完成后，可按照前述步骤进行下一次煤与瓦斯突出模拟试验。

5.4　模拟试验结果及分析

5.4.1　突出煤样剪切试验

1. 实验装置与实验原理

因在突出试验中所施加的垂直应力为 4.0MPa，不可能在不添加其他添加剂的情况下压制成标准的型煤试件，为考察突出模拟试验所用煤样的力学性质，特借助土工试验方法对突出煤样进行了三轴剪切试验。剪切试验所用煤样均从后续每次突出试验结束后的煤样中选取，因本书不同瓦斯压力和不同突出口径下的模拟试验煤样成型参数均一致，3 种不同粒径配比煤样的比例各不相同，所以，在本次剪切试验中共选取了 4 组煤样，每组煤样均进行 10 个试件共 40 个，各煤样规格为 $\phi 39.1\text{mm} \times 80\text{mm}$，所制得的煤样参数如表 5.3 所示。

表 5.3　煤样参数表

项目参数		煤样分组			
		一	二	三	四
试件数目/个		5	5	5	5
含水率/%		4	4	4	4
密度/(kg/m³)		1352	1342	1302	1290
煤样中各粒径所占比例/%	≤10 目	22.23			
	10~20 目	5.25			
	20~40 目	26.82			
	40~60 目	19.04			
	60~80 目	8.90			
	≥80 目	17.76			
	5~10 目		100.00	0.00	0.00
	10~40 目		0.00	100.00	0.00
	40~80 目		0.00	0.00	100.00

三轴剪切试验是试件在某一固定围压下，逐渐增大轴向压力，直至试样破坏的一种抗剪强度试验，是以摩尔-库仑强度理论为依据而设计的三轴向加压的剪力试验。在土工试验中，根据土样固结排水条件和剪切时的排水条件，三轴试验可分为不固结不排水剪试验（UU）、固结不排水剪试验（CU）、固结排水剪试验（CD）以及 Ka 固结三轴试验等[170]。结合突出模拟试验的实际情况，本次突出煤样三轴剪切试验采用的是不固结不排水剪试验。实验仪器选用的是南京土壤仪器厂有限公司生产的 TSZ-2 型全自动三轴仪（图 5.24）。实验时，试样首先施加围压，随后施加偏应力直至剪坏的整个实验过程中都不允许排水，这样从开始加压直至试样剪坏，煤中的含水量始终保持不变，孔隙水压力也不可能消散，可测得总应力抗剪强度指标。

图 5.24   TSZ-2 型全自动三轴仪

2. 实验结果

根据上述制作的煤样试件规格，将突出试验用煤样在 0.25MPa、0.40MPa、0.50MPa、0.60MPa 和 0.75MPa 围压下进行了不固结不排水时的剪切试验，可分别得到突出煤样内聚力 c 与内摩擦角 ϕ，5 种不同围压下的煤样主应力差与轴向应变关系曲线（如图 5.25 所示的为原煤一次粉碎后的原始配比煤样）。由图可知随着围压增加，煤样的抗剪强度也不断增加，与常规三轴压缩试验中打通一矿煤样不同围压下的变形性质具有一定的相似性。图 5.26 显示的是第一组实验所用的 5 个煤样在实验后的具体形态，从图中可以看出煤样整体结构依然完整，并均在上部呈现微微鼓起的情况，这与典型土体样品的情况存在一定的差异。

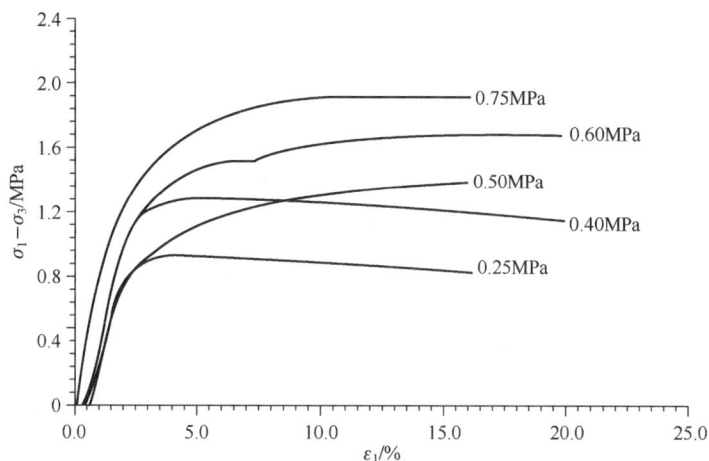

图 5.25　原始配比煤样的主应力差与轴向应变关系曲线

图 5.26　实验测试后煤样形态

　　除了可得到不同围压下煤样主应力差与轴向应变关系曲线外，TSZ-2 型全自动三轴仪还可根据上述实验结果自动画出莫尔圆（图 5.27），并给出线性莫尔圆包络线，得出内聚力 c 与内摩擦角 ϕ。本次实验得出的内聚力 c 与内摩擦角 ϕ 具体参数如表 5.4 所示。其中，线性莫尔圆包络线可由式（5.14）表示：

$$\tau_{f} = c + \sigma \tan\phi \tag{5.14}$$

式中，τ_{f} 为试样的抗剪强度，MPa；σ 为剪切滑动面上的法向应力，MPa；c 为试样的内聚力，MPa；ϕ 为试样的内摩擦角，（°）。

　　设煤样的单轴抗压强度为 σ_{c}，由 c、ϕ 值，根据式（5.14）可得

$$\sigma_{c} = \frac{2c\cos\phi}{1 - \sin\phi} \tag{5.15}$$

在上式中代入相关数据，可得本次实验选用的各组成型煤样单轴抗压强度。

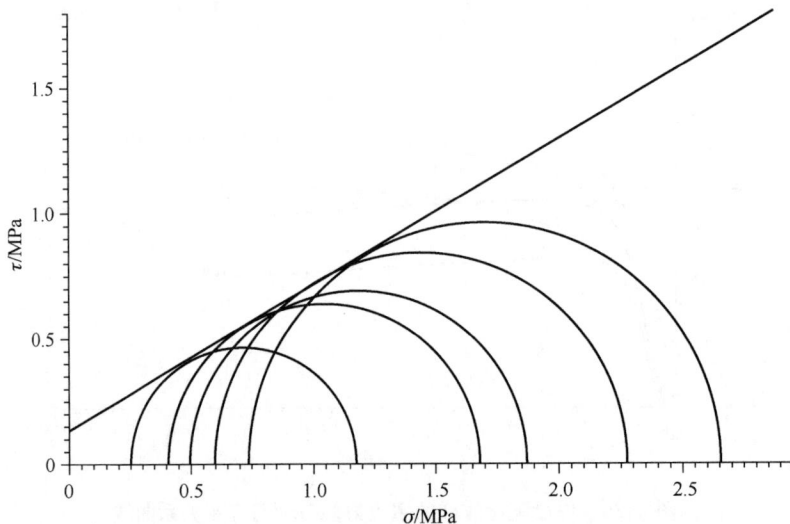

图 5.27　原始配比煤样的莫尔圆与包络线

表 5.4　剪切试验结果参数表

煤样分组	内聚力 c/MPa	内摩擦角 ϕ/(°)	单轴抗压强度 σ_c/MPa
一	0.129	29.94	0.448
二	0.053	20.00	0.153
三	0.055	20.08	0.158
四	0.068	21.97	0.203

5.4.2　模拟试验结果及分析

为了验证所研制的煤与瓦斯突出模拟试验台的实用性，先后耗时 2 个月共进行了 11 次突出模拟试验，所有实验用煤均采自重庆能源投资集团松藻煤电公司 8# 煤层，突出煤样的煤样含水率均为 4.0%，成型压力均为 4.0MPa，煤层垂直方向所受应力均为 4.0MPa，水平方向上均为 2.4MPa。突出模拟试验其他参数及结果详见表 5.5 和表 5.6。

1. 瓦斯压力对突出的影响

为了研究石门揭煤时，煤层内部原始瓦斯压力对煤与瓦斯突出的影响，在成型压力、煤样含水率、煤层受力状况等其他参数均恒定的情况下，本书选取直径 60mm 的圆形突出口进行了瓦斯压力分别为 0.50MPa、1.00MPa、1.50MPa 下的煤与瓦斯突出突出试验。但由于在 0.50MPa 瓦斯压力下未见突出现象发生，

表 5.5　突出模拟试验参数

编号	方案	煤样粒径/目	突出口径/mm	开口形状	突出口面积/mm²	瓦斯压力/MPa	煤样总质量/kg	绝对突出强度/kg	相对突出强度/%	突出情况
1			60	圆形	2827.4	0.50	90.703	—	—	无突出
2	不同瓦斯压力	一次粉碎原始配比	60	半圆形	1413.7	0.75	89.277	4.387	4.91	突出
3			60	圆形	2827.4	1.00	90.703	17.332	19.11	突出
4			60	圆形	2827.4	1.50	90.654	21.846	24.10	突出
5			30	圆形	706.8	1.00	90.623	—	—	无突出
6	不同突出口径	一次粉碎原始配比	30	圆形	706.8	1.25	90.623	10.391	11.47	突出
7			60	圆形	2827.4	1.00	91.064	19.581	21.50	突出
8			100	圆形	7853.9	1.00	91.801	30.837	33.59	突出
9	不同粒径煤样	5～10	60	圆形	2827.4	1.00	89.320	11.494	12.87	突出
10		10～40	60	圆形	2827.4	1.00	86.654	17.660	20.38	突出
11		40～80	60	圆形	2827.4	1.00	85.880	23.608	27.49	突出

表 5.6　部分突出试验前后的煤样粒径分布

项目　　　占比/%　　　粒径/目	≤10	10～20	20～40	40～60	60～80	≥80
实验煤样原始配比	22.23	5.25	26.82	19.04	8.90	17.76
第 2 次突出煤样	16.97	4.38	27.97	21.23	9.15	20.29
第 3 次突出煤样	19.11	4.27	25.88	19.20	8.04	23.51
第 4 次突出煤样	18.01	4.79	24.22	19.56	9.63	23.79
第 6 次突出煤样	17.76	4.54	24.55	20.80	11.04	21.30
第 7 次突出煤样	16.12	4.89	27.00	20.08	12.62	19.29
第 8 次突出煤样	19.47	4.39	25.70	21.12	11.52	17.80

根据经验，瓦斯压力至少要达到 0.74MPa 时才会产生煤与瓦斯突出动力灾害现象，故而又增加瓦斯压力为 0.75MPa 下的煤与瓦斯突出模拟试验，结果表明与实际吻合程度较好。所以，不同瓦斯压力下的煤与瓦斯突出试验共做了 4 次（表5.5），其中由于机器故障，在瓦斯压力为 0.75MPa 时，快速释放机构的突出口侧封板只打开一边，虽然开口面积只是预定值的一半，但仍然发生了突出现象。由此，根据本书设定的实验条件，说明在 0.50～0.75MPa 存在一个发生煤与瓦斯突出现象的瓦斯压力阀值，同时也从理论上为现场预防煤与瓦斯突出提供了依据和支撑，即在不破坏起"应力墙"作用的煤体强度情况下，尽可能降低

煤体内部瓦斯压力，可通过减慢掘进速度、增大煤体裂隙、钻孔抽放瓦斯等措施实施。

为表征突出强度的大小，同时也为了比较不同条件下的突出强度，本书拟定义绝对突出强度和相对突出强度两个参数。其中，绝对突出强度是指突出煤样的总质量，单位为 kg；相对突出强度是指突出煤样质量占实验用煤总质量的百分比，单位为％。将表 5.5 中第 3 次与第 4 次实验相比可知，在 60mm 圆形突出口径下，当瓦斯压力从 1.00MPa 升高至 1.50MPa，瓦斯压力增加 50％时，绝对突出强度由 17.332kg 增加到 21.846kg，相对突出强度由 19.11％增大到 24.10％，相对突出强度增加的幅值为 26.11％。可见瓦斯压力对突出强度的影响比较明显。

再考察表 5.5 和表 5.6 可以发现，煤样突出前后的粒径以 20～40 目为界，前 8 次实验，除去未发生突出的 60mm、0.50MPa 和 30mm、1.00MPa 条件下的两次实验，发生突出的 6 次模拟试验中，小于 10 目与 10～20 目的煤样粒径所占比例均有变小的趋势，而在 40～60 目、60～80 目以及大于 80 目的煤样粒径所占百分比均有增大趋势。并且发现，瓦斯压力越大，小于 20 目的煤样粒径减小和大于 40 目煤样粒径增大的趋势越加明显，仍以第 3 次和第 4 次突出试验为例，突出开口口径均为 60mm，当瓦斯压力为 1.00MPa 和 1.50MPa 时，小于 20 目的煤样粒径降幅分别为 14.92％和 17.03％，大于 40 目的煤样粒径涨幅分别为 11.05％和 15.93％。实验表明，不仅突出对煤样有粉碎作用，而且瓦斯压力越大粉碎效果越明显，进一步验证了综合作用假说中瓦斯压力不仅是突出发生的动力，而且起着抛出和粉碎煤粉的作用这一结论的正确性。

2. 突出口径大小对突出的影响

为了研究石门揭穿煤层时的揭开口大小对煤与瓦斯突出的影响情况，在成型压力、煤样含水率、煤层受力状况等其他参数均恒定的情况下，特在瓦斯压力恒为 1.00MPa 时，选取了 30mm、60mm、100mm 三种口径的圆形突出口，进行了不同突出口径下的煤与瓦斯突出模拟试验。瓦斯压力为 1.00MPa 时，30mm 口径没有发生突出，因此又继续增大瓦斯压力至 1.25MPa 进行了一次突出试验。所以不同突出口径下的煤与瓦斯突出模拟试验也做了 4 次，其模拟试验参数及结果如表 5.5 所示。

在第 5 次（30mm、1.00MPa 条件下）突出模拟试验中，快速释放机构的两扇突出口密封板在气压缸作用下被拉开后，聚酯密封板没有被冲开，气体泄漏较慢，图 5.28 显示了突出口暴露约 188s 的过程中，煤层"顶板"处瓦斯压力的变化，发现瓦斯压力下降缓慢，蓄积在煤样内部的能量不能在瞬间释放，因此未能发生突出。表明阻止瓦斯的快速释放可以抑制突出的发生。密封板揭开后，突出口照片如图 5.29 所示。从图 5.29 可以发现，此次实验的密封面积较大，由于 704 硅橡胶固结后黏结性能较好，要克服硅橡胶的黏结力才能揭开聚酯密封板实现突出，而在此次实验条件下，煤样蕴含的突出能量未能冲破聚酯密封板的阻

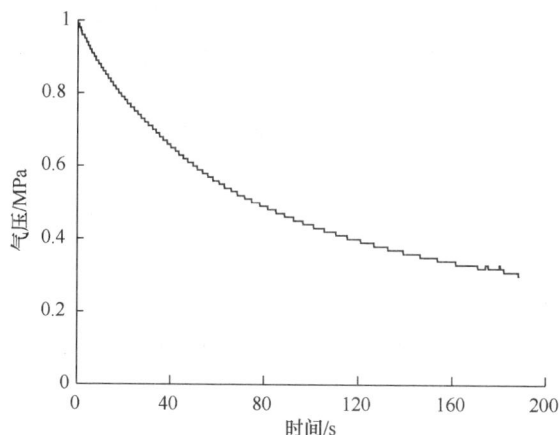

图 5.28　第 5 次模拟试验瓦斯压力下降曲线

碍，同时由于开口面积小，突出口煤层的变形小，而更加稳定，克服硅橡胶的黏结力所需能量大于突出煤样蕴藏能量，因此未能发生突出。而在相同瓦斯压力条件下，第 7 次实验突出口口径增大至 60mm 时发生了突出；第 6 次实验在 30mm 口径和 1.25MPa 下也实现了突出发生，可见开口口径和瓦斯压力均对突出具有重要影响。上述模拟试验表明，在一定条件下，突出口口径即开口面积可以影响突出的发生以及突出的强度，当开口面积小于某一数值时，突出不会发生，也即在特定的条件下，如果影响煤与瓦斯突出的其他因素均恒定，则存在一个突出口

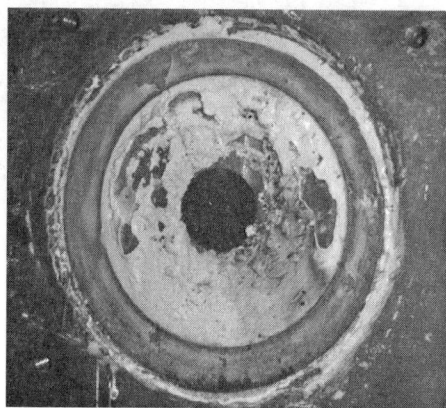

图 5.29　第 5 次模拟试验突出口照片

开口口径或开口面积的阈值，当开口面积小于该阈值时不会发生突出，只有大于此阈值时突出才发生，而且随着开口面积的增大突出强度也会增大。对于本书设定的实验参数而言，其圆形突出口径阈值为 30～60mm。该结论也为现场煤与瓦斯突出防治提供了很有价值的理论基础，石门揭煤前，若预测到即将揭开的煤层内部瓦斯压力较高，按照正常的掘进速度可能会导致煤与瓦斯突出灾害发生时，可根据该实验结论，向煤层深部打超前抽放钻孔以降低瓦斯压力，或将揭开煤层的开口缩小让瓦斯排放后再进行掘进，可有效预防瓦斯突出事故的发生。

　　为了比较突出口径对突出强度的影响，将表 5.5 中第 7 次与第 8 次试验相比可知，在瓦斯压力为 1.00MPa 恒定的情况下，当突出口径从 60mm 升高至 100mm，即突出开口面积增加 177.8% 时，绝对突出强度由 19.581kg 增加到 30.837kg，相对突出强度由 21.50% 增大到 33.59%，相对突出强度增加的幅值为 56.23%。可见在一定条件下，突出口开口面积的大小对突出强度的影响也较明显。

　　3. 煤样物理力学性质对突出的影响

　　目前，在瓦斯压力与地应力对煤与瓦斯突出影响方面的研究报道相对较多，但作为综合作用假说三因素之一的煤的物理力学性质对突出影响的研究较少，为了探讨煤的物理力学性质在突出过程中充当何种角色，在成型压力、煤样含水率、煤层受力状况及瓦斯压力为 1.00MPa、突出口径为 60mm 恒定的情况下，进行了 3 次不同粒径煤样的煤与瓦斯突出模拟试验，3 次实验所用煤样粒径配比详见表 5.5 所示，其中 5～10 目、10～40 目和 40～80 目时的煤粉如图 5.30 所示，从图中可以明显看出 3 次实验所用煤样粒径具有明显的区分性。

　　(a) 5~10目　　　　　　　　(b) 10~40目　　　　　　　　(c) 40~80目

图 5.30　不同粒径煤样

　　从表 5.5 中对比第 9、第 10、第 11 三次不同煤粒配比下的突出试验发现，当煤样粒径完全是 5～10 目、10～40 目和 40～80 目时，绝对突出强度分别为 11.494kg、17.660kg 和 23.608kg，相对突出强度分别为 12.87%、20.38% 和

27.49%，40～80 目粒径突出试验时的相对突出强度为 5～10 目突出试验的 2.14 倍。从而得出煤样粒越细突出强度越大，与井下软分层煤最易发生突出和突出强度较大相吻合。在突出试验结束后，将突出煤样进行二次筛分发现，在突出过程中煤粒越粗的煤样突出作用对其粉碎效果越显著。如煤样粒径完全为 5～10 目时，突出后发现在突出煤样中，有 50.9% 的煤粒径大于 10 目；而煤样粒径完全为 10～40 目时，突出后发现在突出煤样中，有 15.55% 的煤粒径大于 40 目；在煤样粒径完全为 40～80 目时，突出后发现在突出煤样中，仅有 11.81% 的煤粒径大于 80 目。结合表 5.4 可知，突出煤样抗压强度越大，发生突出时的突出强度越大，突出作用对煤粒的粉碎性越小。

4. 突出试验结果的共同性

1) 突出口及突出孔洞

本书所进行的 11 次煤与瓦斯突出模拟试验中，除去不突出的两次以外，在其他 9 次试验成功突出时均能感觉很强的爆破声，煤与瓦斯的突出与爆破声同步发生，而且在突出发生后，整个实验室空间充满了粉尘和瓦斯气体。根据本书设定的实验方案，其中 60mm、0.50MPa 和 30mm、1.00MPa 条件下的模拟试验未观察到突出现象，突出口暴露后，密封板一侧被"顶起"约 5mm [图 5.31 (a)]，瓦斯从聚酯密封板缝隙中涌出，突出口处煤样微微向外挤出 [图 5.31 (b)]，但没有煤体突出。这两次试验之所以没有突出现象发生，是因为在 60mm、0.50MPa 试验条件下的煤样内部瓦斯压力过小，而 30mm、1.00MPa 试验条件下则是突出口过小，致使蕴藏在煤体内部的能量不能瞬间释放，不能够克服起"应力墙"作用的聚酯密封板阻碍，故而未发生煤与瓦斯突出。

图 5.31（c）和图 5.31（d）是成功发生突出后的突出口形态。9 次成功试验中，每次突出结束后，在模具内均能形成一个口小腔大的空腔，腔体四周煤壁稳定而完整。为了详细研究突出孔洞的形状，本书采用石膏拓取了孔洞的模型（图 5.32），拓孔前需先清理孔洞中垮落的碎煤样。在清理垮落碎煤时发现，突出口附近煤层较松软，即突出区域附近煤层存在大量裂隙，且强度较低，而远离突出区域的煤层则较坚硬，由此发现在突出过程中，突出区域附近的煤层产生了一定的变形与位移，导致突出孔洞容积与突出煤的体积相比仅为其 1/2～2/3 大小。以第 4 次（60mm、1.50MPa）和第 7 次（60mm、1.00MPa）突出试验为例，在第 4 次试验中共清理出 6.094kg 垮落的碎煤样，拓取的孔洞石膏模型长 353mm，宽 219mm，高 197mm，呈不规则的梨形，口小腹大；而在第 7 次试验中共清理出 3.418kg 垮落的碎煤样，拓取的孔洞石膏模型长 256mm，宽 232mm，高 236mm，呈不规则的南瓜形，与第 4 次试验相比，二者的孔洞模型体形相差较大，但仍都是口小腹大形态，与现场突出孔洞有一定的相似性。在煤

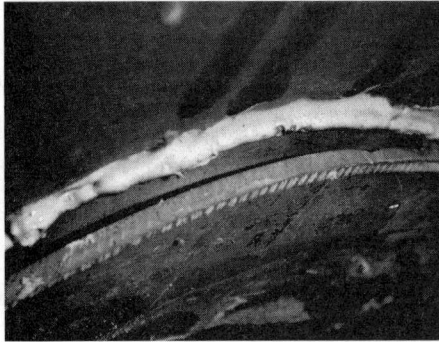

(a) 60mm、0.50MPa试验时突出口密封板

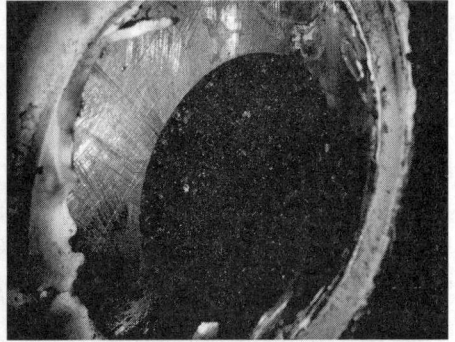

(b) 60mm、0.50MPa试验时突出口煤样

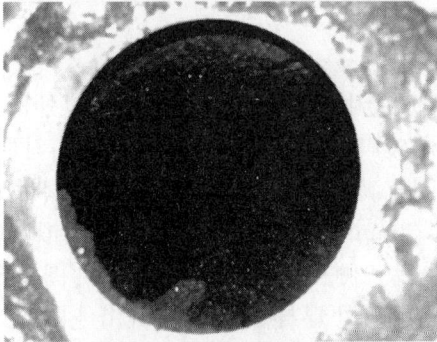

(c) 60mm、1.50MPa试验时突出口

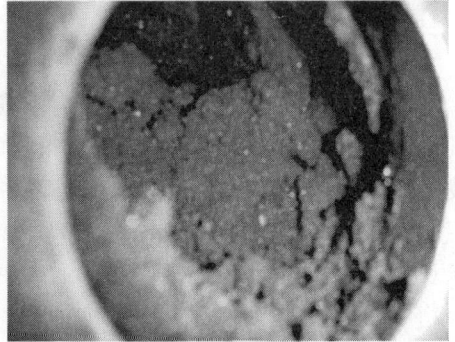

(d) 60mm、1.00MPa试验时突出口

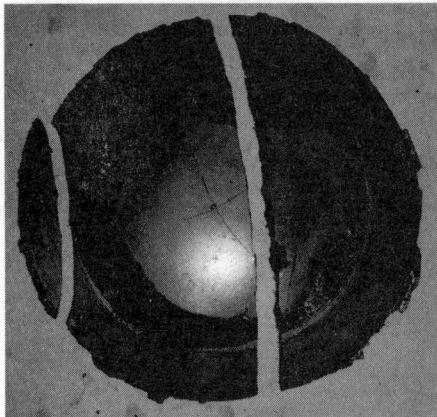

(e) 60mm、1.00MPa试验突出后聚酯板

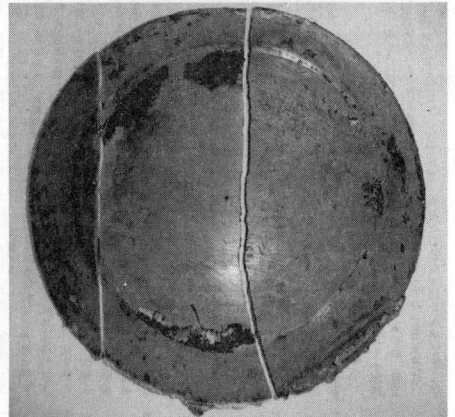

(f) 100mm、1.00MPa试验突出后聚酯板

图 5.31　突出孔洞形状

　　矿井下煤与瓦斯突出现场，突出孔洞的位置及形状是各式各样的。典型突出的孔洞口小腹大（压出和倾出例外），呈梨形或椭圆形，或者呈不规则拉长的椭球形，

有时还有奇异的外形。因此，认为本书所进行的9次成功突出试验，所得到的孔洞形态整体上来讲符合要求，也证明了本书所研制的突出模拟试验台具有一定的实用性。图5.33给出了几次典型突出试验的录像截图。

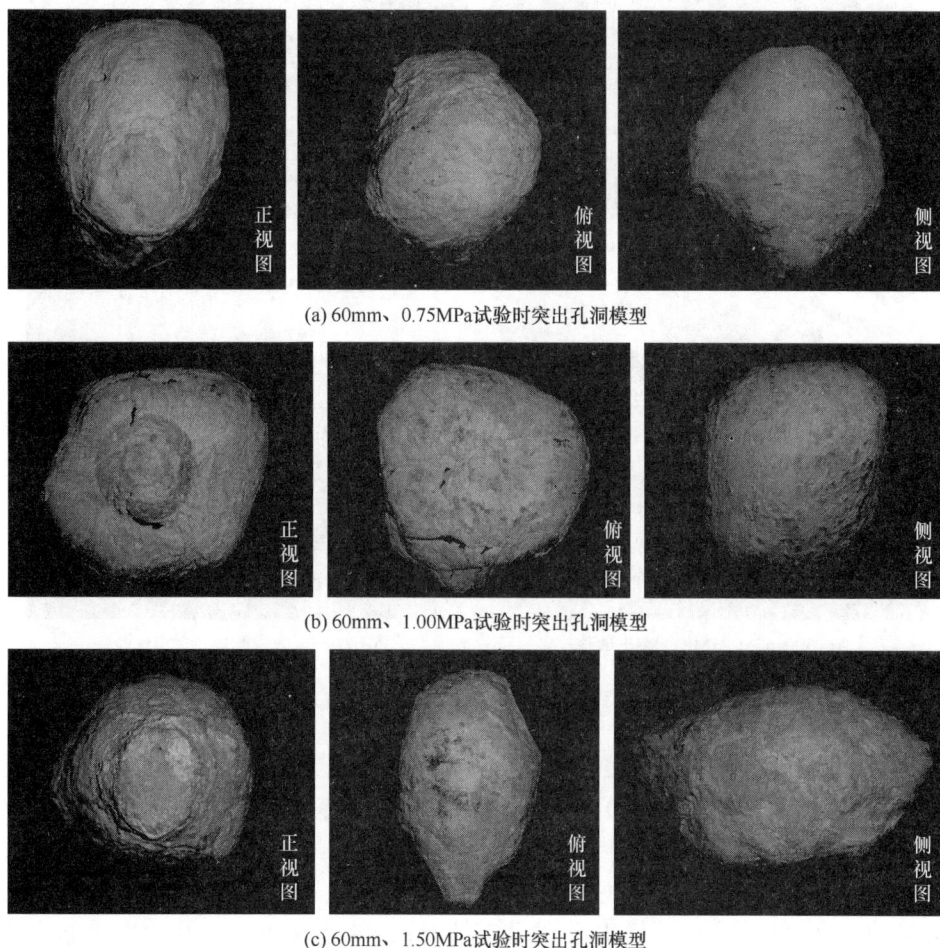

(a) 60mm、0.75MPa试验时突出孔洞模型

(b) 60mm、1.00MPa试验时突出孔洞模型

(c) 60mm、1.50MPa试验时突出孔洞模型

图5.32　模拟试验突出孔洞模型

2）突出煤样分布

本书所进行的11次煤与瓦斯突出模拟试验中，除去不突出的两次以外，在其他9次试验成功突出后，通过观察突出后的煤粉分布情况发现，各试验结果所表现出来的煤粉分布情况相似，均能看到很明显的煤样分选性，在距离突出口越近的区域其煤样粒径越大，在距离突出口越远的区域煤样粒径越小。受实验室空间的限制，在研制煤与瓦斯突出模拟试验台时，突出口前段0.65m距离上设有支撑块挡板，因此突出发生时，突出煤粉不能自由分散，在突出口平面法线方向

(a) 60mm、1.00MPa下突出试验 (b) 100mm、1.00MPa下突出试验

(c) 30mm、1.25MPa下突出试验 (d) 60mm、1.50MPa下突出试验

图 5.33 煤与瓦斯突出试验过程状态图

上受阻，但并不影响突出强度及效果，只是在支撑块上堆积有大量煤粉，并呈现明显的"L"形 [图 5.34（a）、图 5.34（b）]。这是突出瞬间煤样集中而急促地涌出所形成的，由于瓦斯膨胀能的作用，煤粉在瓦斯压力和外应力的作用下，从突出口冲出打在前方的支撑块挡板上后，在力的作用下向两侧反弹出去，形成如图 5.34（c）和图 5.34（d）所示的分布情况。煤粉虽然相对集中，但仍能感觉到靠近突出口附近的区域煤样粒径较大，较远的区域粒径较小，在第 9、第 10、第 11 次试验时，突出时在突出口前面安放了一个三角形导向分流装置，使得煤粉突出口不再堆积在支撑块上，而是均匀地在试验台两侧分布，从两侧煤粉分布情况来看 [图 5.34（e）、图 5.34（f）]，其分选性更加明显，并且能明显感觉到像有气浪"吹"过的痕迹，再现了现场突出过程中由于大量瓦斯气体瞬间涌出形成的"冲击波"现象。

3）突出前后瓦斯压力与温度变化曲线

由于本书研制的煤与瓦斯突出模具底板上刻有 5mm 深纵横交错的刻槽，并嵌有致密的泡沫金属，模具底端充气时对煤层实现了"面充气"功能。通过试验

(a) 60mm、1.00MPa试验时突出口前部　　　　(b) 100mm、1.00MPa试验时突出口前部

(c) 60mm、1.00MPa试验时突出口左侧　　　　(d) 100mm、1.00MPa试验时突出口右侧

(e) 60mm、1.00MPa试验时距突出口远处右侧　　(f) 60mm、1.00MPa试验时距突出口远处左侧

图 5.34　突出煤样分布情况

台控制软件显示的煤层"顶板"处的瓦斯压力变化,可观测到最初充气时的瓦斯压力变化曲线和突出瞬间瓦斯压力变化曲线。煤层"顶板"瓦斯压力达到预定压力所需时间主要受煤样成型压力、高压瓦斯气瓶内部剩余气体压力、泡沫金属变形、减压阀开口大小等因素影响。实验研究表明,在本书的实验条件下,模拟试

验的瓦斯压力升降曲线变化趋势基本一致，煤层"顶板"处的瓦斯压力从
0.10MPa 达到 1.00MPa 一般需时 110s 左右，而瓦斯压力下降速度根据突出开
口面积的不同略有区别，但也都在极短的时间内下降到最初的压力水平。

同样，通过在模具内埋设温度传感器，并在试验台控制软件上显示出突出试
验前后温度的变化，也即在煤样吸附瓦斯与解吸瓦斯时的温度变化曲线，由于
"面充气"功能的实现，可以认为温度传感器埋设的位置能代表整个煤层的温度
变化。因煤样对瓦斯的吸附属于物理吸附过程，由物理化学原理可知，煤体吸附
瓦斯为放热过程，应该引起煤体温度的升高，而解吸瓦斯为吸热过程，会导致煤
体温度的降低。本书的实验研究也充分证明了该理论的成立，同时，该实验结论
也证实了本试验台的有效性。

本书描述的 9 次成功突出试验过程中，充气时的瓦斯压力与温度变化的升高
曲线及突出泄气时的瓦斯压力与温度变化的下降曲线形状基本相似。图 5.35 给
出了突出口径恒为 60mm 时不同瓦斯压力条件下突出试验前充气时的瓦斯压力
与温度变化曲线，图 5.36 给出了瓦斯压力恒为 1.00MPa 下不同突出口径条件下
突出试验泄气时的瓦斯压力与温度变化曲线。由图 5.35 可知，当瓦斯压力从
0.10MPa 分别达到 0.50MPa、0.75MPa、1.00MPa 和 1.25MPa 时需时分别为
80s、107s、108s 和 111s；在煤样从 0s 至 1480s 的吸附瓦斯过程中，1.00MPa
和 1.25MPa 瓦斯压力实验条件下的煤样温度分别升高为 2.39℃和 2.51℃。考察
图 5.36 发现，突出发生时，当瓦斯压力从 1.00MPa 降为 0.00MPa，突出口径
为 30mm、60mm 和 100mm 时分别需时 2.5s、1.8s 和 0.8s；以 30mm 和 100mm
突出口径条件下的模拟试验为例，在突出发生解吸瓦斯 127s 时，煤样温度分别
下降 1.47℃和 1.71℃。由此可知，在其他因素一定的实验条件下，瓦斯压力越
大，充气时所需时间越长，突出口径越大，突出发生时卸压速度越快；在相同时
间内，吸附瓦斯压力越大温度上升越高，突出口径越小，突出发生时温度下降值
亦越小。

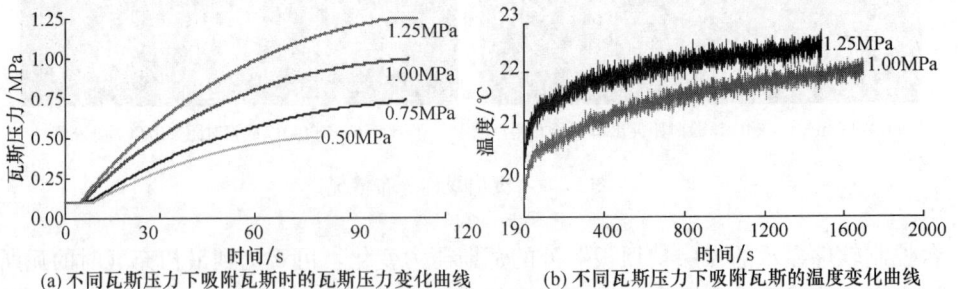

(a) 不同瓦斯压力下吸附瓦斯时的瓦斯压力变化曲线　　(b) 不同瓦斯压力下吸附瓦斯的温度变化曲线

图 5.35　突出试验充气时瓦斯压力与温度变化曲线

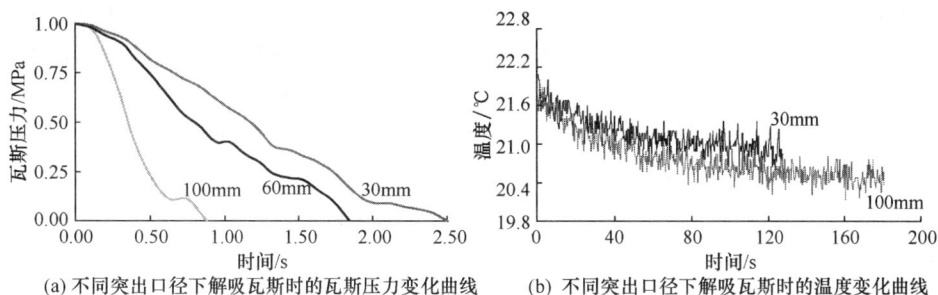

(a) 不同突出口径下解吸瓦斯时的瓦斯压力变化曲线　　　(b) 不同突出口径下解吸瓦斯时的温度变化曲线

图 5.36　突出试验泄气时瓦斯压力与温度变化曲线

需要说明的是，实验所监测到的煤层温度的下降快慢与瓦斯涌出速度、煤体与外界的温度差、传感器埋设位置等因素均有关。并且由于软件数据采集频率较高，达到 10Hz，同时煤层内部一部分瓦斯处于流动状态，一部分瓦斯处于吸附与解吸的动态平衡中，本次实验观察到的曲线呈现较大幅度的波动。突出模具并非绝热体，与外界存在能量交换，在煤层逐渐吸附平衡的过程中，吸附热会存在散失，当煤体吸附平衡后，温度将会逐渐下降，最终煤体内部的温度将与外界平衡，同时环境温度也处于波动中，因此本次实验一般只测量 20～50min 煤体温度的变化。

5.5　本章小结

为了进一步研究地应力、瓦斯压力与煤的物理力学性质之间的相互耦合作用及其对突出的综合作用机制，以期在综合作用假说的基础上更深层次地揭示煤与瓦斯突出机制，为形成煤与瓦斯突出力学演化机制及预测煤与瓦斯突出的基础理论提供量化支撑。本章在综合同类煤与瓦斯突出试验装置和洛阳总参工程兵科研三所的岩土工程多功能试验装置的基础上研制了全新的"煤与瓦斯突出模拟试验台"。在该试验台成功研制的基础上，分别做了不同瓦斯压力、不同突出口径和不同煤粒配比情况下的煤与瓦斯突出试验，所得主要结论如下：

（1）所研制的"煤与瓦斯突出模拟试验台"能在实验室较好地模拟石门揭煤情况下的煤与瓦斯突出现象。克服了现有煤与瓦斯突出试验装置中存在的一些不足，可模拟不同成型压力、不同荷载大小、不同瓦斯压力、不同荷载形式（分均布和阶梯形两种）和不同突出口径等条件下的突出情况。与同类设备相比，具有以下独特优势：①突出煤样的纵向荷载由计算机软件控制多组液压千斤顶施加均布和阶梯形荷载，可模拟井下采煤工作面前方造成突出的局部应力集中；②与同类装置相比，煤样尺寸较大，并可模拟多种不同倾角煤层在不同地应力、不同瓦斯压力下的煤与瓦斯突出，有效解决了以往突出试验中仅能模拟水平倾角煤层突出的缺陷，真实再现了不同实验条件下的煤与瓦斯突出情形；③利用多孔介质材料泡沫不锈钢隔离煤样与进气孔，既有效解决了同类装置中与实际情况有所偏差的仅能对突出煤样进行"点充气"的弊端，又实现了对突出煤样均匀"面充气"，更加逼真地模拟了井下煤层瓦斯来源；④突出口密封板由快速释放机构实施机械化自动控制高速打开，较好地解决了同类装置中煤样突出端卸压速度偏慢而影响突出强度的技术难题；⑤采用高速摄像机录像，首次实现了突出全程回放，通过录像可分析突出能量衰减程度及声发射传播衰减机制随突出阶段（或时间）的变化关系。

（2）通过将相似理论引入煤与瓦斯突出模拟试验，以弹性模量和容重相似常数为基础，确定了模拟试验台的模拟能力；并按照实验步骤详细介绍了进行煤与瓦斯突出模拟试验所必需的 10 个工序。

（3）在一定条件下，煤层瓦斯压力可以影响煤与瓦斯突出的发生以及突出的强度，即煤与瓦斯突出存在瓦斯压力阈值，低于此阈值时不会发生突出，只有高于此阈值突出才会发生，在高于此阈值时，瓦斯压力越大则突出强度越大。实验结果还表明，不仅突出对煤样有粉碎作用，而且瓦斯压力越大粉碎效果越明显，进一步验证了综合作用假说中瓦斯压力不仅是突出发生的动力，而且起着抛出和粉碎煤粉的作用。

（4）在一定条件下，突出口的大小可以影响煤与瓦斯突出的发生以及突出的强度，即煤与瓦斯突出存在突出口开口面积阈值，当开口小于该阈值时不会发生突出，只有当大于此阈值时才会发生突出，而且随着开口面积的增大，突出强度亦增大。

（5）在一定条件下，煤的力学性质对煤与瓦斯突出的强度影响较大，突出煤样抗压强度越大，发生突出时的突出强度越大，突出作用对煤粒的粉碎性越小。也即伴随煤样粒径的减小突出强度逐渐增大，与井下软分层煤最易发生突出和突出强度较大相吻合，同时得到在突出过程中，煤粒越粗的煤样突出作用对其粉碎效果越显著。

（6）突出试验时，在充气吸附瓦斯过程中，煤层温度呈波动式上升，在突出过程中，煤层"顶板"处的瓦斯压力会迅速下降，瓦斯解吸，煤层温度降低，瓦斯压力和温度下降的速度与突出强度等因素有关。并且得出在其他因素一定的实验条件下，瓦斯压力越大，充气时所需时间越长，突出口径越大，突出发生时卸压速度越快；在相同时间内，吸附瓦斯压力越大温度上升越高，突出口径越小，突出发生时温度下降值也越小。该结论也验证了煤样吸附瓦斯放热与解吸瓦斯吸热这一物理过程。突出后产生的孔洞模型大多呈不规则的口小腔大的梨形等形状，形态差异较大，突出孔洞在煤层内并不呈对称分布。

第 6 章　含瓦斯煤 THM 耦合模型数值分析

多物理场耦合数学模型是由偏微分方程为控制方程组成的数学定解问题,其解析解往往只局限于定解方程和边界条件非常简单的情况。而对于比较复杂的实际问题,其求解只能求助于数值解法。第 4 章研究得到的含瓦斯煤 THM 耦合模型是一组基于多孔介质的热流固多物理场全耦合方程组,瓦斯在煤层中流动的 THM 耦合问题非常复杂,唯有数值解法才能求解。

结合前面绪论章节中所讨论的多物理场耦合问题求解方法,分析认为,有限单元法比有限差分法更适合。而多物理场耦合分析软件 COMSOL Multiphysics (原 FEMLAB) 正是基于偏微分方程的专业有限元分析软件,该软件可将建立的多物理场耦合数学模型转化为一个统一的偏微分方程组,在人机交互的环境下,实现热流固三场全耦合数值求解,一次解出渗流场、应力场和温度场,给出更接近真实物理过程的数值解答,避免松散耦合法求解多场耦合问题带来的误差。近年来,国内学者利用该软件进行多物理场耦合模型数值求解的研究报道也相对较多[94,171~175],这些成果均表明 COMSOL Multiphysics 软件在计算多物理场耦合问题中有其独特的优越性,可给出更接近真实物理过程的数值模拟结果。本章拟选用该软件为求解平台进行瓦斯在煤层中流动的 THM 耦合求解,首先通过对一个具有已知解析解的算例(即克林伯格效应下的一维瓦斯渗流问题)进行计算分析以证明该软件的适用性,然后将已建立的 THM 耦合数学模型嵌入该软件,对第 5 章所做的煤与瓦斯突出试验进行数值分析,以物理模拟试验所得结论验证所建 THM 耦合模型及求解方法的正确性。结果表明,利用该软件求得的数值解与已知的解析解和实验解一致性较好。在此基础上,以重庆能源投资集团松藻煤电公司石壕矿 S1824 综采工作面为工程背景,分析了井下采煤工作面在一次采全高刚掘出开切眼时瓦斯在煤层中的渗流过程,探讨了在瓦斯压力、温度和地应力发生变化时的瓦斯含量、孔隙率、渗透率、瓦斯渗流速度、体积应变等指标的变化规律。

6.1　COMSOL Multiphysics 软件简介

COMSOL Multiphysics 是一款大型的高级数值仿真软件,由瑞典的 COMSOL 公司开发,是一个基于偏微分方程的专业有限元数值分析软件包,是一种针对多物理场模型进行建模和仿真计算的交互式开发环境系统。因该软件的建模求解功能基于一般偏微分方程的有限元求解，故可以连接并求解任意物理场的耦合问题，被当今世界科学家称为"第一款真正的任意多物理场直接耦合分析软件"，适用于模拟科学和工程领域的各种物理过程，它以高效的计算性能和杰出的多场直接耦合分析能力实现了任意多物理场的高度精确的数值仿真，在全球领先的数值仿真领域里得到了广泛应用[176]。

COMSOL Multiphysics 软件通过把任意多物理场应用模块整合成对一个单一问题的描述，使得建立耦合问题变得更为容易。针对不同的具体问题，可进行静态和动态分析、线性和非线性分析、特征值和模态分析等各种数值分析。其显著特征归纳起来主要有以下几点[176,177]：①求解多场问题等于求解方程组，用户只需选择或者自定义不同专业的偏微分方程，进行任意组合便可轻松实现多物理场的直接耦合分析；②完全开放的框架结构，用户可在图形界面中轻松自由定义所需的专业偏微分方程；③任意独立函数控制的求解参数，材料属性、边界条件、载荷均支持参数控制；④专业的计算模型库，内置各种常用的物理模型，用户可轻松选择并进行必要的修改；⑤内嵌丰富的 CAD 建模工具，用户可直接在软件中进行二维和三维建模；⑥全面的第三方 CAD 导入功能，支持当前主流CAD 软件格式文件的导入；⑦强大的网格剖分能力，支持多种网格剖分，支持移动网格功能；⑧对于不同物理场中交叉耦合项的处理简单有效，一方面，在各物理场的偏微分方程中考虑了不同场的影响，另一方面，各物理场中的计算变量可以直接用于耦合关系的定义；⑨自带有 Script 语言并兼容 Matlab 语言，具有强大的二次开发功能，对于创新性理论研究尤为适合；⑩丰富的后处理功能，可根据用户的需要进行各种数据、曲线、图片及动画的输出与分析。

在使用 COMSOL Multiphysics 软件的过程中，用户可以自己通过建立几何模型和偏微分方程进行建模，并把它们输入到软件中去，也可以使用 COMSOL Multiphysics 提供的特定的物理应用模型。这些物理模型都是针对不同的物理领域而预先定义的，从方程形式到各种物理参数的输入都符合各学科的具体规范，用户可以从这些预定义的模型开始进行自己的数值建模，从而大大减轻了科研人员的工作量。软件中预先定义的物理模型主要有[176~178]：①结构力学模块；②化学工程模块；③热传导模块；④AC/DC 模块；⑤射频模块；⑥微机电模块；⑦地球科学模块；⑧声学模块；⑨反应工程实验室；⑩信号与系统实验室；⑪最优化实验室；⑫CAD 导入模块；⑬二次开发模块。

如果用户要求解的问题不属于软件中已定义的物理模型，可以应用 COMSOL Multiphysics 提供的 PDE 模式即偏微分方程模式，通过定义微分方程及定解条件来求解问题。COMSOL Multiphysics 中的偏微分方程有如下 3 种形式：①系数形式（coefficient form）；②一般形式（general form）；③弱形式（weak form）。其中系数形式和一般形式十分类似，系数形式主要解决线性问题，而一般形式可以解决线性和弱的线性问题。而弱解形式主要用于解决非线性问题及一些无法用前两者表达的线性问题。弱解形式是功能最为强大的一种求解方法，尤其能解决时间和空间混合导数的情形，前两者可以解决的问题都可以用弱解形式解决，只是更为复杂些。

COMSOL Multiphysics 是一个完整的数值模拟软件，通过其交互建模环境，可以从开始建立模型一直到分析结束，不需要借助任何其他软件；该软件的集成工具可以确保用户有效地进行建模过程的每一步骤。通过便捷的图形环境，可在不同步骤之间进行转换，相当方便，即使改变几何模型尺寸，模型仍然保留边界条件和约束方程。典型的建模过程包括以下 6 个步骤：①建立几何模型；②定义物理参数；③划分有限元网格；④求解；⑤可视化后处理；⑥拓扑优化和参数化分析。

6.2　THM 耦合模型的嵌入

6.2.1　含瓦斯煤 THM 耦合模型

根据第 4 章的研究结果，随着采矿规模的扩大，采矿活动向纵深发展，温度热效应逐渐增加，瓦斯在煤层中的流动并不是理想中的等温过程，地应力、温度及瓦斯压力的变化均会引起孔隙率、渗透率、瓦斯含量、瓦斯渗流速度等的变化。若将瓦斯在煤层中的流动认为是非等温的，即考虑地温热膨胀效应的影响，并同时考虑吸附瓦斯膨胀和游离瓦斯压缩煤体骨架引起的煤体变形，将式（4.44）、式（4.58）和式（4.80）联立可得含瓦斯煤 THM 耦合模型：

$$
\begin{cases}
2\alpha P\,\dfrac{\partial e}{\partial t}+\left[2\varphi+\dfrac{2(1-\varphi)}{k_s}P+\dfrac{2abcP_n}{(1+bP)^2}+\dfrac{2abcP_n}{1+bP}\right]\dfrac{\partial P}{\partial t} \\[2mm]
-\nabla\cdot\left(\dfrac{k}{\mu}\,\nabla P^2\right)=I \\[2mm]
G\displaystyle\sum_{j=1}^{3}\dfrac{\partial^2 u_i}{\partial x_j^2}+\dfrac{G}{1-2\upsilon}\sum_{j=1}^{3}\dfrac{\partial^2 u_j}{\partial x_j\,\partial x_i}-\theta_T\dfrac{\partial\Delta T}{\partial x_i}-\theta_{PY}\dfrac{\partial\Delta P}{\partial x_i} \\[2mm]
-\theta_{PX}aT\,\dfrac{\partial\ln(1+bP)}{\partial x_i}+\alpha\,\dfrac{\partial P}{\partial x_i}+F_i=0 \\[2mm]
\eta\,\nabla^2 T+qQ=\rho C_V\,\dfrac{\partial T}{\partial t}+T_0\theta_T\,\dfrac{\partial e}{\partial t}+\theta_{PX}T_0\left[T_0\ln(1+bP)\dfrac{\partial a}{\partial T}\right. \\[2mm]
\left.+T_0\,\dfrac{aP}{1+bP}\,\dfrac{\partial b}{\partial T}+a\ln(1+bP)\right]\dfrac{\partial e}{\partial t}
\end{cases}
\tag{6.1}
$$

其中，

$$\alpha = \frac{\left[\dfrac{2a\rho RT(1-2\upsilon)}{3V_m}\ln(1+bP) + \dfrac{E\beta\Delta T}{3} - (1-2\upsilon)\Delta P\right](1-\varphi)}{P} + \varphi$$

$$(6.2)$$

$$\varphi = 1 - \frac{(1-\varphi_0)}{1+e}\left\{1 + \beta\Delta T - K_Y\Delta P + \frac{2a\rho RTK_Y\ln(1+bP)}{3V_m(1-\varphi_0)}\right\} \quad (6.3)$$

$$k = \frac{k_0}{1+e}\left[1 + \frac{e}{\varphi_0} - \frac{(\beta\Delta T - K_Y\Delta P)(1-\varphi_0)}{\varphi_0} - \frac{2a\rho RTK_Y\ln(1+bP)}{3V_m\varphi_0}\right]^3$$

$$(6.4)$$

$$Q = \left(\frac{abcP}{1+bP} + \varphi\frac{P}{P_n}\right)\rho_n \quad (6.5)$$

$$\begin{cases} a = m_1 T^2 + m_2 T + m_3 \\ b = n_1 T + n_2 \end{cases} \quad (6.6)$$

6.2.2　THM 耦合模型的嵌入

经过筛选，决定借助于多物理场耦合分析软件 COMSOL Multiphysics 对含瓦斯煤 THM 耦合模型进行数值求解。本章选择该软件中 COMSOL Multiphysics 模块下面的系数形式的 PDE 模式、热传模式及结构力学模式下面的平面应变模型来求解含瓦斯煤 THM 耦合问题，当然在各模式之间还需定义很多交叉耦合项。待这些问题正确定义出来之后，COMSOL Multiphysics 在求解时，将先把热传、结构力学和系数形式 PDE 模式结合在一起转换成一个统一的偏微分方程组，然后统一求解，同时解出应力场、渗流场和温度场，从而实现三场的全耦合求解，避免了松散耦合法求解多场耦合问题带来的误差，给出了更接近真实物理过程的数值解答。

针对进行数值模拟计算的 6 个典型建模步骤，模型的嵌入主要是在定义物理参数这一步中，几何模型的建立利用软件自带的 CAD 绘图功能即可实现，其他各步骤需针对具体问题具体实施。第 2 步定义物理参数又包括两部分：一是求解域设定；二是边界设定。边界设定也需针对具体问题才可实施，而求解域设定即是负责将数学模型嵌入软件的过程。本章在此仅以耦合模型渗流场方程为例简要介绍如何将方程嵌入软件中，至于边界设定、网格划分和求解器设定等在后续具体问题中再给予介绍，耦合温度场和应力场方程的嵌入方法与其类似，不再赘述。

耦合数学模型中的渗流场方程具有很强的非线性，典型的地球科学模块中流动模型已不能解决该问题，但可以应用系数形式的 PDE 模块解决。具体打开方式为：Model Navigator 窗口→COMSOL Multiphysics→PDE Modes→PDE，Coefficient Form→Time dependent analysis，设定因变量为瓦斯压力 P，点击

"确定"按钮，则可显示系数形式的 PDE 模式标准方程形式为

$$
\begin{cases}
e_a \dfrac{\partial^2 P}{\partial t^2} + d_a \dfrac{\partial P}{\partial t} + \nabla \cdot (-c \nabla P - \alpha P + \gamma) + \beta \cdot \nabla P + aP = f & \text{在域 } \Omega \text{ 上} \\
n \cdot (c \nabla P + \boldsymbol{\alpha} P - \boldsymbol{\gamma}) + qP = g - hP & \text{在边界 } \partial\Omega \text{ 上} \\
hP = r & \text{在边界 } \partial\Omega \text{ 上}
\end{cases}
$$

$$(6.7)$$

式中，Ω 为求解域；$\partial\Omega$ 为求解域边界；n 为边界外法线。式（6.7）中的第一个方程为域 Ω 内的 PDE，其中系数 $\boldsymbol{\alpha}$ 和 $\boldsymbol{\gamma}$ 为矢量，其他系数为标量。PDE 系数对不同的学科有不同的含义。式（6.7）中第二个方程表示广义 Neumann 边界条件，其中系数 q 为边界吸收系数，g 为边界源项，μ 为拉格朗日乘子。矢量 $\boldsymbol{\Gamma} = c\nabla P + \alpha P - \gamma$ 称为通量矢量。如果 $q=0$，则广义 Neumann 边界条件就是数学上的 Neumann 边界条件，在有限元的术语系统中，Neumann 边界条件也称为自然边界条件。在弱形式的 PDE 中，Neumann 边界条件并不显式地出现。拉格朗日乘子就是为了将 Neumann 边界条件引入有限元的刚度矩阵和载荷向量而引入的。对于结构力学模型，拉格朗日乘子为相应的反力。广义 Neumann 边界条件也称为混合边界条件。式（6.7）中第三个方程表示 Dirichlet 边界条件，在实际问题里，Dirichlet 边界条件通常表示约束条件。在有限元的术语系统中，Dirichlet 边界条件也称为强制边界条件，因为有限元的试探函数必须满足 Dirichlet 边界条件。

要嵌入系数形式的渗流场方程，可由主菜单中的 Physics→Subdomain Settings 打开对话框，选择相应的子域并填写相应的系数项，就完成了求解域设定。针对本章所建的含瓦斯煤 THM 耦合模型，为了将模型中的渗流场方程完全嵌入软件中，在设定瓦斯压力初始值为 $P(t_0)$ 的同时尚须做以下代换：

$$e_a = 0$$

$$d_a = 2\varphi + \frac{2(1-\varphi)}{k_s}P + \frac{2abcP_n}{(1+bP)^2} + \frac{2abcP_n}{1+bP}$$

$$c = \frac{k}{\mu}\nabla P, \quad \alpha = 0, \quad \gamma = 0, \quad \beta = 0, \quad a = 0$$

$$f = 2\alpha P \frac{\partial e}{\partial t}$$

若要设定边界条件，可由主菜单中的 Physics→Boundary Settings 打开对话框，针对具体模型选择相应的边界并正确填写边界条件中的参数，就完成了边界设置。如图 6.1 所示的模型设定图为后续 6.5 节中的模型设定参数。

(a) 子域设定

(b) 初始值设定

(c) 边界设定

(d) 标量表达式设定

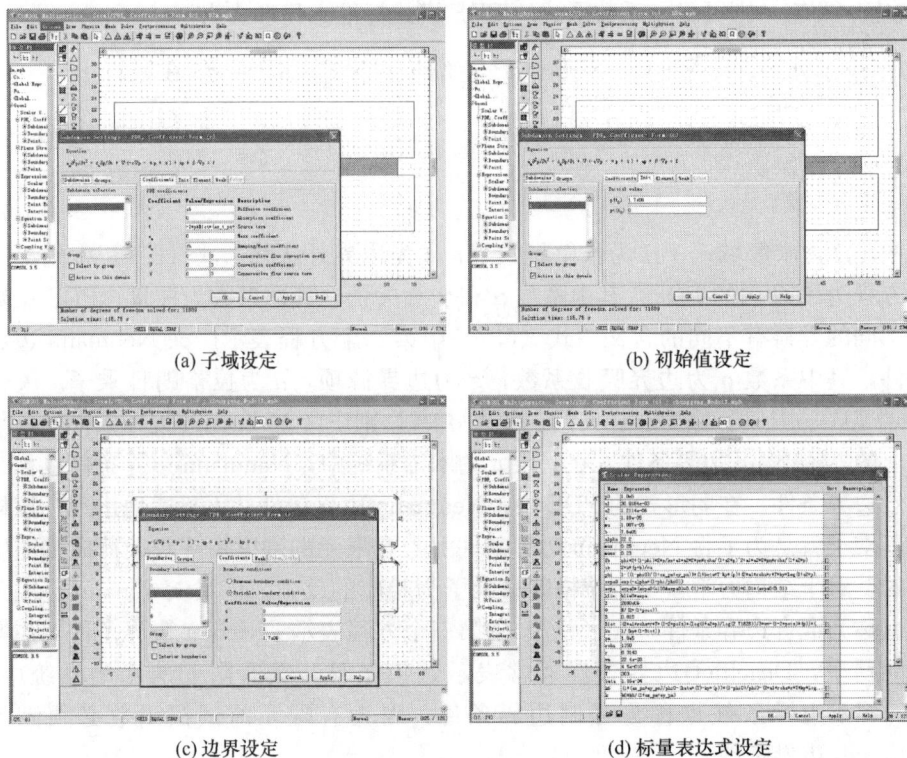

图 6.1　PDE 模型设定

6.3　THM 耦合模型的解析解验证

若要验证本章所建立的含瓦斯煤 THM 耦合模型的正确性，必须将其数值解和解析解进行对比分析方可，这一观点是最直观和最严谨的。但由于含瓦斯煤 THM 耦合模型自身的非线性复杂性，是不可能得出其解析解的，故而，须将所建立的模型进行一定程度的简化，在简化的基础上求其解析解，并与其数值解进行印证。下面通过考虑克林伯格效应下的一维瓦斯渗流算例来证明本章所建数学模型以及基于 COMSOL Multiphysics 求解方法的正确性及有效性。

克林伯格效应是 Klinkenberg[179] 于 1941 年利用滑脱理论，设想了一种简单的多孔介质毛细管模型，并得出了气体渗透率 k 与克氏渗透率 k_∞ 的函数关系式：

$$k = k_\infty \left(1 + \frac{B}{P} \right) \tag{6.8}$$

式中，P 为气体平均压力，Pa；k 为平均压力 P 下的气体渗透率，m^2；k_∞ 称为克氏渗透率，m^2；B 称为克氏系数或滑脱因子。

若在恒温条件下，考虑克林伯格效应的同时，再假设孔隙率 φ 为一常数。那么将式（4.58）简化可得到一维稳态气体流动方程：

$$\frac{\partial}{\partial x}\left[\frac{k_\infty (P+B)}{\mu}\frac{\partial P}{\partial x}\right]=0 \tag{6.9}$$

在一维条件下，若某煤柱入口端（$x=0$）的进气率 Q_m 和出口端（$x=L$）的气体压力 P_L 为一常数时，由式（6.9）可解出

$$P(x)=-B+\sqrt{B^2+P_L^2+2BP_L+\frac{2Q_m\mu(L-x)}{k_\infty}} \tag{6.10}$$

下面分析在一维状态下，瓦斯气体在致密原煤中的渗流情况。该几何模型如图 6.2 所示，煤柱长 10m，其横截面积为 1m²。假设在煤柱中被单相的气体所饱和，当煤柱末端的出气口气压保持一恒定常数时，在入口端向其注入瓦斯气体的速率也是恒定的。数值计算所用相关物理参数如表 6.1 所示。表 6.2 和图 6.3 分别给出了本章利用 COMSOL Multiphysics 软件所解得的数值解和解析解的对比情况。由图可知，本章依据所建立的计算模型求得的数值解和解析解较吻合，表明本章所提出的数值计算方法是正确的、模型是可靠的。

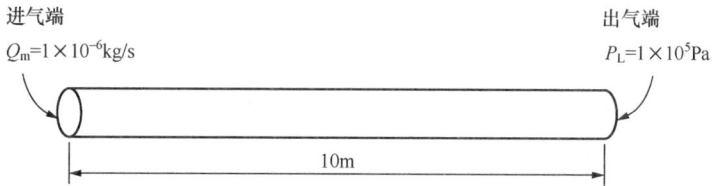

进气端　　　　　　　　　　　　　　　　　　　　　　　出气端

$Q_m=1\times 10^{-6}$kg/s　　　　　　　　　　　　　　　　$P_L=1\times 10^5$Pa

10m

图 6.2　克林伯格效应下的一维气体稳态流动模型（截面面积 $A=1$m²）

表 6.1　克林伯格效应下的一维气体稳态流动所用参数[177]

参数	代表符号	值	单位
克林伯格系数	B	7.6×10^5	Pa
克氏渗透率	k_∞	1.0×10^{-18}	m²
煤柱长度	L	10.0	m
出口端气压	P_L	1.0×10^5	Pa
气量注入率	Q_m	1.0×10^{-6}	kg/s
孔隙率	φ	0.083	
气体动力黏度	μ	1.087×10^{-5}	Pa·s
瓦斯密度	ρ_g	1.0	kg/m³

表 6.2　一维瓦斯稳定流的数值解与解析解对比表

坐标位置/m	解析解/Pa	数值解/Pa	绝对误差/Pa
0.0	100126.386	100126.380	0.006
0.5	100120.067	100120.070	0.003
1.5	100107.429	100107.430	0.001
2.5	100094.791	100094.790	0.001
3.5	100082.153	100082.160	0.007
4.5	100069.515	100069.516	0.001
5.5	100056.876	100056.875	0.001
6.5	100044.237	100044.234	0.003
7.5	100031.598	100031.600	0.002
8.5	100018.959	100018.960	0.001
9.5	100006.320	100006.320	0.000
10.0	100000.000	100000.000	0.000

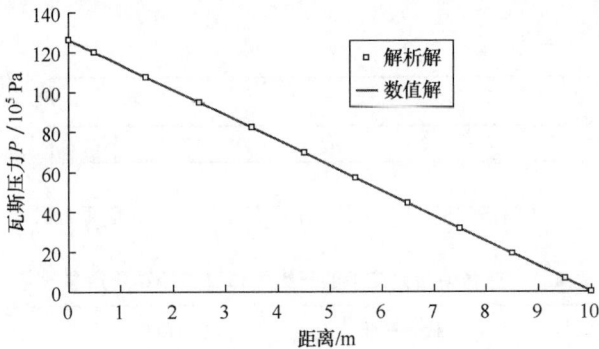

图 6.3　数值解与解析解的对比关系

6.4　THM 耦合模型的实验室验证

　　在解析解验证的基础上，为了更加直观地对所建的含瓦斯煤 THM 耦合模型的正确性给予验证，这里以第 5 章所进行的煤与瓦斯突出物理模拟试验为背景，开展在突出发生前对煤样充气吸附瓦斯过程中瓦斯压力和温度变化的数值分析。

　　数值计算模型建立时，依照前述的模型嵌入方法将第 4 章所建的含瓦斯煤耦合模型嵌入到计算模型中。煤样几何尺寸和边界条件完全与在实验室实验时一致：长×高为 570mm×365mm；各边的温度场边界条件均为温度约束，设为

293K，煤样内部温度初始值也为 293K；渗流场边界条件除下边界为 Dirichlet 边界（边界上为恒定瓦斯压力 1.0MPa 的充气源）外，其余边界均为 Neumann 边界条件，煤样内部瓦斯压力初始值为 0.1MPa；应力场边界条件为在煤样上边界垂直方向受应力 $\sigma_1=4.0$MPa，右边界水平方向受力 $\sigma_2=2.4$MPa，其他边界均为位移约束。数值计算几何模型及其边界条件如图 6.4 所示，图中带箭头虚线为瓦斯气体充入示意。

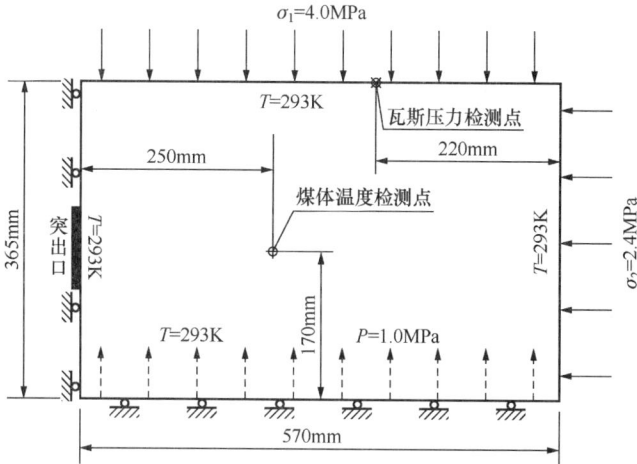

图 6.4　煤与瓦斯突出模拟几何模型及其边界条件示意图

　　由于突出所用的型煤煤样是在轴压为 4.0MPa 和围压为 2.4MPa 时用粉碎后的煤粉在突出模具中成型的，煤样相对松软，在 4.0MPa 的压力下不可能制成标准的型煤试件在 MTS815 试验机上进行力学参数测试试验。故而模拟计算所用的弹性模量是在突出煤样三轴剪切试验的基础上，结合杨永杰[180]研究的弹性模量与围压的关系计算所得，而泊松比也是通过剪切试验后的煤样变形情况计算所得，密度和渗透率则是在突出试验过程中测试所得。数值计算所需参数如表 6.3 所示。进行计算时网格划分采用二阶 Lagrange 型三角形网格，划分为 1584 个网格单元，采用瞬态求解器进行求解。为了与室内实验尽量一致，特选择了与瓦斯压力和温度传感器一样的检测位置来分析瓦斯压力和温度随时间的变化（图 6.4），计算结果如图 6.5 所示。由图 6.5 可知，瓦斯压力测点处的数值从 0.1MPa 达到 1.0MPa 需时 120s，且前 10s 基本无变化，而实验中实测的瓦斯压力从 0.1MPa 达到 1.0MPa 需时 108s，在前 8s 时间内瓦斯压力值变化微小。模拟计算发现，当充气时间持续 1490s 时，温度从 293.00K 上升至 295.24K，煤体温度约升高 2.24℃，而实验实测充气时间持续 1490s 时，煤体温度升高约 2.64℃[图 5.35（b）]，比模拟计算值偏高 0.40℃。分析认为，出现此现象是因为在数值计算时，忽略了煤样在轴压与围压的作用下发生变形时煤粒间摩擦产生的热量。

表 6.3　突出煤样参数

参数	代表符号	值	单位
煤体弹性模量	E	2949×10^6	Pa
煤泊松比	υ	0.43	
煤密度	ρ	1.35×10^3	kg/m³
煤层孔隙率	φ_0	0.15	
煤层渗透率	k_0	0.6×10^{-13}	m²
瓦斯动力黏度系数	μ	1.087×10^{-5}	Pa·s
瓦斯密度	ρ_g	1.0	kg/m³
模具内初始压力	P_0	0.1×10^6	Pa
标准状态时瓦斯压力	P_n	0.1×10^6	Pa
气体摩尔体积	V_m	22.4×10^{-3}	m³/mol
普适气体常数	R	8.3143	J/(mol·K)
煤体积热膨胀系数	β	0.000 116	m³/(m³·K)
煤导热系数	η	0.443	J/(m·s·K)
煤比热容	C_V	4.35	J/(kg·K)

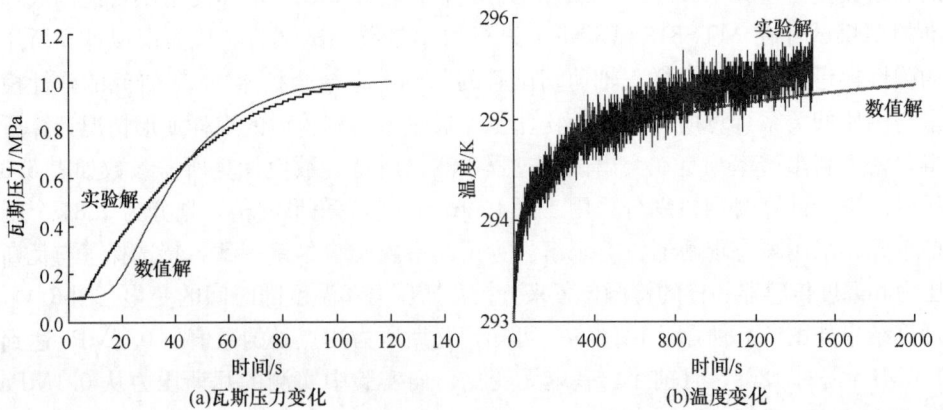

图 6.5　充气时瓦斯压力与温度变化曲线

图 6.5 所显示的模拟计算结果表明，虽然数值解与实验解的吻合程度没有前

述的数值解与解析解一致性好，但也基本上满足了要求，所表现的瓦斯压力和温度变化规律基本与实验室内实测到的变化规律相似。由此也可说明，利用 COMSOL Multiphysics 对本章所建立的含瓦斯煤 THM 耦合模型进行数值模拟所得的规律性结论是可以信赖的。

6.5　THM 耦合模型的工程应用

6.5.1　石壕矿概况

本次数值模拟以重庆能源投资集团松藻煤电有限责任公司石壕矿 8# 煤层作为背景。该矿于 1982 年建成投产，目前矿井设计生产能力 150 万 t/a，位于重庆市南部渝黔两省交界处，行政区划属綦江县石壕镇天池村境内。

石壕井田范围内出露最老地层为二叠系上统龙潭组，最新地层为三叠系中统雷口坡组，以三叠系分布最广，其覆盖面积占全井田面积的 95% 以上，二叠系仅分布于井田东北缘羊叉河谷地带。第四系零星分布于山间凹地及河谷地带，主要为近代河流冲洪积物、坡残积物、厚 0～55m，不稳定。井田含煤地层为上二叠统龙潭组，厚度 67.81～89.48m，平均 75.51m；是由一套海陆交替相的泥岩、粉砂岩、砂质页岩、铝土岩及煤层组成的煤系地层；共含煤 6～11 层，煤层总厚 5.22～11.48m，平均 8.14m；含煤系数 6.8%～14.9%，平均 10.8%；可采和局部可采煤层 3～5 层，其中中厚较稳定煤层仅有一层，即 8# 煤层，其他煤层都是可采或局部可采的薄煤层。石壕矿恒温带深度为 40～160m，温度 18～20℃，平均 19℃，恒温带之上为变温带，其地温受气候因素制约；恒温带之下为增温带，其地温随深度增加而增加，地温梯度约为 3℃/100m。

煤矿井下掘进工作面和回采工作面开始采掘后，工作面煤壁暴露，赋存于原始煤层内的瓦斯大量涌出，造成工作面作业空间瓦斯浓度增大，但瓦斯在煤层中究竟是以何种方式自暴露的煤壁向采掘空间涌出尚不甚明晰。本章以石壕矿 S1824 综采工作面为具体工程计算实例，以多物理场耦合分析软件 COMSOL Multiphysics 为工具分析瓦斯在煤层中的运移过程。

S1824 工作面距地表约 330m，开采 8# 煤层，其对应上部为 S1624 工作面采空区。该工作面北为 S1823 工作面采空区；东以轴部巷保护煤柱为界；西以下水平保护煤柱为界；南面尚未布置工作面。煤层倾角为 1°～15°，平均 8°，煤层赋存稳定，一般厚 1.46～5.16m，平均 3.00m，属中厚-厚煤层。煤层中常夹炭质泥岩和泥岩 0～3 层，厚度为 0.05～0.62m，平均 0.21m。顶板以砂质泥岩、泥岩为主；底板以砂质泥岩为主，其次为泥岩、炭质泥岩。煤层综合柱状图如表 6.4 所示。

表 6.4 石壕井田范围煤系地层综合柱状图

煤岩层	层厚 /m	累厚 /m	柱状图 1：200	岩 性 描 述
煤(M6-2)	0.20	0.20		黑灰色，金属光泽，半暗型，以暗煤为主
泥岩	0.80	1.00		黑色，松散、易碎，含黄铁矿，产植物化石
煤(M6-3)	0.90	1.90		黑灰色，半暗型煤
砂质泥岩	1.52	3.42		灰色砂质泥岩，含炭屑及黄铁矿结核
泥灰岩	1.50	4.92		灰褐色泥灰岩，有动物化石及黄铁矿
煤(M7-1)	0.45	5.37		黑灰色，半暗–暗型煤，含黄铁矿
砂质泥岩	4.55	9.92		灰白色–灰黑色，含植物化石及星点状黄铁矿
粉砂岩	6.60	16.52		深灰色，粉砂结构，具泥质条带，显水平层理
细砂岩	6.47	22.99		深灰色，含泥质条带，显水平层理
砂质泥岩	0.80	23.79		浅灰色，显水平层理，含星点状黄铁矿结核
泥岩	0.35	24.14		黑灰色，含大量星点状黄铁矿结核
煤(M8)	3.00	27.14		黑色，亮煤为主，性脆易碎，结构均一
砂质泥岩	1.80	28.94		上部0.6m黑灰色泥岩，下部1.2m砂质泥岩
煤(M9)	0.60	29.54		黑灰色，半暗型，节理发育
砂质泥岩	5.30	34.84		黑色砂质泥岩，含植物化石碎片
粉砂岩	1.54	36.37		深灰色，显缓波装层理，含铁矿、菱铁矿
砂质泥岩	1.70	38.07		黑色，性脆，上部含黄铁矿下部含菱铁矿结核
石灰岩	1.68	39.75		灰褐色，显晶质结构，坚硬，见动物化石
砂质泥岩	3.01	42.76		灰黑色，坚硬性脆，有植物化石碎片及黄铁矿

6.5.2 数值计算模型及计算工况

1. 数值计算模型

严格地说，含瓦斯煤 THM 耦合模型是一个三维问题，求解方法上并无困难，只是计算工作量太大。因此，依据石壕矿 S1824 综采工作面现场条件，假设沿工作面推进的走向，每一个截面煤体物理力学特性、煤层瓦斯参数与围岩应力状态是一致的，则可沿回采面走向取单位厚度剖面作为计算的平面模型，其中，煤体固体变形为平面应变模型，瓦斯渗流为一般的平面模型，温度变化为平面热传模型。这样做既达到了数值求解的目的，又很大程度上简化了数学模型，从而，节省了大量的计算机模拟的工作量。

数值计算所采用的计算域及其边界条件如图 6.6 所示。所分析区域的顶端距地表深 h，全域在垂直方向高 23m，水平方向长 55m；煤层子域在垂直方向上位于两个岩层子域之间，长 52m，厚 3m。瓦斯渗流场边界条件：数值计算中的瓦斯仅在煤层中流动，煤层内部的初始瓦斯压力为 $P=1.7\times10^6$Pa，工作面暴露的煤壁处瓦斯压力为 $P_0=0.1\times10^6$Pa，煤层子域除工作面暴露煤壁外，在其他边界上的瓦斯流量均为 0。应力场边界条件：对于分析全域，在垂直方向上的顶端和下端边界上，以及水平方向的左端和右端边界上的位移均为 0；全域的顶端边界上承受有 h 厚的上覆岩层的自重力，同时上部岩层及煤层自身的重力也一并考虑。温度场边界条件：对于煤层子域，右边界上的温度为工作面空间实测温度 T_0，左边界为 T_3，上下两端边界上的温度分别为 T_1 和 T_2，并假设煤层与岩层之间不存在热量传递。数值计算中所用的 S1824 综采工作面 8# 煤层基本物性参数如表 6.5 所示。

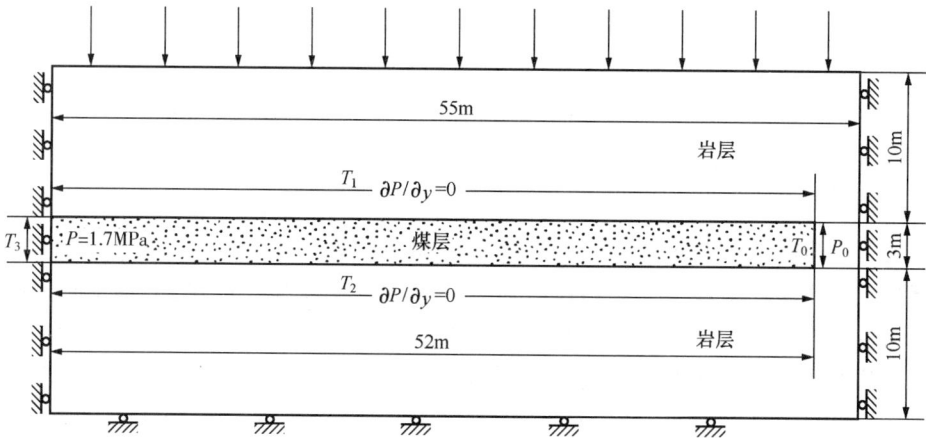

图 6.6 数值计算模型及其边界条件

表 6.5 石壕矿 8# 煤层基本物性参数

参数	代表符号	值	单位
岩石弹性模量	E	2.45×10^{10}	Pa
岩石泊松比	υ	0.25	
岩石密度	ρ	2.5×10^3	kg/m³
煤体弹性模量	E	2880×10^6	Pa
煤泊松比	υ	0.23	

续表

参数	代表符号	值	单位
煤密度	ρ	1.35×10^3	kg/m³
水分	M	1.00%	
灰分	A	12.43%	
煤层初始孔隙率	φ_0	0.094	
煤层初始渗透率	k_0	8×10^{-18}	m²
瓦斯动力黏度系数	μ	1.087×10^{-5}	Pa·s
瓦斯密度	ρ_g	1.0	kg/m³
初始瓦斯压力	P	1.7×10^6	Pa
工作面空间气压	P_0	0.1×10^6	Pa
标准状态时瓦斯压力	P_n	0.1×10^6	Pa
气体摩尔体积	V_m	22.4×10^{-3}	m³/mol
普适气体常数	R	8.3143	J/(mol·K)
煤体积热膨胀系数	β	0.000116	m³/(m³·K)
煤导热系数	η	0.443	J/(m·s·K)
煤比热容	C_V	4.35	J/(kg·K)

2. 计算工况

为了验证本书第 4 章所建立的含瓦斯煤 THM 耦合模型的正确性。以重庆能源投资集团松藻煤电公司石壕矿 S1824 综采工作面为计算背景，分别考察了当地温、埋藏深度、瓦斯压力变化时，煤层内的瓦斯含量、渗透率、孔隙率和瓦斯渗流速度等因素的变化规律，同时借用第 2、第 3 章的实验研究对数值分析结论进行考察。为此，在计算分析时选择了 3 个工况进行分析证明。具体如下：

（1）工况 1：煤层埋藏深度 $h = 320$m，温度 $T = 303$K，分析当煤层内原始瓦斯压力分别为 1.0MPa、1.5MPa、1.7MPa、2.0MPa、2.5MPa 时各因素的变化情况；并具体分析当煤层内部原始瓦斯压力为 1.7MPa 时，同一时刻，瓦斯压力在瓦斯流动距离上降低时各因素的变化情况。

（2）工况 2：煤层埋藏深度 $h = 320$m，右边界瓦斯压力 $P = 1.7$MPa，分析当温度 T 分别为 293K、303K、313K、323K、333K 时各因素变化情况。

（3）工况 3：右边界瓦斯压力 $P = 1.7$MPa，温度 $T = 303$K，分析当煤层埋深 h 分别为 220m、320m、420m、520m、620m 时各因素变化情况。

6.5.3　数值模拟结果分析

根据如图 6.6 所示的几何模型,利用软件自带的 CAD 绘图功能,按照预定的尺寸在软件中绘制相应的几何模型,边界条件则根据各计算工况的要求不同分别设定,但各工况在进行计算时所采用的有限元网格单元和求解器均一致。网格划分均采用软件预设的二阶 Lagrange 型三角形网格单元,在初始网格划分的基础上细化两次网格,故而三个耦合模型的网格划分均一致,如图 6.7 所示。图中自由度数目为 13 919,网格点数 1472,网格单元数 2872,边界单元数 244,顶点元素数 10,最小单元质量 0.809,单元面积比 0.016。其中煤层子域单元数 1052,最小单元质量 0.9316,单元面积比 0.5940。

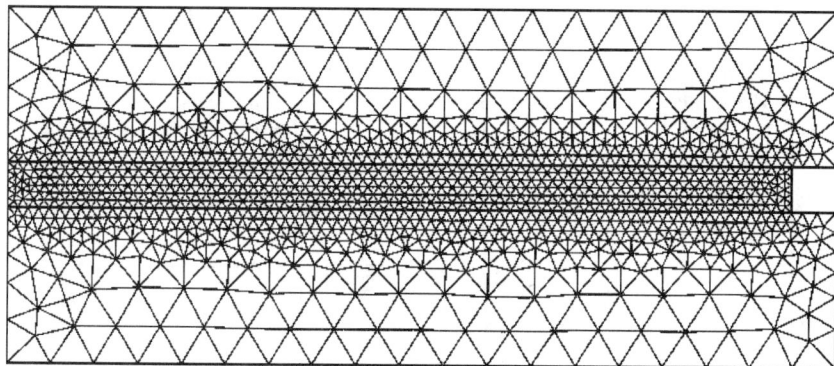

图 6.7　网格划分

模型子域方程、边界条件、初始值及网格等均设定完毕后,在求解器参数设定中将求解参数设定好后即可进行求解。本次计算采用瞬态求解器;时间步阶中的求解时间设为 0:1000000:100000000000,相对公差为 0.01,绝对公差为 0.001;最大 BDF 阶数为 5 阶;采用全耦合算法对各场一次全耦合求解。下面将对各工况求解后所得结果进行详细阐述。

1. 瓦斯压力变化

图 6.8 为埋藏深度恒定(330m)、煤层温度恒定(303K)且计算时间为 1×10^7s 时,当煤层内部初始瓦斯压力分别为 1.0MPa、1.5MPa、1.7MPa、2.0MPa 和 2.5MPa 时的瓦斯压力、瓦斯总含量、瓦斯渗流速度、体积应变、孔隙率及渗透率的变化规律。图 6.9 为埋藏深度恒定(330m)、煤层温度恒定(303K),且初始瓦斯压力也恒定(1.7MPa)时,各考察因素随时间及瓦斯流动距离的变化关系图。

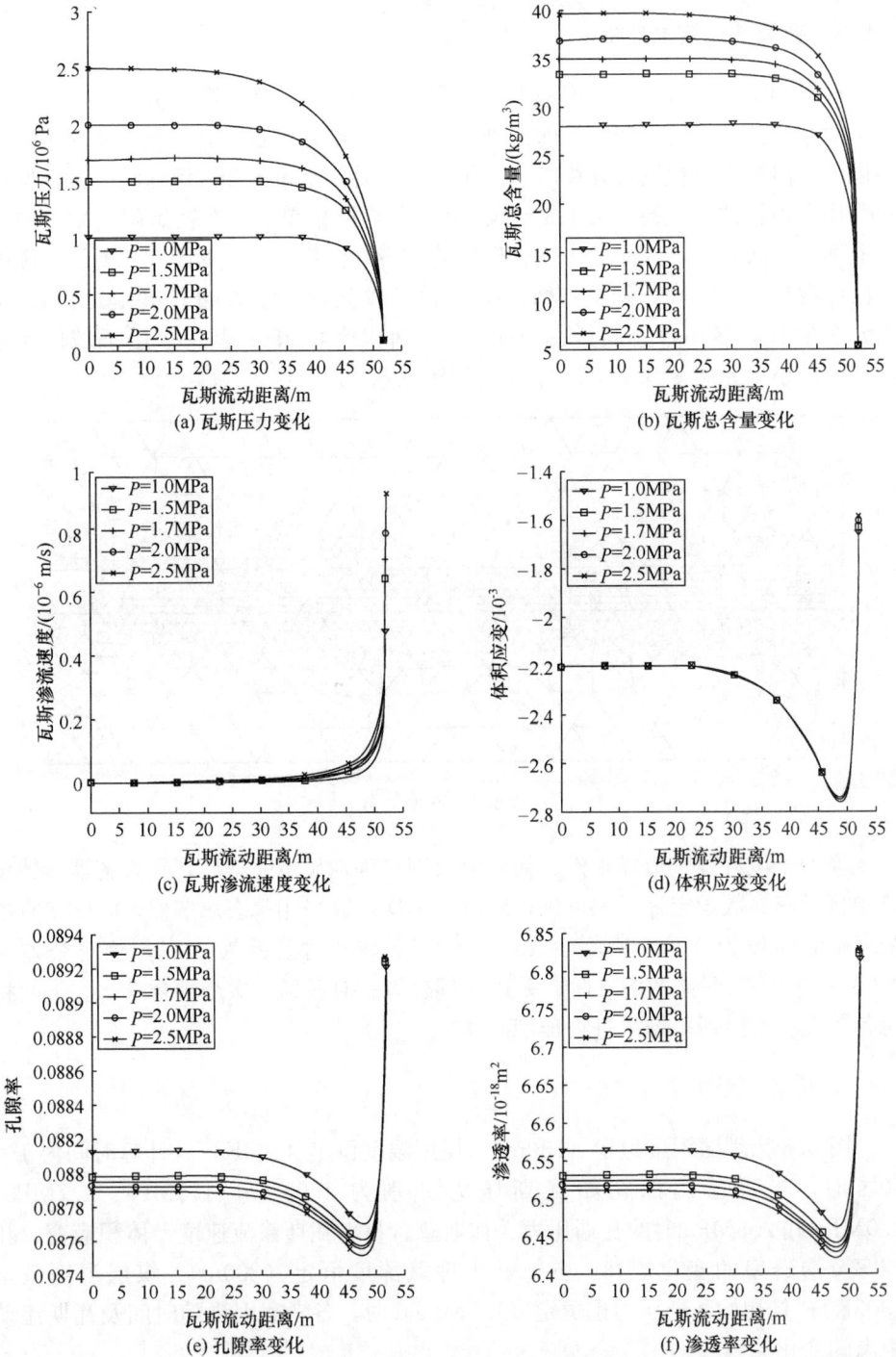

(a) 瓦斯压力变化

(b) 瓦斯总含量变化

(c) 瓦斯渗流速度变化

(d) 体积应变变化

(e) 孔隙率变化

(f) 渗透率变化

图 6.8　不同初始瓦斯压力时各因素变化规律

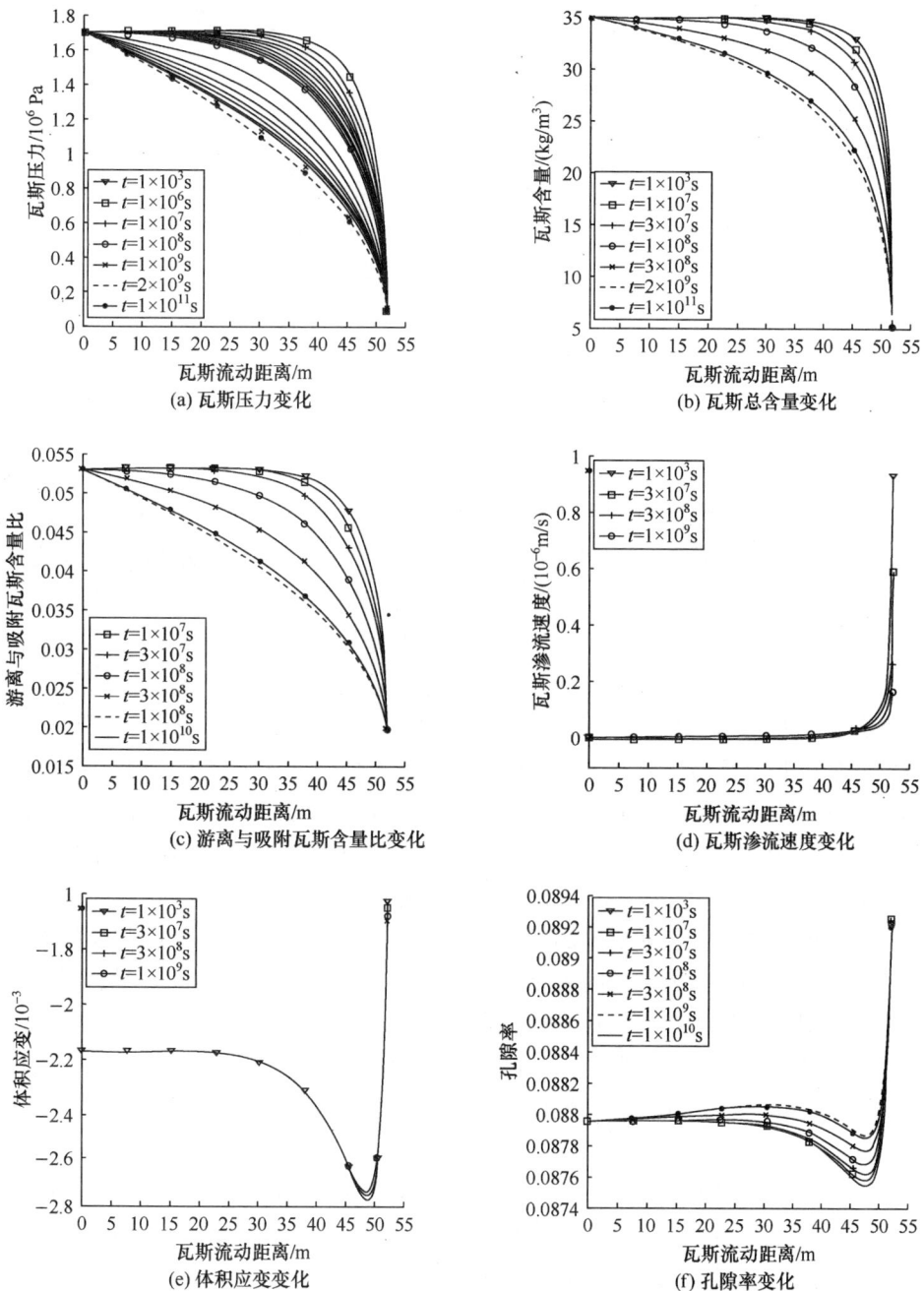

图 6.9　相同初始瓦斯压力时各因素随时间的变化规律

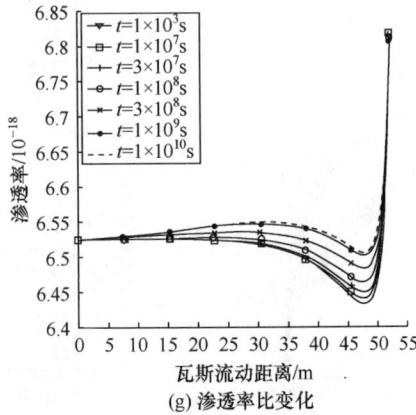

(g) 渗透率比变化

图 6.9　相同初始瓦斯压力时各因素随时间的变化规律（续）

1）瓦斯压力

根据本书设定的模型边界条件和初始条件，由图 6.8（a）可知，在同一时刻，随着煤层内部初始瓦斯压力的降低，在瓦斯排放宽度内，瓦斯压力梯度逐渐变小，且瓦斯排放宽度也逐渐缩短。在计算的 $1×10^7$ s 时刻，煤层内部瓦斯初始压力由 2.5MPa 降到 1.0MPa 时，瓦斯排放宽度由 37m 减小到 14m 左右。因其他条件均为定值，分析认为出现以上这些变化主要是由煤层内部初始瓦斯压力不同所导致。考察图 6.8（a）发现，在同一初始瓦斯压力（1.7MPa）情况下，随着时间的延长，瓦斯排放宽度逐渐增大，瓦斯压力梯度逐渐减小，而且经过相同的时间间隔内，瓦斯压力降低的幅度逐渐缩小，表明瓦斯流动的能量逐渐在变小，整体上约经过 $2×10^9$ s 瓦斯流动才基本达到稳定。在暴露煤壁附近，前 1000s 内瓦斯压力梯度最大，在 $1×10^{11}$ s 时瓦斯压力梯度最小，所以从发生煤与瓦斯突出的角度而言，最危险的时间是在时间 $t→0$ 时，即在爆破或割煤的瞬时，由于瓦斯压力梯度最大，此时最易发生瓦斯突出，这就是为何在石门揭煤和煤巷震动放炮时最易发生突出的重要原因。

由达西定律可知，瓦斯压力梯度的大小取决于瓦斯的流速和煤层的透气性。在同一流速条件下，煤体透气性越低，瓦斯压力梯度越大。在瓦斯压力大、透气性低的煤层中，工作面暴露煤壁附近往往易于形成高的瓦斯压力梯度，这就是发生煤与瓦斯突出主要原因之一。所以，为了减少瓦斯突出事故，应尽可能地增大煤层渗透率，增加煤层透气性，降低瓦斯压力梯度。

2）瓦斯含量与瓦斯渗流速度

由图 6.8（b）知，单位体积瓦斯总含量随着初始瓦斯压力的降低而逐渐降低，由 2.5MPa 降到 1.0MPa 时，煤层深部边界处的瓦斯总含量由 39.62kg/m³

降低至 $28.02kg/m^3$，$1.7MPa$ 时瓦斯总含量为 $34.92kg/m^3$ ［图 6.9（b）］。同时在 $1.7MPa$ 的初始瓦斯压力下，考察在 $1×10^7s$ 时刻，瓦斯压力随着瓦斯流动距离的延长而降低，且游离瓦斯与吸附瓦斯含量之比由 5.32% 降低到 1.98%［图 6.9（c）］。这是因为在靠近工作面暴露煤壁处瓦斯压力越来越低，煤层孔隙内赋存的游离瓦斯大部分已排放出去，故而游离瓦斯所占比例下降。

随着初始瓦斯压力的降低，瓦斯渗流速度也随之减小。当煤层内部初始瓦斯压力由 $2.5MPa$ 降到 $1.0MPa$ 时，在计算的 $1×10^7s$ 时刻，煤壁暴露处的瓦斯渗流速度由 $9.27×10^{-7}s$ 降至 $4.78×10^{-7}s$ ［图 6.8（c）］。在恒定 $1.7MPa$ 的初始瓦斯压力下，考察在 $1×10^3s$ 和 $1×10^9s$ 时刻，工作面暴露煤壁处的瓦斯渗流速度分别为 $9.31×10^{-7}m/s$ 和 $1.69×10^{-7}m/s$ ［图 6.9（d）］。渗流速度相差近一个数量级，所以在煤壁刚暴露的瞬间，工作面空间瓦斯浓度急剧增大，但随着时间的推移又慢慢变小。故而在掘进巷道和工作面割煤工序中一定要加强通风管理，可采用局部通风机强行稀释采掘空间瓦斯浓度，避免瓦斯爆炸等事故的发生。

3）体积应变、孔隙率和渗透率

由图 6.8（d）、（e）、（f）可知，单位煤体的体积应变伴随煤层内部初始瓦斯压力从 $2.5MPa$ 到 $1.0MPa$ 的减小，基本没什么变化，只在应力集中处略有增大，而孔隙率与渗透率在整个瓦斯流动距离上均逐渐增大，且二者变化规律一致性较好；在煤体深部边界处，孔隙率从 8.78% 增大到 8.81%，渗透率则从 $6.51×10^{-18}m^2$ 增大到 $6.56×10^{-18}m^2$，但其数值均小于其初始孔隙率 9.40% 和初始渗透率 $8.00×10^{-18}m^2$。孔隙率和渗透率之所以随瓦斯压力的减小而增大，是因为低压瓦斯引起的内向吸附膨胀变形较小，变形增加的煤体占据的孔隙空间较小，故而孔隙率和渗透率比高压瓦斯状态时要大，此种情况与本书第 2 章含瓦斯煤渗透率实验研究所得结论一致，借此也可证明本章数值模拟所得结论可靠。从图 6.9（e）、（f）、（g）可知，在煤层内部初始压力为 $1.7MPa$ 下，随着时间的增长，单位体积应变也仅是在应力集中处略有增大，在水平方向上同一点随着时间的推移，孔隙率和渗透率的变化也均具有逐渐增大的趋势。这是因为在初始瓦斯压力恒定时，同一点的处的瓦斯压力随着时间的延长其瓦斯压力逐渐减小。具体某一时刻时，孔隙率与渗透率在瓦斯流动距离上呈现为先增大，而后突然减小，再突然增大的现象，且在煤壁暴露处远远大于煤层深部边界处的数值，但却小于初始值。分析出现此种现象的原因为：同一时刻，随着瓦斯流动距离的增大，在单位体积应变变化不明显阶段，由于瓦斯压力逐渐减小，内向吸附膨胀变形随之减小，故而出现孔隙率和渗透率增大的现象；但随着瓦斯流动距离继续延长，由于在采掘工作面前方煤体出现局部应力集中现象，单位体积应变突然增大，虽然瓦斯压力仍在逐渐减小，但由于煤体孔隙变化由应力起主导作用，煤体内部孔隙严重被压缩，进而出现孔隙率和渗透率突然减小现象；瓦斯流动距离继续向前推进，靠近煤壁暴露面处，由于采动卸压影响，煤体孔隙或裂隙突然增加，孔隙率与渗透率突然增大，但地应力压缩效应的作用致使孔隙率与渗透率值仍小于其各自的初始值。

除此之外，考察图 6.9（e）发现，在水平方向上的同一点，不同的原始瓦斯压力对单位体积应变的影响并不大，但随着瓦斯流动距离的增大各不同初始瓦斯压力下的单位体积应变出现规律一致的变化。从工作面煤壁暴露处向深部算起，单位体积应变在煤壁暴露处（0m）远远大于内部边界处的数值，且在 0～28m 首先出现突然减小并在 4m 处达到最小值，而后又逐渐增大，在 28m 处达到与 1m 处一样的数值，随后在 28～52m 的距离上，单位体积应变变化不大。孔隙率和渗透率则出现与压缩体积应变变化相反的现象，在 28～52m 变化不大，在体积应变绝对值最大处孔隙率与渗透率则最小，并在 1m 处与 28m 处的值相等。所以，根据本次数值计算模型从煤壁暴露面向深部计算，可将 0～1m 范围称为卸压区，将 1～28m 范围称为应力集中区，28～52m 范围称为稳压区。孔隙率和渗透率在距工作面 4m 处达到最低值，而单位体积应变在此处达到绝对值最大值，说明渗透率与孔隙率的变化主要是以地应力为主，吸附瓦斯引起的膨胀变形并不起主导作用，或者说与地应力相比，其作用较小。卸压区中煤体透气系数和瓦斯渗流速度均较大，可使煤体内的瓦斯压力和瓦斯含量迅速降低，使卸压区起到预防瓦斯突出的缓冲区域，故而应尽可能增大卸压区宽度，可通过钻孔排放瓦斯、深孔松动爆破、开卸压槽等措施来扩大卸压区宽度从而达到防止瓦斯突出发生的目的。

2. 温度变化

图 6.10 描述的是煤层埋藏深度恒定（330m）、煤层内部初始瓦斯压力恒定（1.7MPa）、计算时间均为 $1 \times 10^7 s$ 时刻，当煤层温度分别为 293K、303K、313K、323K 和 333K 时，瓦斯压力、瓦斯总含量、瓦斯渗流速度、体积应变、孔隙率及渗透率随温度和瓦斯流动距离的变化规律。

1）瓦斯压力

考察图 6.10（a）发现，在相同时间内，煤层温度越高瓦斯压力越不易降低，瓦斯排放宽度越小，在瓦斯排放宽度内，瓦斯压力下降幅度逐渐增大，高温时靠近煤壁工作面附近处的瓦斯压力梯度比低温时明显增大，故而随着采矿活动向纵深延伸，煤层温度逐渐增加，地温热效应显著区域更易发生煤与瓦斯突出事故，所以应采取如向煤层实施高压注水或水力压裂等措施。该技术主要有以下优点：①可降低煤层温度，降低工作面前方煤体内的瓦斯压力梯度，减少煤与瓦斯突出的发生的概率；②可以增大煤层孔隙或裂隙，增大瓦斯渗流通道，提高抽放率，缩短预抽期；③煤中增加水分占据了煤体中的孔隙，降低了煤吸附瓦斯的能力,可有效降低煤层内吸附瓦斯含量,提高抽放率;④煤体被湿润后可有效降低生产过程中采掘空间的粉尘浓度,预防粉尘爆炸事故的发生。

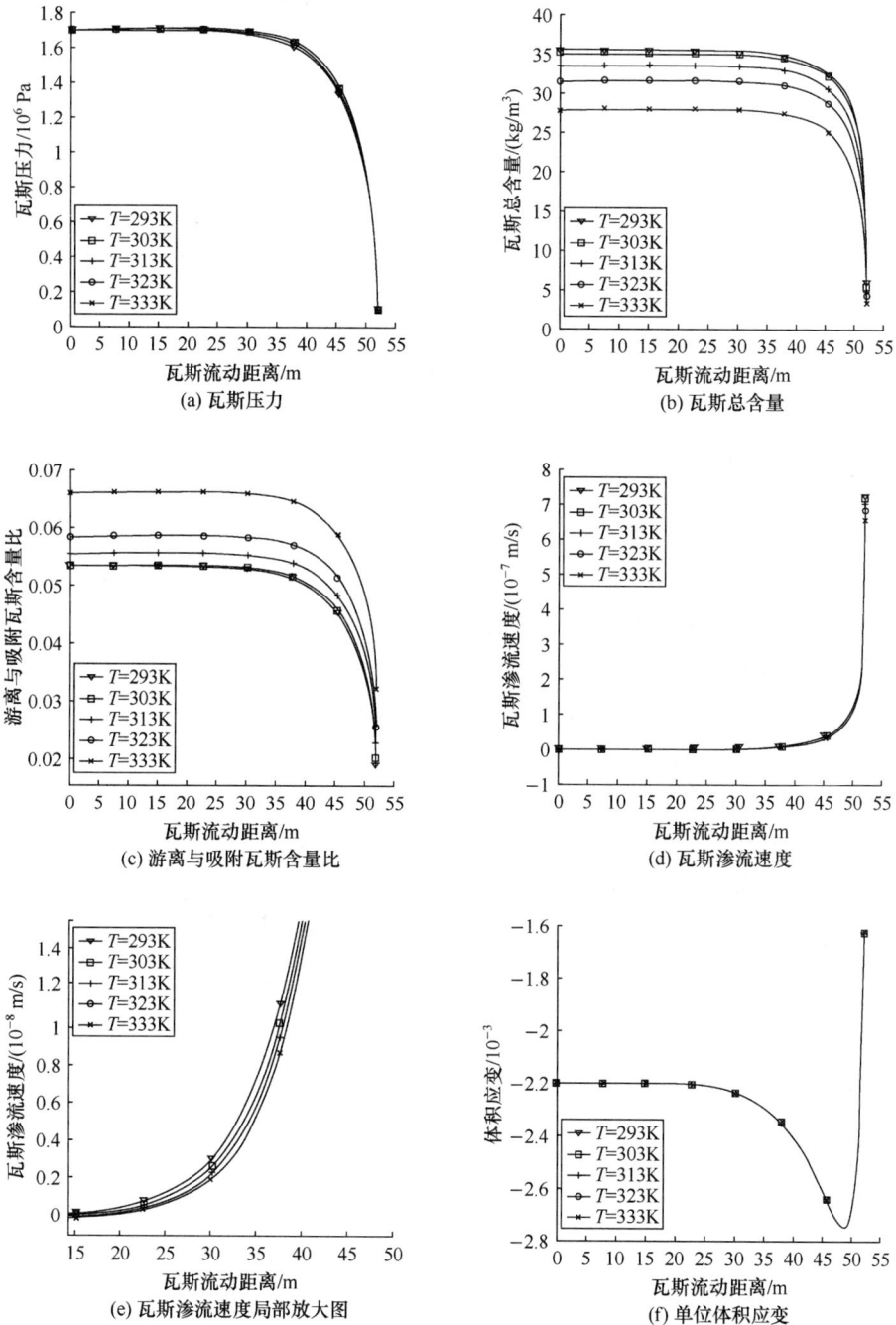

图 6.10　不同煤层温度时各因素变化规律

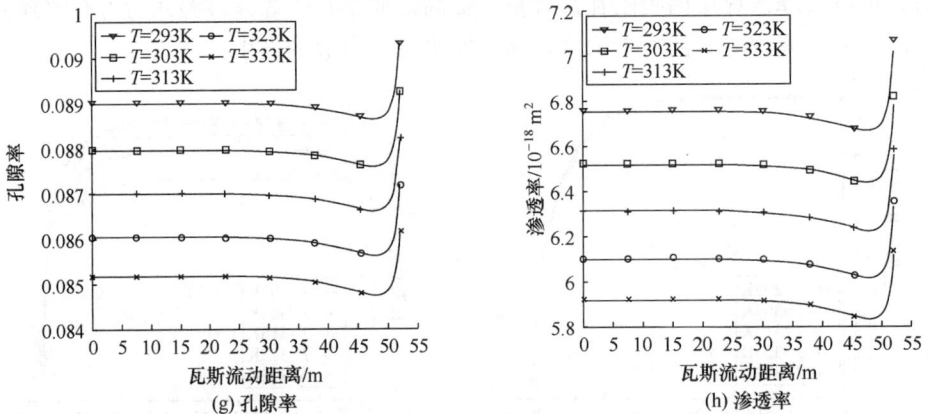

(g) 孔隙率　　　　　　　　　　(h) 渗透率

图 6.10　不同煤层温度时各因素变化规律（续）

2) 瓦斯含量与瓦斯渗流速度

由图 6.10 （b）、（c）、（d）知，单位体积煤中瓦斯总含量随着煤层温度的升高显著降低，但游离瓦斯与吸附瓦斯含量比却随温度升高而显著升高，与本书第 4 章中的不同温度下的吸附试验所得规律一致；相同条件下的瓦斯渗流速度随温度升高虽有所降低但并不明显。当温度由 293K 升高至 333K 时，煤层内部边界处单位体积瓦斯总含量由 $35.35kg/m^3$ 下降至 $27.65kg/m^3$，游离与吸附瓦斯含量比由 5.32％升高至 6.59％；而煤壁暴露处的瓦斯渗流速度仅由 $7.24×10^{-7}m/s$ 下降至 $6.55×10^{-7}m/s$，说明对采掘空间中的瓦斯浓度影响并不是很大，在正常通风的情况下可以忽略其影响效果。这是因为尽管温度升高引起瓦斯内能增加，瓦斯分子更加活跃，但温度升高引起的瓦斯黏度系数并没有明显降低，在其他条件均恒定的情况下，渗流速度并没有明显的降低。但根据第 4 章的等温吸附试验的研究结果可知，Langmuir 方程中的饱和吸附量随温度的升高而降低，且吸附瓦斯占总瓦斯含量的 90％以上，温度对游离瓦斯影响相当微小，故而出现图 6.10 （b）、（c）的变化结果，该图也进一步表明数值模拟结果与本章的吸附试验结果一致，可靠性高。

3) 体积应变、孔隙率和渗透率

分析图 6.10 （f）、（g）、（h）发现，在其他条件一定情况下，温度升降对煤体单位体积应变基本没什么影响，但温度的升高煤层孔隙率和渗透率却明显降低。当煤层温度由 293K 升高至 333K 时，煤层子域内部边界处的孔隙率由 8.90％降至 8.52％，渗透率由 $6.72×10^{-18}m^2$ 降至 $5.93×10^{-18}m^2$；煤壁暴露处的孔隙率由 9.03％降至 8.62％，渗透率由 $7.07×10^{-18}m^2$ 降至 $6.14×10^{-18}m^2$。本章所得不同温度条件下的渗透率数值模拟结果与本书第 3 章不同温度条件下的含瓦斯煤渗透率试验规律一致：随着温度升高渗透率逐渐降低，且相等的升温幅度下渗透率降幅有逐渐减小的趋势。这是因为温度升高引起的煤体内向热膨胀变形占据了一定孔隙或裂隙空间，减小了有效渗流通道。因此，为了提高瓦斯渗透率以便更大程度地提高瓦斯抽放率，必须采取降温措施。

3. 埋藏深度变化

图 6.11 描述的是煤层温度恒定（303K）、煤层内部初始瓦斯压力恒定（1.7MPa）、计算时间均为 $1×10^7$ s 时刻，当煤层埋藏深度分别为 130m、330m、530m、730m 和 930m 时，瓦斯压力、瓦斯含量、瓦斯渗流速度、体积应变、孔隙率及渗透率随埋藏深度变化的规律。

1）瓦斯压力

考察图 6.11（a）发现，在相同时间内，煤层埋藏深度越大的瓦斯压力越不易降低，瓦斯排放宽度越小；在瓦斯排放宽度内，埋深越大的煤层在相同瓦斯流动距离内瓦斯压力下降幅度越大。

2）瓦斯含量与瓦斯渗流速度

由图 6.11（b）、（c）、（d）知，单位体积煤中游离瓦斯含量、游离瓦斯与吸附瓦斯含量比及瓦斯渗流速度均随着煤层埋藏深度的增大而降低。当煤层埋藏深度由 130m 增大至 930m 时，煤层内部边界处单位体积游离瓦斯含量由 $1.79kg/m^3$ 下降至 $1.69kg/m^3$，游离与吸附瓦斯含量比由 5.40% 降低至 5.10%；而煤壁暴露处的瓦斯渗流速度由 $7.32×10^{-7}m/s$ 下降至 $6.71×10^{-7}m/s$。瓦斯含量方程和达西定律可认为，这 3 项考察因素的降低均是由孔隙率和渗透率随埋藏深度增加而降低所导致，符合实际情况。

3）体积应变、孔隙率和渗透率

考察图 6.11（e）、（f）、（g）发现，随着煤层埋藏深度增加，煤体的孔隙率和渗透率随之降低，单位体积应变却与之相反，呈现随埋藏深度的增加而增加的现象；并且同一埋藏深度条件下，在瓦斯流动距离上，单位体积应变增大处的孔隙率和渗透率降低，体积应变减小处的孔隙率和渗透率反而增大。这一规律与本书第 3 章不同有效应力下的含瓦斯煤渗透率试验结论一致，煤层埋藏深度大，其他条件一定的情况下有效应力必然增大，孔隙率与渗透率则随之减小。根据图 6.11（f）、（g），当煤层埋藏深度由 130m 增大至 930m 时，煤层内部边界处的孔隙率由 8.92% 降至 8.43%，渗透率由 $6.82×10^{-18}m^2$ 降至 $5.69×10^{-18}m^2$；煤壁暴露处的孔隙率由 9.02% 降至 8.64%，渗透率由 $7.06×10^{-18}m^2$ 降至 $6.15×10^{-18}m^2$。

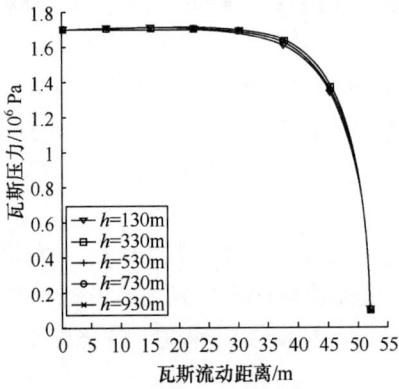

(a) 瓦斯压力

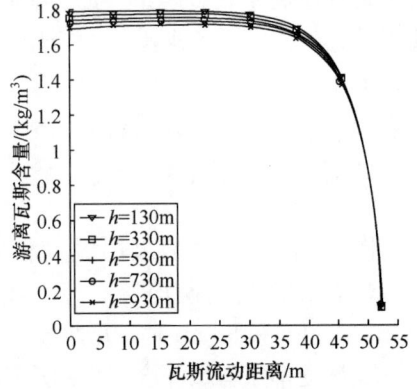

(b) 游离瓦斯含量

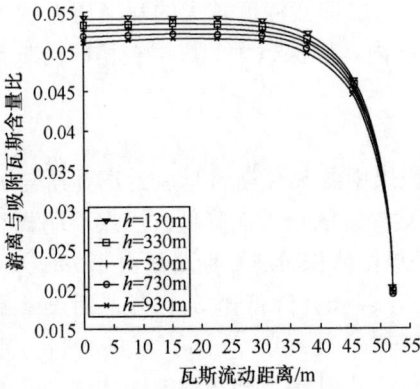

(c) 游离与吸附瓦斯含量比

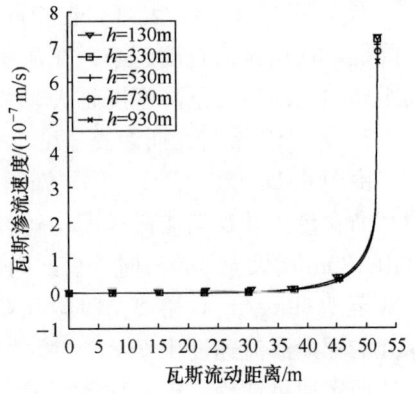

(d) 瓦斯渗流速度

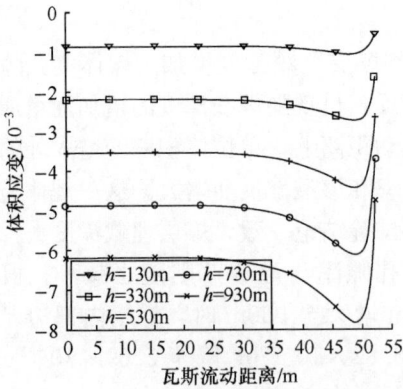

(e) 单位体积应变

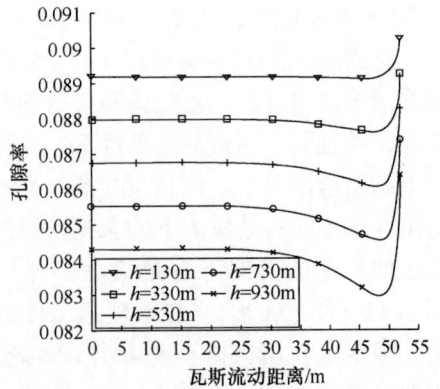

(f) 孔隙率

图 6.11　不同埋藏深度条件下各因素变化规律

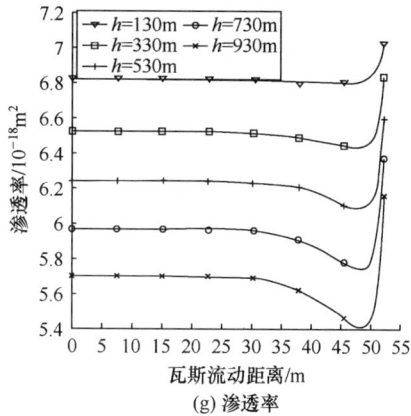

图 6.11　不同埋藏深度条件下各因素变化规律（续）

对比图 6.8（d）、（e）、（f）、图 6.10（f）、（g）、（h）和图 6.11（e）、（f）、（g）不难得出，在煤层瓦斯压力、温度和埋藏深度 3 因素中，埋藏深度对煤体单位体积应变、孔隙率和渗透的变化起着关键的主导作用，埋藏深度越大孔隙率与渗透率越小，抽放越困难。因此在井下现场，为使煤层渗透率增大，提高瓦斯抽放率，应尽可能使煤层整体卸压，降低地应力，可采用诸如首先开采上保护层和井下本煤层水力压裂等措施增大煤体裂隙，既可预防煤与瓦斯突出事故的发生又可提高瓦斯抽放效果，增大经济效益。

6.6　本 章 小 结

含瓦斯煤 THM 耦合模型是一组复杂的偏微分方程组，必须借助数值计算进行求解。而多物理场耦合分析软件 COMSOL Multiphysics 正是基于偏微分方程的专业有限元分析软件，可将建立的多物理场耦合数学模型转化成为一个统一的偏微分方程组，在人机交互的环境下，实现 THM 耦合模型数值求解，一次解出渗流场、应力场和温度场，给出更接近真实物理过程的数值解答。本章以该软件作为平台，在第 4 章所建的渗流场方程简化基础上，利用已具有已知解析解的克林伯格效应下的一维瓦斯渗流问题为例和第 5 章开展的煤与瓦斯突出模拟试验证明了本章耦合模型及求解方法的正确性。

以重庆能源投资集团松藻煤电公司石壕矿 S1824 综采工作面作为工程背景，通过将第 4 章所建立的含瓦斯煤 THM 耦合模型嵌入 COMSOL Multiphysics，分别计算了当其他因素恒定，只是煤层内部初始瓦斯压力、煤层温度、煤层埋藏深度 3 个影响因素变化时的计算工况。并分别考虑了各计算工况下煤层内的瓦斯压力、瓦斯含量、瓦斯渗流速度、单位体积应变、孔隙率和渗透率的变化规律，并提出了预防瓦斯突出的措施，同时利用第 2、第 3 和第 4 章的实验结论对数值分析结论进行验证。具体结论如下：

(1) 通过对克林伯格效应下的一维瓦斯渗流问题和本书第 5 章已进行的煤与瓦斯突出试验充气吸附瓦斯状态进行数值分析，利用所得的数值解与已有的解析解和实验室实测数据相互印证，结果表明，数值解与已知解析解吻合程度较好，所得规律性结论基本与室内实验结果一致，表明本章所提出的数值计算方法是和 THM 耦合模型具有一定的可靠性。

(2) 煤层内部初始瓦斯压力恒定时，随着时间的延长，瓦斯排放宽度逐渐增大，瓦斯压力梯度逐渐减小，而且经过相同的时间间隔，瓦斯压力降低的幅度逐渐缩小，表明瓦斯流动的能量逐渐在变小；在相同时间内，初始瓦斯压力越高、煤层温度越高、埋藏深度越大的煤层，瓦斯压力越不易降低，瓦斯排放宽度越短，靠近煤壁工作面附近处的瓦斯压力梯度越大，发生煤与瓦斯突出的概率越大。并进一步提出了采用向煤层实施高压注水或水力压裂等措施来预防煤与瓦斯突出的发生。

(3) 在同一时刻同一位置，随着煤层内部初始瓦斯压力的降低，单位体积瓦斯总含量逐渐降低；随着煤层温度的升高，单位体积煤中瓦斯总含量降低，游离瓦斯与吸附瓦斯含量比升高，与本书第 4 章中的不同温度下的瓦斯吸附试验所得规律一致；随着煤层埋藏深度的增大，单位体积煤中游离瓦斯含量、游离瓦斯与吸附瓦斯含量比均降低。

(4) 在同一时刻同一位置，随着初始瓦斯压力的降低、煤层温度的升高、埋藏深度增加，瓦斯渗流速度均有所降低，但并不明显；在煤层内部初始瓦斯压力恒定时，得到在最初的时间内，煤壁刚暴露的瞬间，瓦斯渗流速度最大。为避免采掘空间瓦斯浓度的迅速增大，建议采用局部通风机加强通风，强行稀释采掘空间瓦斯浓度，避免瓦斯爆炸等事故的发生。

(5) 在同一时刻同一位置，煤层内部初始瓦斯压力及煤层温度的升降对煤体单位体积应变的影响不大，而随着煤层内部初始瓦斯压力及煤层温度的升高、孔隙率和渗透率均有所降低；并且在初始瓦斯压力恒定时，在水平方向上同一点随着时间的推移，孔隙率和渗透率的变化均有逐渐增大的趋势，分析认为是由随着时间的延长，瓦斯压力降低，煤体所受有效应力增大所致。随着煤层埋藏深度增加，煤体的孔隙率和渗透率随之降低，单位体积应变却与之相反，呈现随埋藏深度的增加而增加的现象；并且同一埋藏深度条件下，在瓦斯流动距离上，单位体积应变增大处的孔隙率和渗透率降低，体积应变减小处的孔隙率和渗透率反而增大。综合分析认为，在煤层瓦斯压力、温度和埋藏深度 3 因素中，埋藏深度对煤体单位体积应变、孔隙率和渗透的变化起着关键的主导作用，埋藏深度越大孔隙率与渗透率越小，抽放越困难。

在数值分析所得结论的基础上，建议在现场采用诸如首先开采上保护层和井下本煤层水力压裂等措施，以使开采煤层整体卸压、增大煤体内部裂隙及增大煤层本身的渗透率进而提高瓦斯抽放效果，同时还可通过全方位综合抽放瓦斯、深孔松动爆破、开卸压槽等措施来扩大卸压区宽度来预防煤与瓦斯突出的发生。

本章数值模拟所得到的随着煤层瓦斯压力升高、温度升高及埋藏深度增大，孔隙率和渗透率随之降低的规律与第 2、第 3 和第 4 章实验结论完全吻合，进一步表明了所建立的含瓦斯煤 THM 耦合模型的正确性。

参 考 文 献

[1] 梁冰. 煤和瓦斯突出的固流耦合失稳理论的研究 [博士学位论文]. 沈阳：东北大学，1994.

[2] 李建铭. 煤与瓦斯突出防治技术手册. 北京：中国矿业大学出版社，2006.

[3] 张子敏，张玉贵. 瓦斯地质规律与瓦斯预测. 北京：煤炭工业出版社，2005.

[4] 程五一，张序明，吴福昌，等. 煤与瓦斯突出区域预测理论及技术. 北京：煤炭工业出版社，2005.

[5] 马雷哈夫 IO. H. 煤瓦斯突出预测方法和防治措施. 魏风清，张建国译. 北京：煤炭工业出版社，2003.

[6] 重庆煤炭科学研究所. 煤、岩石和煤瓦斯突出（图外资料汇编）. 重庆：科学技术文献出版重庆分社，1978，1979，1980.

[7] 赵冰翠，张荣曾. 关于煤孔隙的最新研究. 煤质技术与科学管理，1997，3：25—32.

[8] 张占涛，王黎，张睿，等. 煤的孔隙结构与反应性关系的研究进展. 煤炭转化，2005，28（4）：62—85.

[9] 吴俊. 中国煤成烃基本理论与实践. 北京：煤炭工业出版社，1994.

[10] Taske K. An Investigation into the Pore Size Distribution of Coal Using Mereury Porosimetry and the Effect that Stress has on this Distribution. Queensland：The University of Queensland，2000.

[11] 袁静. 松辽盆地东南隆起区上侏罗统孔隙特征及影响因素. 煤田地质与勘探，2004，32（2）：7—10.

[12] 张素新，肖红艳. 煤储层中微孔隙和微裂隙的扫描电镜研究. 电子显微学报，2000，19（4）：531—532.

[13] Doremus M. A constitutive theory for the inelastic behaviour of rock. Mechanics of Materials，1978，4：67—93.

[14] 张先贵，刘建军. 降压开采对低渗储层渗透性的影响. 重庆大学学报，2000，23（增）：93—96.

[15] 李春光，王水林，郑宏，等. 多孔介质孔隙率与体积模量的关系. 岩土力学，2007，28（2）：293—296.

[16] 李祥春，郭勇义，吴世跃. 煤吸附膨胀变形与孔隙率、渗透率关系的分析. 太原理工大学学报，2005，36（3）：264—266.

[17] 卢平，沈兆武，朱贵旺，等. 岩样应力应变全过程中的渗透性表征与试验研究. 中国科学技术大学学报，2002，32（6）：678—684.

[18] 孙培德，鲜学福. 煤层瓦斯渗流力学的研究进展. 焦作工学院学报，2001，20（3）：161—167.

[19] Somerton W H. Effect of stress on permeability of coal. International Journal of Rock Mechanics and Mining Sciences & Geomechanics Abstracts，1975，12（2）：151—158.

[20] Baghbanan A，Jing L. Stress effects on permeability in a fractured rock mass with correlated fracture length and aperture. International Journal of Rock Mechanics and Mining Sciences，2008，45（8）：1320—1334.

[21] Levine J R. Model study of the influence of matrix shrinkage on absolute permeability of coalbed reservoirs. Geological Society Publication，1996，199：197—212.

[22] Enever J R. Measurement of mining-induced stress in coal mines . International Journal of Rock Mechanics and Mining Sciences，1974，11（8）：167—171.

[23] Enever J R，Henning A. The relationship between permeability and effective stress for Australian coal and its implications with respect to coal-bed methane exploration and reservoir modeling. Jan

Małuszyński：Proceedings of the 1997 International Coal-bed Methane Symposium. Alabama：The University of Alabama Tuscaloosa，1997：13—22.

[24] 林柏泉，周世宁. 煤样瓦斯渗透率的实验研究. 中国矿业学院学报，1987，16（1）：21—28.

[25] 赵阳升，胡耀青，杨栋，等. 三维应力下吸附作用对煤岩体气体渗流规律影响的研究. 岩石力学与工程学报，1999，18（6）：651—653.

[26] Zhao Y S，Kang T H，Hu Y Q. The permeability classification of coal seam in China. International Journal of Rock Mechanics and Mining Sciences，1995，32（4）：365—369.

[27] 唐巨鹏，潘一山，李成全，等. 有效应力对煤层气解吸渗流影响试验研究. 岩石力学与工程学报，2006，25（8）：1563—1568.

[28] 许江，鲜学福，杜云贵，等. 含瓦斯煤的力学特性的实验分析. 重庆大学学报，1993，16（5）：26—32.

[29] 杜云贵. 地球物理场中煤层瓦斯吸附、渗流特性研究［博士学位论文］. 重庆：重庆大学，1993.

[30] 谭学术，鲜学福，张广洋，等. 煤的渗透性研究. 西安矿业学院学报，1994，14（3）：22—26.

[31] 程瑞端，陈海焱，鲜学福，等. 温度对煤样渗透系数影响的实验研究. 煤炭工程师，1998，（1）：13—16.

[32] 孙培德，凌志仪. 三轴应力作用下煤渗透率变化规律实验. 重庆大学学报，2000，23：28—31.

[33] 孙培德. 变形过程中煤样渗透率变化规律的实验研究. 岩石力学与工程学报，2001，20：1801—1804.

[34] 程瑞端. 煤层瓦斯涌出规律及其深部开采预测的研究［博士学位论文］. 重庆：重庆大学，1996.

[35] 张广洋，胡耀华，姜德义. 煤的瓦斯渗透性影响因素的探讨. 重庆大学学报，1995，18（3）：27—30.

[36] 杨胜来，崔飞飞，杨思松，等. 煤层气渗流特征实验研究. 中国煤层气，2005，2（1）：36—39.

[37] 俞启香. 矿井瓦斯防治. 徐州：中国矿业大学出版社，1994.

[38] Ходот В В. Внезапные выбросы уголь и газа，Государственное научно—техническое издательство литературы по горному делу. Москва，1961，46（8）：261—272.

[39] 陈昌国. 煤的物理化学结构和吸附（解吸）甲烷机理研究［博士学位论文］. 重庆：重庆大学，1995.

[40] 周胜国，郭淑敏. 煤储层吸附/解吸等温曲线测试技术. 石油实验地质，1999，21（1）：76—81.

[41] 崔永君，张庆玲，杨锡禄. 不同煤的吸附性能及等量吸附热的变化规律. 天然气工业，2003，23（4）：130—131.

[42] 张庆玲，崔永军，曹利戈. 煤的等温吸附试验中各因素影响分析. 煤田地质与勘探，2004，32（2）：16—18.

[43] 赵志根，唐修义，张光明. 较高温度下煤吸附甲烷实验及其意义. 煤田地质与勘探，2001，23（4）：130—131.

[44] 钟玲文，郑玉柱，员争荣，等. 煤在温度和压力综合影响下的吸附性能及气含量预测. 煤炭学报，2002，27（6）：581—585.

[45] 刘建军. 非等温情况下煤层瓦斯流动规律的研究［博士学位论文］. 阜新：辽宁工程技术大学，1998.

[46] Terzaghi K. Theoretical Soil Mechanics. New York：John Wiley and Sons Inc，1943.

[47] Biot M A. General theory of three dimensional consolidation. Journal of Applied Physics，1941，12（5）：155—164.

［48］ Biot M A. General solution of the equation of elasticity and consolidation for a porous material. Journal of Applied Mechanics，1956，27 (3)：91—96.

［49］ Biot M A. Theory of elasticity and consolidation for a porous anisotropic solid. Journal of Applied Physics，1955，26 (2)：182—191.

［50］ Biot M A. Theory of stress strain relations in anisotropic viscoelasticity and relaxation phenomena. Journal of Applied Physics，1954，25 (11)：1385—1391.

［51］ Detournay E, Roegiers J C. Poroelastic concepts explain some of the hydraulic fracturing mechanisms. SPE 15262，1982.

［52］ Chen H Y, Teufel L W, Lee R L. Coupled Fluid Flow and Ueomechanics in Reservoir Study-I. Theory and Governing Equations. Paper SPE 30752 presented at the SPE Annual Technical Conference & Exhibition，Dallas，TX，1995.

［53］ Chen H Y. Coupled fluid flow and geomechanics in reservoir study-I. Theory and Governing Equations. Society of Petroleum Engineers，SPE 30752，1995.

［54］ Osorio J G, Chen H Y, Teufel L W. Numerical Simulation of the Impact of Flow. Induced Geomechanical Response on the Productivity of Stress-Sensitive Reservoirs，Reservoir Simulation Symposium，SPE 51929，1999.

［55］ Osorio J G, Chen H Y, Teufel L W. Numerical simulation of coupled fluid-flow/ geomechanical behavior of tight gas reservoirs with stress sensitive permeability. Latin American and Caribbean Petroleum Engineering Conference，SPE39055，1997.

［56］ Osorio J G, Chen H Y, Teufel L W. Fully Coupled Fluid-Flow/Geomechanics Simulation of Stress-Sensitive Reser. Reservoir Simulation Symposium，SPE 38023，1997.

［57］ Litwiniszyn J. A model for the initiation of coal—gas outbursts. International Journal of Rock Mechanics and Mining Science & Geomechanics Abstracts，1985，22 (1)：39—46.

［58］ Paterson L. A model for outburst in coal. International Journal of Rock Mechanics and Mining Sciences，1986，23 (4)：327—332.

［59］ Zhao C B, Valliappan S. Finite element modeling of methane gas migration in coal seams. Computers and Structures，1995，55 (40)：625—629.

［60］ Valliappan S, Zhang W H. Numerical modeling of methane gasmigration in dry coal seams. International Journal for Numerical and Analytical Methods in Geomechanics，1996，20 (8)：571—593.

［61］ Zhao Y S, Qing H Z, Bai Q Z. Mathematical model for solid—gas coupled problems on the methane flowing in coal scam. Acta Mechanica Solida Sinica，1993，6 (4)：459—466.

［62］ 赵阳升. 煤体-瓦斯耦合数学模型及数值解法. 岩石力学与工程学报，1994，13 (3)：229—239.

［63］ 梁冰, 章梦涛, 王泳嘉. 煤层瓦斯渗流与煤体变形的耦合数学模型及数值解法. 岩石力学与工程学报，1996，15 (2)：135—142.

［64］ 汪有刚, 刘建军, 杨景贺, 等. 煤层瓦斯流固耦合渗流的数值模拟. 煤炭学报，2001，26 (3)：286—289.

［65］ 徐剑良, 刘全稳, 李志军, 等. 煤层气渗流流固耦合数学建模及求解. 天然气工业，2005，25 (5)：81—83.

［66］ 孙培德. 煤层气越流固气耦合数学模型的 SIP 分析. 煤炭学报，2002，27 (5)：494—498.

［67］ 赵国景, 步道远. 煤与瓦斯突出的固-流两相介质力学理论及数值分析. 工程力学，1995，12 (2)：1—7.

［68］ 杨天鸿，徐涛，刘建新，等. 应力-损伤-渗流耦合模型及在深部煤层瓦斯卸压实践中的应用. 岩石力学与工程学报，2005，24（16）：2900—2905.

［69］ 许广明，武强，张燕君. 非平衡吸附模型在煤层气数值模拟中的应用. 煤炭学报，2003，28（4）：380—384.

［70］ 徐涛，唐春安，宋力. 含瓦斯煤岩破裂过程流固耦合数值模拟. 岩石力学与工程学报，2005，24（10）：1667—1673.

［71］ Bear J，Corapcioglu M Y. A mathematical model for comsolidation in athermoelastic aquifer due to hot water injection or pumping. Water Resource Research，1981，（17）：723—736.

［72］ Vaziri H H. Coupled fluid flow and stress analysis of oil sand subject to heating. Journal of Canadian Petroleum Technology，1988，27（5）：84—91.

［73］ Lewis R W，Sukirman Y. Finite element modelling of three phase flow in deforming saturated oil reservoirs. International Journal for Numerical and Analytical Methods in Geomechanics，1993，（17）：577—598.

［74］ Lewis R W. Finite element modeling of two phase heat and fluid flow in deforming porou media. Transport of Porous Media，1989，（4）：319—334.

［75］ Gutierrez M，Makurat A. Coupled HTM modell ing of cold water injection in fractured hydrocarbon reservoirs. Jounal of Rock Mechanics and Mining Sciences & Geomechanics Abstracts，1997，34（3/4）：429.

［76］ 黄涛. 裂隙岩体渗流-应力-温度耦合作用研究. 岩石力学与工程学报，2002，21（1）：77—82.

［77］ 孔祥言，李道伦，徐献芝，等. 热-流-固耦合渗流的数学模型研究. 水动力学研究与进展，2005，20（2）：269—275.

［78］ 贺玉龙，杨立中，杨吉义. 非饱和岩体三场耦合控制方程. 西南交通大学学报，2006，41（4）：419—423.

［79］ 王自明. 油藏热流固耦合模型研究及应用初探［博士学位论文］. 成都：西南石油学院，2002.

［80］ 刘建军，梁冰，章梦涛. 非等温条件下煤层瓦斯运移规律的研究. 西安矿业学院学报，1999，19（4）：302—308.

［81］ 梁冰，刘建军，王锦山. 非等温情况下煤和瓦斯固流耦合作用的研究. 辽宁工程技术大学学报，1999，18（5）：483—486.

［82］ 梁冰，刘建军，范厚彬，等. 非等温条件下煤层中瓦斯流动数学模型及数值解法. 岩石力学与工程学报，2000，19（1）：1—5.

［83］ 刘建军. 煤层气热-流-固耦合渗流的数学模型. 武汉工业学院学报，2002，（2）：91—94.

［84］ 李宏艳. 非等温气固耦合模型及有限元分析［硕士学位论文］. 阜新：辽宁工程技术大学，2000.

［85］ 肖晓春. 考虑深部影响的煤层气渗流数值模拟研究［硕士学位论文］. 阜新：辽宁工程技术大学，2005.

［86］ 董平川. 油气储层流固耦合理论、数值模拟及应用［博士学位论文］. 沈阳：东北大学，1997.

［87］ Minkoff S，Stone C，Bryant S，et al. Coupled fluid flow and geomechanical deformation modeling. Journal of Petroleum Science and Engineering，2003，（38）：37—56.

［88］ Fredrich J，Arguello J，Thome B，et al. Three—dimensional geomechanical simulation of reservoir compaction and implications for well failures in the Belridge diatomite//Proceedings of SPE Annual Technical Conference and Exhibition. Denver：Society of Petroleum Engineers，1996，195—210.

［89］ Noorishad J，Tsang C F. Coupled thermohydroelasticity phenomena in variably saturated fractured porous rocks-formulation and numerical solution//Stephansson O, Jing L, Tsang C F Coupled Thermo-Hydro-Mechanical Processes of Fractured Media. Amsterdam: Elsevier Science Publishers, 1996: 93—134.

[90] Tsang C F. Linking thermal, hydrological, and mechanical processes in fractured rocks. Annual Review of Earth and Planetary Sciences, 1999, (27): 359—384.

[91] Zhao C, Hobbs B E, Muhlhaus H B, et al. Computer simulations of coupled problems in geological and geochemical systems. Computer Methods in Applied Mechanics and Engineering, 2002, (191): 3137—3152.

[92] Rutqvist J, Tsang C F. Analysis of thermal-hydrologic-mechanical behavior near an emplacement drift at Yucca Mountain. Journal of Contaminant Hydrology, 2003, (63): 637—652.

[93] Oldenburg C M, Pruess K, Bensen S M. Process modeling of CO_2 injection into natural gas reservoirs for carbon sequestration and enhanced gas recovery. Energy and Fuels, 2001, 15: 293—298.

[94] 盛金昌. 多孔介质流-固-热三场全耦合数学模型及数值模拟. 岩石力学与工程学报, 2006, 25 (增 1): 3028—3033.

[95] 于不凡. 煤矿瓦斯灾害防治及利用技术手册. 修订版. 北京: 煤炭工业出版社, 2005.

[96] Аируни А. Тидр Отдел Рудничной Аэолгии Лабораия Внзапных Выбросов Утляигаза. Москвы: Москва Институт Горного Дела Академии Наук СССР, 1955.

[97] 氏平增之. 煤与瓦斯突出机理的模型研究及其理论探讨. 第 21 届国际煤矿安全研究会议论文集, 1985.

[98] 氏平增之. 内部分か壓じよる多孔質材料の破壊づろやたついてか突出た關する研究. 日本礦業會志, 1984, (100): 397—403.

[99] 邓全封, 栾永祥, 王佑安. 煤与瓦斯突出模拟试验研究. 煤矿安全, 1989, (11): 5—10.

[100] 蒋承林. 石门揭穿含瓦斯煤层时动力现象的球壳失稳机理研究 [博士学位论文]. 徐州: 中国矿业大学, 1994.

[101] 蒋承林. 煤壁突出孔洞的形成机理研究. 岩石力学与工程学报, 2003, 19 (2): 225—228.

[102] 孟祥跃. 煤与瓦斯突出的二维模拟实验研究. 煤炭学报, 1996, 21 (1): 57—62.

[103] 蔡成功. 煤与瓦斯突出三维模拟实验研究. 煤炭学报, 2004, 29 (1): 66—69.

[104] 蔡成功. 煤与瓦斯突出三维模拟理论及实验研究. 瓦斯地质研究与应用——中国煤炭学会瓦斯地质专业委员会第三次全国瓦斯地质学术研讨会, 2003.

[105] 张建国, 魏风清. 含瓦斯煤的突出模拟实验. 矿业安全与环保, 2002, 29 (1): 7—10.

[106] 郭立稳, 俞启香, 蒋承林, 等. 煤与瓦斯突出过程中温度变化的实验研究. 岩石力学与工程学报, 2000, 19 (3): 366—368.

[107] 牛国庆, 颜爱华, 刘明举. 煤与瓦斯突出过程中温度变化的实验研究. 湘潭矿业学院学报, 2002, 17 (4): 20—23.

[108] Gan H, Nandi S P, Walker P L. Nature of porosity in American coals. Fuel, 1972, (51): 272—277.

[109] 郝琦. 煤的显微孔隙形态特征及其成因探讨. 煤炭学报, 1987, (4): 51—57.

[110] 张慧. 煤孔隙的成因类型及其研究. 煤炭学报, 2001, 26 (1): 40—44.

[111] 霍多特 B B. 煤与瓦斯突出. 宋士钊, 王佑安译. 北京: 中国工业出版社, 1966.

[112] Elliot M A. 煤利用化学. 徐晓, 吴奇虎, 鲍汉琛等译. 北京: 化学工业出版社, 1961.

[113] Philip L, Walker J, Shyam K, et al. Densities, porosities and surface areas of coal macerals as meas-

ured by their interaction with gases, vapours and liquids. Fuel, 1988, 67 (10): 1615—1623.

[114] Rachid G, Mohamed S, Abdelkader B. Adsorption of carbon dioxide at high pressure over H-ZSM-5 type zeolite, micropore volume determinations by using the Dubinin-Raduskevich equation and the "t-plot" method. Microporous and Mesoporous Materials, 2008, 113 (1-3): 370—377.

[115] 吴俊, 金奎励, 童有德, 等. 煤孔隙理论及在瓦斯突出和抽放评价中的应用. 煤炭学报, 1991, 16 (3): 86—95.

[116] 秦勇, 徐志伟. 高煤阶煤孔径结构的自然分类及其应用. 煤炭学报, 1995, 20 (3): 266—271.

[117] 傅雪海, 秦勇, 张万红, 等. 基于煤层气运移的煤孔隙分形分类及自然分类研究. 科学通报, 2005, 50 (增1): 51—55.

[118] Mandelbrot B B. Fractal: Forms Chance and Dimension. San Francisco: W H Freeman, 1977.

[119] 郝柏林. 混沌与分形. 上海: 上海科学技术出版社, 2004.

[120] 陈颙, 陈凌. 分形几何学. 北京: 地震出版社, 2005.

[121] 吴敏金. 分形信息导论. 上海: 上海科学技术文献出版社, 1994.

[122] 唐晓军. 循环载荷作用下岩石损失演化规律研究 [硕士学位论文]. 重庆: 重庆大学, 2008.

[123] 张玉涛, 土德明, 仲晓星. 煤孔隙分形特征及其随温度的变化规律. 煤炭科学技术, 35 (11): 73—76.

[124] 刘式达, 刘式适. 分形与分维引论. 北京: 气象出版社, 1993.

[125] 冉启全, 李士伦. 流固耦合油藏数值模拟中物性参数动态模型研究. 石油勘探与开发, 1997, 24 (3): 61—65.

[126] 李培超, 孔祥言, 卢德唐. 饱和多孔介质流固耦合渗流的数学模型. 水动力学研究与进展, 2003, 18 (4): 419—426.

[127] 吴世跃, 赵文. 含吸附煤层气煤的有效应力分析. 岩石力学与工程学报, 2005, 24 (10): 1674—1678.

[128] 李传亮, 孔祥言, 徐献芝, 等. 多孔介质的双重有效应力. 自然杂志, 1999, 21 (5): 288—297.

[129] 许江, 尹光志, 鲜学福, 等. 煤与瓦斯突出潜在危险区预测的研究. 重庆: 重庆大学出版社, 2004.

[130] Ettinger I L. Swelling stress in the gas-coal system as an energy source in the development of gas bursts. Soviet Mining Science, 1979, 15 (5): 494—501.

[131] Borisenko A A. Effect of gas pressure in coal strata. Soviet Mining Science, 1985, 21 (5): 88—91.

[132] 卢平, 沈兆武, 朱贵旺, 等. 含瓦斯煤的有效应力与力学变形破坏特性. 中国科学技术大学学报, 2001, 31 (6): 687—693.

[133] 吴世跃. 煤层气与煤层耦合运动理论及其应用的研究 [博士学位论文]. 沈阳: 东北大学, 2005.

[134] 赵阳升, 胡耀青. 孔隙瓦斯作用下煤体有效应力规律的试验研究. 岩土工程学报, 1995, 17 (3): 26—31.

[135] 孙培德, 鲜学福, 钱耀敏. 煤体有效应力规律的实验研究. 矿业安全与环保, 1999, (2): 16—18.

[136] 孙培德. SUN 模型及其应用. 杭州: 浙江大学出版社, 2002.

[137] 林瑞泰. 多孔介质传热传质理论. 北京: 科学出版社, 1995.

[138] 周世宁, 林柏泉. 煤层瓦斯赋存与流动理论. 北京: 煤炭工业出版社, 1999.

[139] 尹光志, 王登科, 张东明, 等. 两种含瓦斯煤样变形特性与抗压强度的实验分析. 煤炭学报, 2009, 28 (2): 410—417.

[140] 贺玉龙. 三场耦合作用相关试验及耦合强度量化研究 [博士学位论文]. 成都: 西南交通大

学，2003.

[141] 孙立东，赵永军，蔡东梅. 应力场、地温场、压力场对煤层气储层渗透率影响研究. 山东科技大学学报，2007，26（3）：12—31.

[142] 熊伟. 流固耦合渗流机理研究［硕士学位论文］. 北京：中国科学院渗流流体力学研究所，2000.

[143] 陶云奇，许江，李树春. 改进的灰色马尔柯夫模型预测采煤工作面瓦斯涌出量. 煤炭学报，2007，32（4）：391—395.

[144] 王宏图，杜云贵，鲜学福，等. 地球物理场中的煤层瓦斯渗流方程. 岩石力学与工程学报，2002，21（5）：644—646.

[145] 王宏图，杜云贵，鲜学福，等. 受地应力、地温和地电效应影响的煤层瓦斯渗流方程. 重庆大学学报，2000，23（增）：47—49.

[146] 易俊，姜永东，鲜学福. 应力场、温度场瓦斯渗流特性实验研究. 中国矿业，2007，16（5）：113—116.

[147] Bear J. 多孔介质流体力学. 李竞生，陈崇希译. 北京：中国建筑工业出版社，1998.

[148] 赵阳升. 矿山岩石流体力学. 北京：煤炭工业出版社，1994.

[149] Zhou Y, Rajapakse R, Graham J. A coupled thermoporoelastic model with thermo-osmosis and thermal-filtration. International Journal of Solids and Structures, 1998, (35): 4659—4683.

[150] 李维特，黄保海，毕仲波. 热应力理论分析及应用. 北京：中国电力出版社，2002.

[151] 谭云亮，肖亚勋，孙伟芳. 煤与瓦斯突出自适应小波基神经网络辨识和预测模型. 岩石力学与工程学报，2007，26（增1）：3373—3377.

[152] 胡千庭，邹银辉，文光才. 瓦斯含量法预测突出危险新技术. 煤炭学报，2007，32（3）：276—280.

[153] 王海锋，程远平，俞启香，等. 煤与瓦斯突出矿井安全煤量研究. 中国矿业大学学报，2008，37（2）：236—240.

[154] 栗原一雄. かス突出の发生机构の解明た关する基础的研究. 炭矿技术，1980，(1)：16—19.

[155] Alexeeva A D, Revva V N, Alyshev N A, et al. True triaxial loading apparatus and its application to coal outburst prediction. International Journal of Coal Geology, 2004, 58 (4): 245—250.

[156] 陈安敏，顾金才，沈俊，等. 岩土工程多功能模拟试验装置的研制及应用. 岩石力学与工程学报，2004，23（3）：372—378.

[157] 王继仁，邓存宝，邓汉忠. 煤与瓦斯突出微机制研究. 煤炭学报，2008，33（2）：131—135.

[158] 景国勋，张强. 煤与瓦斯突出过程中瓦斯作用的研究. 煤炭学报，2005，30（2）：169—171.

[159] 张玉贵，张子敏，曹运兴. 构造煤结构与瓦斯突出. 煤炭学报，2007，32（3）：281—284.

[160] 王丽霞，凌贤长，顾全宇，等. 相似方法在冻土低温三轴压缩试验研究中的应用. 岩石力学与工程学报，2005，24（增1）：5183—5188.

[161] 鲍培德. 浅谈相似理论与模型试验在机械设计中的应用. 设计与研究，2008，29（6）：27—28.

[162] 肖木恩. 安庆铜矿高阶段大直径深孔采矿相似材料模拟实验. 矿业研究与开发，2005，25（3）：11—12.

[163] 刘秀英，张永波. 采空区覆岩移动规律的相似模拟实验研究. 太原理工大学学报，2004，35（1）：29—35.

[164] 尹光志，张卫中，张东明. 煤矿开车岩层移动的相似模拟实验及数值分析. 矿业安全与环保，2004，31（2）：1—3.

[165] 刘巍，高召宁. 浅埋煤层开采矿压显现规律的相似模拟. 矿山压力与顶板，2005，(2)：17—18.

[166] 柳贡慧，庞飞，陈治喜．水力压裂模拟实验中的相似准则．石油大学学报，2000，24（5）：45—47．

[167] 李鸿昌．矿山压力的相似模拟试验．徐州：中国矿业大学出版社，1988．

[168] 杨俊杰．相似理论与结构模型试验．武汉：武汉理工大学出版社，2005．

[169] 谢晓佳．煤岩体的损伤蠕变理论及其在工程大变形数值分析中的应用研究［博士学位论文］．重庆：重庆大学，1993．

[170] 袁聚云．土工实验与原理．上海：同济大学出版社，2003．

[171] 盛金昌．CO_2驱油过程中多场全耦合数学模型．岩石力学与工程学报，2006，25（9）：1893—1897．

[172] 盛金昌，刘继山，赵坚．基于图像数字化技术的裂隙岩体非稳态渗流分析．岩石力学与工程学报，2006，25（7）：1402—1407．

[173] 杨更社，周春华，田应国．寒区软岩隧道的水热耦合数值模拟与分析．岩土力学，2006，27（8）：1258—1262．

[174] 付坤霞，朱煜，张鸣．基于非等温条件的空气静压轴承润滑问题研究．润滑与密封，2007，32（1）：117—119．

[175] 杨更社，周春华，田应国．寒区软岩隧道的水热耦合数值模拟与分析．岩土力学，2006，27（8）：1258—1262．

[176] COMSOL Multiphysics User's Guide，Version 3. 3a.

[177] 孙培德，杨东全，陈亦柏．多物理场耦合模型及数值模拟导论．北京：中国科学技术出版社，2007．

[178] William B J，Zimmerman，中仿科技公司．COMSOL Multiphysics 有限元法多物理场建模与分析［M］．北京：人民交通出版社，2007．

[179] Klinkenberg L J. The permeability of porous media to liquids and gases//Drill Production Practices. New York：American Petroleum Institute，1941：200—213

[180] 杨永杰．煤岩强度、变形及微震特征的基础试验研究［博士学位论文］．青岛：山东科技大学，2006．